中式面点技艺

主　编　毛永幸
副主编　郭刚秋 农才明 黄　怡 谢积慧

電子工業出版社
Publishing House of Electronics Industry
北京·BEIJING

内容简介

《中式面点技艺》是中等职业学校中餐烹饪专业核心课程改革新教材。依据课程标准，本教材综合了中式面点制作的核心专业技能和知识。全书共分为十大模块，模块一和模块二为面点基础知识和基本技术，模块三至模块七是中式面点五大面团的相关知识和典型品种制作，模块八为地方面点制作，模块九为面点装饰，模块十为筵席面点组配与创新。每个模块由若干个任务组成，并在任务中设计了任务情境、任务目标、知识导入、任务实施、大师点拨、举一反三、任务评价、知识链接、任务提升等环节，理论阐述、实训操作、评价练习相辅相成，体系完整，结构清晰。实训项目中每个作品的制作过程都配有相应的图文讲解，直观明了，清晰易懂，便于学生学习和掌握。

本教材适合职业院校中餐烹饪专业、中西式面点专业、西餐烹饪专业的学生和广大烹饪爱好者阅读。

图书在版编目（CIP）数据

中式面点技艺 / 毛永幸主编. — 北京：电子工业出版社，2021.6
ISBN 978-7-121-41291-2

Ⅰ. ①中… Ⅱ. ①毛… Ⅲ. ①面食－制作－中国－中等专业学校－教材 Ⅳ. ①TS972.132

中国版本图书馆 CIP 数据核字（2021）第 105971 号

责任编辑：张瑞喜
印　　刷：中国电影出版社印刷厂
装　　订：中国电影出版社印刷厂
出版发行：电子工业出版社
　　　　　北京市海淀区万寿路 173 信箱　　邮编：100036
开　　本：787×1092　1/16　印张：15.5　字数：430 千字
版　　次：2021 年 6 月第 1 版
印　　次：2024 年 7 月第 3 次印刷
定　　价：58.00 元

凡所购买电子工业出版社图书有缺损问题，请向购买书店调换。若书店售缺，请与本社发行部联系，联系及邮购电话：（010）88254888，88258888。

质量投诉请发邮件至 zlts@phei.com.cn，盗版侵权举报请发邮件至 dbqq@phei.com.cn。

本书咨询联系方式：qiyuqin@phei.com.cn。

编 者 名 单

主　　编：毛永幸

副 主 编：郭刚秋、农才明、黄怡、谢积慧

编委名单：梁惠华、梁莹（南宁市第一职业技术学校）、李国明、杨雅婷、梁莹（南宁市第三职业技术学校）、林鲜艳、何凤萍、吕松蔓、许采知、韦周欢、韦玉社、李光林（排名不分先后）

前 言 / INTRODUCTION

《中式面点技艺》是中等职业学校中餐烹饪专业核心课程改革新教材。本教材根据教育部颁发的《中等职业学校专业教学标准（试行）烹饪类》中相关教学内容和要求编写而成，以就业为导向，着眼于学生基本功和综合能力的培养，并在此基础上突出“新工艺、新材料、新技术”。本教材以学生为主体，注重“做中学，做中教”，遵循工作过程导向的原则和学生知识能力形成规律，按照现代烹饪岗位及岗位群的能力要求，根据专业人才培养要求和行业要求，选取最具代表性的经典点心确定典型工作任务。书中的模块和任务内容根据中式面点的知识和技能体系架构进行组织和编排，对接行业和企业标准。这些工作任务来自餐饮企业的实际工作任务，注重基础性和典型性，由易到难，循序渐进，学生在完成每个工作任务的实践活动中，逐步达到规范化、熟练化，从知识和技能上了解和掌握企业人才培养要求，最终达到岗位的要求。

本教材根据中餐面点典型职业活动分析，以工作任务为载体，确定了十个模块，每个模块由若干个任务组成，每个任务的编排分为九个环节，分别是：任务情境、任务目标、知识导入、任务实施、大师点拨、举一反三、任务评价（实训任务书）、知识链接、任务提升，建议授课248课时。主要让学生了解中式面点的基础知识，掌握中式面点制作的基本技艺与工艺流程，以及常用馅心制作知识，中式面点五大面团知识和代表品种的制作技艺，了解和掌握宴席面点的组配，培养和提高学生的创新意识及能力。通过对本教材的学习，使学生能具备中式面点制作岗位的理论知识、职业能力和职业素养，能够胜任餐饮企业面点制作岗位工作，并具备一定的创新能力。

该教材的特点：

一、本教材采用理实一体化的形式，便于师生的教与学。

二、教学内容根据教育部教学标准编写，结合企业需求，理论知识以“适用、够用”为出发，注重技能训练，同时考虑中高职的知识与技能衔接。

三、在教学层面，以工作过程为主线，采用理实一体化的方式，夯实学生的知识技能基础，将现代烹饪行业的人才需求融入现代烹饪企业岗位或岗位群的工作要求，对接行业和企业标准，培养学生的实际工作能力。

四、在学习成果的评价层面，融入过程性与多元化评价，使学生明确学习过程中关键步骤的质量和评价标准，根据任务重难点以及烹饪职业技能鉴定要求，设计有针对性的习题与思考，全面检验学生的学习效果，提升学生理实一体化学习成果和思考分析能力。

五、教材图文并茂，可读性强，体现理论实践一体化，有助于学生记忆面点的制作过程，同时也增加学生的学习兴趣。

本教材建议授课250课时，模块八、九为选修内容，具体课时分配如下：

模　块	教学内容	建议课时
一	中式面点基础知识	6
二	中式面点基本操作技艺	20
三	水调面团	32
四	膨松面团	52
五	油酥面团	40
六	米及米粉面团	16
七	其他类面团	24
八	地方名点	20
九	面点的装饰	24
十	筵席面点组配与创新	16

本教材由毛永幸担任主编，具体分工如下：毛永幸、黄怡负责编写模块一、模块二；毛永幸、梁惠华负责编写模块三；梁莹、李国明负责编写模块四；谢积慧负责编写模块五；郭刚秋负责编写模块六、任务三、四、五、六、七和模块七，以及模块六、模块七的内容编排、统稿、审核工作；杨雅婷负责编写模块六任务一、任务二、任务八；梁莹、林鲜艳负责模块六、模块七的产品制作、图文整理；农才明、何凤萍负责编写模块八；吕松蔓负责编写模块九；毛永幸、黄怡、许采知负责编写模块十等；毛永幸负责本教材的统稿统审；黄怡、郭刚秋、农才明、谢积慧协助审稿。在编写过程中，编写者们参阅了大量专家学者的相关文献，得到了南宁市第三职业技术学校、南宁技师学院、横县职教中心各位老师的帮助和支持，以及企业专家黄玲、黄国千、罗进、蒙生等的指导和支持，在此一并表示感谢。由于编者水平和时间有限，书中肯定存在不足之处，还望各位专家和同行们能够提出宝贵的意见及建议，欢迎发送邮件至593546707@qq.com与编者联系，以便我们再版时完善。

编者

2020年10月

目录 / CONTENTS

模块一　中式面点基础知识

任务一　中式面点概述……1
任务二　面点常用设备与工具……9
任务三　面点厨房岗位认知及职业素养……18

模块二　中式面点基本操作

任务一　和面……24
任务二　揉面……27
任务三　搓条……32
任务四　下剂……34
任务五　制皮……41
任务六　上馅……51

模块三　水调面团

任务一　手擀面……63
任务二　韭菜鲜肉水饺……66
任务三　鲜肉云吞……70
任务四　花色蒸饺……74
任务五　葱油饼……80
任务六　月牙煎饺……83
任务七　糯米烧麦……87

模块四　膨松面团

任务一　奶香小馒头……92
任务二　椒盐葱花卷……96
任务三　光头莲蓉包……100

任务四　水晶秋叶包……104
任务五　鲜肉提褶包……108
任务六　花色馒头……112
任务七　叉烧包……117
任务八　海绵蛋糕……121
任务九　开口枣……124
任务十　油条……128

模块五　油酥面团

任务一　核桃酥……132
任务二　蛋黄酥……134
任务三　眉毛酥……137
任务四　荷花酥……140
任务五　花色酥点一——叉烧酥……143
任务六　花色酥点二——糖果酥……146
任务七　花色酥点三——花篮酥……148
任务八　鸡仔饼……151

模块六　米及米粉类面团

任务一　香麻雪花糍……155
任务二　珍珠咸水角……158
任务三　香麻炸软枣……161
任务四　雨花石汤圆……165

模块七　其他类面团

任务一　马蹄鲜虾饺……169
任务二　潮州粉粿……173
任务三　蜂巢芋头角……175

任务四　象形雪梨果……178
任务五　清香南瓜饼……181
任务六　象形胡萝卜角……183

模块八　地方名点

任务一　浙江名点（小笼包）……186
任务二　江苏点心（翡翠烧麦）……192
任务三　京式名点（豌豆黄）……196
任务四　广东点心（广式蛋黄莲蓉月饼）……200
任务五　四川名点（叶儿粑）……206

模块九　面点的装饰

任务一　船点的制作……210
任务二　面塑的制作……213
任务三　摆盘艺术……215

模块十　筵席面点的创新与设计

任务一　筵席面点的组配原则……218
任务二　筵席面点配色、造型与围边……221
任务三　面点的创新与开发……226
任务四　面点的开发与利用……228
任务五　面点的创新思路……232

模块一　中式面点基础知识

【项目导读】

中式面点工艺是指以粮食粉料为主坯，以动植物原料作馅心，经过调味、成型和熟制方法制作面食、点心的过程。中式面点工艺需要探讨的问题主要有以下几点：第一，面点原料特性。即面点原料的自然属性、特点、用途及其在工艺中的变化及作用。第二，面坯理化特性。即面坯调制原理，面坯在工艺中发生的物理学、化学和生物学变化以及由此产生的面点成品质感、香气、味道、颜色、形态的变化。第三，面点馅心特性。即馅心工艺原理及其产生的各种变化，以及馅心对成品风味的影响。第四，成形技法研究。即面点成品的感官效果以及其商业价值的提高。第五，熟制技法研究。即面点熟制技术的种类、方法及面点在热制中的理化变化。第六，新型面点品种的开发。如：随着社会的进步，功能性面点、提高营养价值的面点、有寓意的造型艺术面点、产品升值幅度大的面点品种受到人们的关注。面点工艺也要探讨这些问题，以紧跟时代步伐。

任务一　中式面点概述

【任务情境】

小黄同学从小和奶奶一起生活，对奶奶制作的各种面食很感兴趣。初中毕业后，他一心想当一名面点师，随后他报考并被某职业技术学校面点专业录取。在专业课上，小黄勤于思考，认真学习，主动协助任课老师准备各种原料，遇到重活、脏活主动承担，遇到难题主动挑战，成为了班级里的积极分子和面点课代表。在每次小组操作练习课上，他都以较好的成绩完成了老师交给的任务，还加入了面点集训队并代表学校参加了市里举办的烹饪比赛，最终获得了面点项目的第一名。小黄所获得的成绩得到了班级同学的赞誉，他也成为了同学们学习的榜样，他的奶奶也感到很自豪与骄傲。小黄同学的例子告诉我们，对自己喜欢的事要坚持不懈去钻研，除了要有扎实的基本功外还要有全面的理论知识作支撑，这样才能学到更多知识，制作出好的作品。跟随着小黄同学的脚步，我们也来一起学习面点的相关知识吧。

【任务目标】

知识目标：能说出中式面点的概念、发展状况和趋势；了解面点制作的技术特点。

技能目标：能说出中式面点的分类方法。

情感目标：激发热爱祖国，热爱中国饮食文化，为传承、发展和创新中式面点而奋发努力的深厚情感。

【知识导入】

经过长期的发展，历代面点师经过不断实践和广泛交流，创制出了口味淳美、技术精良的各式面点。丰富的面点品种不仅丰富了国人的生活，在国际上还享有极高的美誉。随着社会的发展和人民生活水平的不断提高，人们在传承中式面点技艺的基础上，不断融入新的原料和技术，使中式面点制作更加理论化、科学化、系统化，从而形成了一门专门的学科。

【任务实施】

一、面点的地位与作用

（一）饮食业的重要组成部分

中国烹饪博大精深，源远流长，其工艺可分为菜肴制作工艺和面点制作工艺两部分，行业内俗称“红案”和“白案”。面点是中国烹饪的有机组成部分，与人们的日常生活密不可分。

（二）人民生活中不可缺少的重要食品

面点制品是人们饮食生活中不可缺少的，提供了人体所必需的能量及营养，且平衡了膳食。其食用方便，便于携带，为人们高效率的工作和生活提供了便利。

（三）活跃市场、丰富人民生活的消费品

中式面点品种繁多，技法多样。从制作面点皮坯料的粮食加工品到面点制品的成型技法以及馅料，都能令面点的口感和风味有很大的差别。面点不仅丰富了人们的饮食内容，满足了不同层次消费者的需求，还丰富了人们的精神生活。

二、中式面点的历史简况

面点在我国出现很早，面点制作技术有着悠久的历史。邱庞同先生在其所著的《中国面点史》一书中写道：“中国面点的萌芽时期在六千年前左右”“中国的小麦粉及面食技术的出现在战国时期”“中国早期面点形成的时间，大约是商周时期”。

（一）先秦时期

早在六千年前的原始社会末期，我们的祖先就学会了种植谷和麦。人们学会用火

在薄石板上烤食野生植物籽实，即可视作面点的开端。到了新石器时期，古人能够将去皮的整粒谷物通过烤、爆、煮、蒸，制作成香美的饭、粥、羹、糗，视为面点的完善。

（二）汉魏六朝时期

进入西汉及魏晋南北朝时期，随着农业及谷物加工技术的发展，出现了较多的面点品种，如“饵”，即蒸制而成的米粉制品。秦汉时期的面点制作有了技术化发展，人们已能利用发酵技术制作膨软的点心。馒头的出现对中式面点的发展有着深远的影响，面点由此进入了发展时期。

（三）隋唐宋元时期

隋唐宋元时期，中式面点除了水调面团、发酵面团外，还出现了油酥面团，熟制方法增加了油炸、烘烤等类型，面团的馅心、浇头、成型和熟制方法变化多样，面点制作技术大幅度提高。规模较大的面点作坊和面食店开始出现，如隋唐时期的辅兴坊卖胡饼，颁政坊卖馄饨，胜业街卖蒸糕，专业化倾向明显。

（四）明清时期

明清时期，中式面点的发展出现了第三个高潮——制作工艺进一步深化。不仅出现了质地优异的“飞面”和澄粉，发酵方法与油酥面团也趋于完善，发明了肉冻等特殊馅料，而且成型方法多达30余种，并采用混合加热法成熟。面点制作走向作坊化，涌现出许多精美的点心品种和大师、名师。面点的主要风味流派和具有浓郁地方特色的饮食文化初步形成。

（五）鸦片战争后

鸦片战争后，为了在竞争中图强，面点师努力创新生产工艺，积极利用现代工具改善成品的外观与内质，并努力减轻劳动强度，以提高生产效率。同时开展科学研究，培训技术人才，出版面点书刊，做到配方科学化、营养合理化、生产机械化、风味民族化、储存包装化和食用方便化。面点在饮食中的地位和作用更为突出，愈来愈受到人们的欢迎。

（六）新中国成立后

新中国成立后，面点制作得到空前发展，改变了过去全部手工操作的生产方式，采用专业化、机械化、批量化的生产方式提高了面点的生产能力，满足了人们不断提高的饮食需求。

三、中式面点的风味流派

我国历史悠久，地域广阔，民族众多，各地区气候条件各不相同，人们的生活习惯也有很大差异。因此，我国的面点制作在原料选择、口味、制作技艺等方面形成了不同的风味流派。我国面点分为南味、北味两大风味，具体又分为京式、苏式、广式三大流派。

（一）京式面点

京式面点泛指黄河以北的大部分地区（包括山东、华北、东北等）制作的面点，以北京为代表，故称京式面点。

京式面点以面粉制品为主。面食品种丰富多彩，花样繁多，制作精细，风味突出。小吃品种繁多，工序复杂，讲究色、香、味、形，技法多样。馅心具有独特北方风味，肉馅多用水打馅，并常用葱、姜、黄酱、芝麻油等为调辅料，由此形成了北方地区的独特风味。

京式面点的代表品种：四大面食（抻面、刀削面、小刀面、拨鱼面）、龙须面、银丝卷、盘重饼、一品烧饼、北京都一处烧麦、天津狗不理包子、艾窝窝、京八件、清宫仿膳的肉末烧饼及豌豆黄等，这些品种都各具特色，驰名中外。

（二）苏式面点

苏式面点是指长江中下游江浙一带制作的面点。它起源于扬州、苏州、江苏、上海等地，因以江苏为代表，故称苏式面点。苏式面点品种繁多，多用米粉面团，其次是水调面团、膨松面团及油酥面团等。苏式面点应时迭出，即随着季节的变化和群众的习俗而应时更换品种，如春日的烫面饺、定胜糕、韭菜肉丝春卷；清明的青团、艾饺；端午的粽子；夏日的方糕、松子黄千糕、烧麦等。苏式面点的代表品种有三丁包子、翡翠烧麦、玫瑰水晶包、各式糕团、酥点、各式粽子、千层油糕、黄桥烧饼，还有形象逼真的船点等。苏式面点成熟方法多以蒸、煮、炸为主。

（三）广式面点

广式面点是指珠江流域及闽南沿海一带制作的面点，因以广东地区为代表，故称广式面点。广式面点富有南国风味，自成一派。选料广博，技法融贯中西，品种花色多样，口味清鲜，皮坯中使用蛋、糖、油较多，擅长制作米及米粉制品。广式甜点近似西点，部分咸点近似菜肴。富有代表性的品种有：薄皮鲜虾饺、娥姐蒸粉粿、莲蓉甘露酥、蟹黄干蒸卖、椰丝糯米糍、千层酥蛋挞、秘制叉烧包、牛肉炒河粉、广式月饼等。

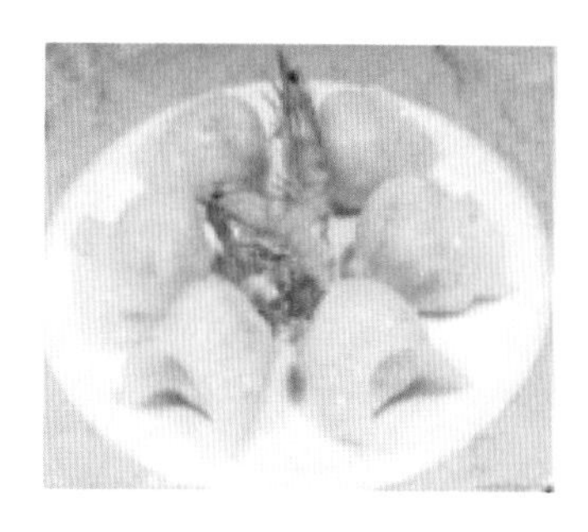 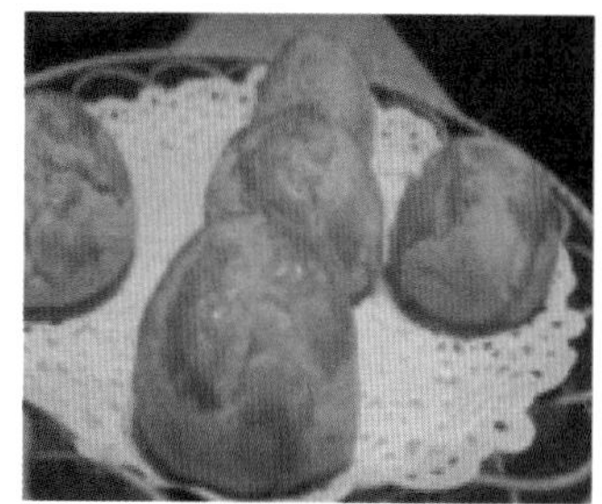 

（四）中式面点的分类

我国地域辽阔，饮食历史悠久，中式面点在几千年的发展中，各地区均有自己独特的技法和风味特色。全国各地面点制品品种繁多，花色复杂，风格各异，制作方法也千变万化，这就形成了面点分类上的多样化。中式面点大体上可分为南味和北味两大类型。北味以面粉、杂粮类制品为主，偏重于咸点心制作；南味以米、米粉制品为主，偏重于甜点心制作。为了便于学习面点制作技术，更好地把握面点制作技艺，本书对面点按不同的制作方法进行了分类。

1. 按制作工艺和特点分类

（1）按所用馅料分类，可分为有馅和无馅两大类。有馅类又可分为荤馅、素馅和荤素混合馅三大类。

（2）按制品口味分类，可分为甜味、咸味、甜咸味和无味制品四大类。

（3）按成品形态分类，可分为饭类、粥类、糕类、饼类、团类、粉类、条类、包类、饺类、羹类、冻类等。

（4）按熟制方法分类，可分为煮制品、蒸制品、炸制品、烤制品、煎制品、烙制品以及复合熟制品。

（5）接地方特色分类，可分为南味、北味两大风味。南味可分为东南的苏式、岭南的广式、西南的川式；北味又可分为京式、晋式、秦式等。

2. 按原料所制成面团的制品分类

根据主要原料制作划分，中式面点可划分为三大类制品，即麦类制品、米类制品、杂色类制品。

（1）麦类制品是指以小麦面粉做主要原料制成的面点。具体可分为水面制品、酵面制品、蛋面制品、酥面制品、松酥制品、矾碱面制品等。

（2）米类制品是指以米或米粉掺入水及其他调辅料，经调制、成型和熟制而成的制品。主要分为米制品、糕粉制品、团粉制品、酵粉制品等。

（3）杂色类制品是指面粉、米粉以外的面点制品。如澄粉制品、杂粮豆薯类制品、果蔬类制品、鱼虾类制品等。

3. 综合分类法

为利于面点制作的相关学习，根据面点的实际情况，往往需要综合多项分类指标对面点进行分类。综合分类法首先以面点制作原料为指标进行分类，其次以面团性质为指标进行分类，如表1所示。

表 1. 面点制品综合分类表

<table>
<tr><th colspan="4">面点制品综合分类</th><th>品种举例</th></tr>
<tr><td rowspan="14">麦粉类制品</td><td rowspan="3">水调面团制品</td><td colspan="2">冷水面团制品</td><td>韭菜水饺</td></tr>
<tr><td colspan="2">温水面团制品</td><td>花式蒸饺</td></tr>
<tr><td colspan="2">热水面团制品</td><td>烧麦</td></tr>
<tr><td rowspan="8">膨松面团制品</td><td rowspan="3">生物膨松面团制品</td><td rowspan="2">酵种发酵面团</td><td>老面馒头</td></tr>
<tr><td rowspan="2">鲜肉包子</td></tr>
<tr><td>酵母发酵面团</td></tr>
<tr><td colspan="2">化学膨松面团制品</td><td>无矾油条</td></tr>
<tr><td rowspan="3">物理膨松面团制品</td><td>蛋泡膨松面团制品</td><td>戚风蛋糕</td></tr>
<tr><td>油蛋膨松面团制品</td><td>哈雷杯蛋糕</td></tr>
<tr><td>泡芙面团制品</td><td>奶油炸糕</td></tr>
<tr><td rowspan="2">油酥面团制品</td><td colspan="2">层酥面团制品</td><td>橄榄酥</td></tr>
<tr><td colspan="2">混酥面团制品</td><td>核桃酥</td></tr>
<tr><td colspan="3">浆皮面团制品</td><td>广式月饼</td></tr>
<tr><td rowspan="9">米及米粉团制品</td><td rowspan="3">米团制品</td><td colspan="2">干蒸米团制品</td><td>八宝饭</td></tr>
<tr><td colspan="2">盆蒸米团制品</td><td>凉糍粑</td></tr>
<tr><td colspan="2">煮米团制品</td><td>珍珠圆子</td></tr>
<tr><td rowspan="6">米粉团制品</td><td rowspan="3">团类粉团制品</td><td rowspan="2">生粉团制品</td><td>麻团</td></tr>
<tr><td rowspan="2">三鲜米饺</td></tr>
<tr><td>熟粉团制品</td></tr>
<tr><td rowspan="2">糕类粉团制品</td><td>松质糕</td><td>白松糕</td></tr>
<tr><td>黏质糕</td><td>年糕</td></tr>
<tr><td colspan="2">发酵粉团制品</td><td>红糖发糕</td></tr>
</table>

（续表）

<table>
<tr><th colspan="3">面点制品综合分类</th><th>品种举例</th></tr>
<tr><td rowspan="4">其他面团制品</td><td colspan="2">澄粉团制品</td><td>水晶饼</td></tr>
<tr><td rowspan="3">杂粮类面团制品</td><td>谷类杂粮面团制品</td><td>玉米面窝头</td></tr>
<tr><td>豆类杂粮面团制品</td><td>绿豆糕</td></tr>
<tr><td>薯类杂粮面团制品</td><td>土豆饼</td></tr>
</table>

【大师点拨】

中式面点的发展方向

（1）继承和发掘，推陈出新。

（2）加强科技创新，提高科技含量。

（3）注重营养素的搭配。

（4）突出方便、快捷、卫生。

【举一反三】

面点品种可以从以下几个方面进行变化。

1. 造型变化

如莲蓉包，可以做成光头包、小猪包、熊猫包、老虎包等。

2. 馅心变化

如奶黄包、豆沙包、鲜肉包、素菜包等。

3. 颜色变化

使用各种天然色素，如绿色（绿茶粉、菠菜汁等）、紫色（紫薯等）、红色（红曲米、火龙果等）、黄色（南瓜）、黑色（黑芝麻）等，制作南瓜馒头、紫薯馒头等。

任务二　面点常用设备与工具

【任务情境】

目前，面点制作大部分是以手工操作为主，但也必须要有相应的设备和工具。随着科学技术的不断提高，机械化、电气化等新型设备和工具不断涌现，我国面食制作的技术水平随着设备工具的不断更新而提高。所以，了解和学会使用这些设备和工具，对于掌握面点制作的基本技能，熟练面点制作技巧，进一步提高成品质量和劳动生产率都具有重要意义。

【任务目标】

知识目标：能说出各种常用设备与工具的名称和性能。

技能目标：掌握各种常用设备和工具的使用及保养方法。

情感目标：通过实践熟悉和掌握面点制作常用设备和工具，增强学生学习的自信心，提升学习兴趣。

【知识导入】

面点制作的设备和工具种类较多，性能、特点、作用各不一样。根据面点生产工艺流程顺序，面点设备可分为初加工设备、成型设备、成熟设备；面点工具可分为制皮工具、成型工具、成熟工具、其他工具等。

【任务实施】

一、　面点制作的设备及其用途

（一）和面机

和面机主要用于原料的混合和搅拌，并以此调节面团面筋的吸水涨润程度，控制面团的韧性和可塑性等，因此又称为制粉机。用和面机和面，其效率比手工操作高5~10倍。常用的和面机有两种：卧式和面机和立式和面机。

卧式和面机

立式和面机

和面机主要用于液体面糊、蛋白液等黏稠性物料的搅拌，如糖浆、蛋糕面糊的搅拌，也可用于面团的调制、馅心的搅拌等。由于其用途广泛，因此被称为多功能搅拌机。

（二）压面机

压面机是指能够将松散的面团压成紧密的、具有一定厚度的成型面片，并在压制的过程中进一步促进面筋网络的形成，使面团最终形成具有一定筋力和韧性且具有光滑面片的机械。压面机也称为辊压机，因其可以压制面条，所以又叫作面条机。

（三）烤箱

烤箱又称烤炉，是利用热能对面点生坯进行加热，使面点生坯发生一系列物理和化学变化，形成色、香、味俱佳的熟品的器具。烤箱的种类很多，按烤箱的热源分类，可分为煤炉烤箱、煤气烤箱、燃气烤箱和电烤箱等，其中使用最广泛的是电烤箱。电烤箱具有结构紧凑、占地面积小、操作方便、便于控制、生产效率高、焙烤质量佳等优点。

（四）醒发箱

醒发箱又称发酵箱，是用来完成面团发酵和醒发工作的。醒发箱使用方便、快捷，是现代食品制作工艺中生物膨松面团醒发的理想设备。其型号大小不一，通常按能放入醒发箱内的烤盘数量的多少分为大、中、小三种类型。

（五）蒸箱

蒸箱是利用蒸汽传导热能，将食品直接蒸熟的一种设备，一般是由锅炉引接高压蒸汽或由电热管将水烧开生成蒸汽。可根据生产量购买不同型号的蒸箱。

（六）电饼铛

电饼铛可煎和烙，如制作大饼、馅饼、水煎包、锅贴、荷叶饼等。也是面点常用设备之一。

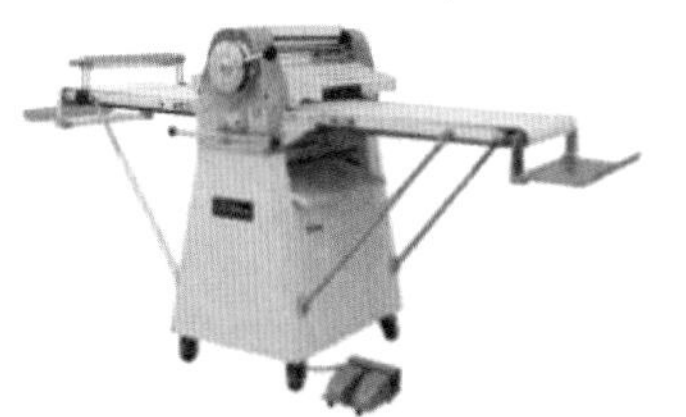

（七）起酥机

起酥机又叫酥皮机、丹麦机，主要用于大批量开酥工艺，分为台式和立式两种。

（八）馒头机

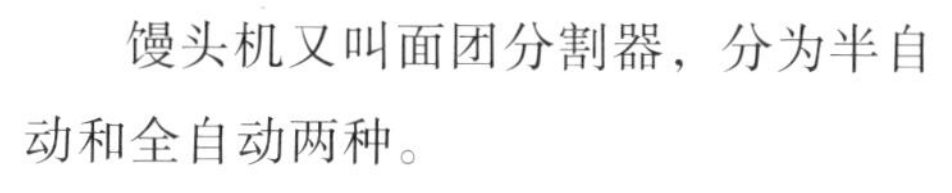

馒头机又叫面团分割器，分为半自动和全自动两种。

（九）磨浆机

磨浆机多为立形碟式，其特点是机身体积小、速度快、效果佳。一般用于磨黄豆浆和米浆等，是豆类、谷物的水磨粉碎机。

（十）电磁灶

电磁灶是无需明火或传导式加热的无火煮食厨具，全称为电磁感应灶（也叫电磁炉）。电磁灶加热部分的面板是由耐冲击、耐高温的微玻璃制作而成。

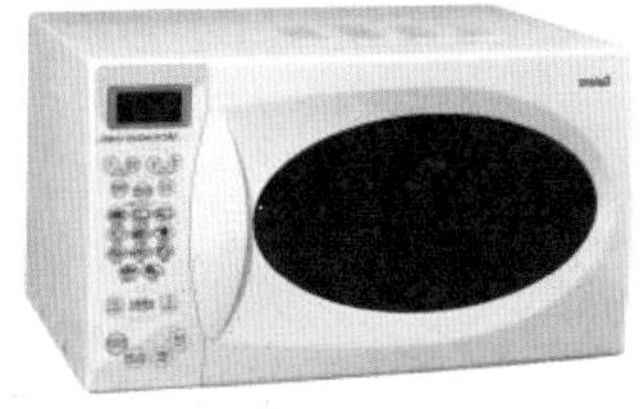

（十一）微波炉

微波炉是利用微波烹煮食物的工具。微波是一种电磁波，在

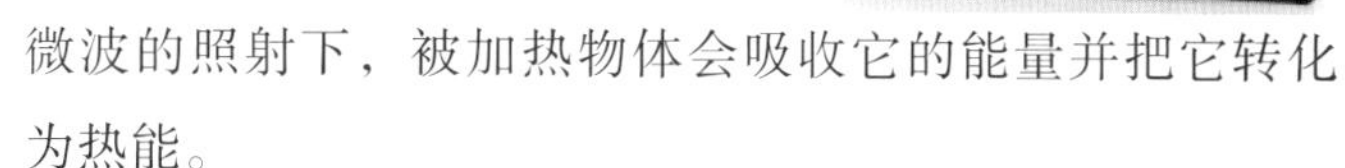

微波的照射下，被加热物体会吸收它的能量并把它转化为热能。

（十二）电冰箱

电冰箱按冷却方式分为直冷式和风冷式冰箱；按用途分为保鲜冰箱和低温冷冻冰箱。

（十三）面案

面案又称砧板或面板，是面点制作的工作台。在面点制作过程中，如和粉、揉面、擀皮、成型等工序，都需在面案上操作。根据制作需要，面案分为油案和粉案两种。根据材质，又分为木案、大理石案、不锈钢案和塑料案四种。

（十四）炉灶

炉灶是利用燃煤、燃气、柴油等燃料的燃烧面产生热量，将锅内水或油加热，利用水蒸气或油的对流传热作用将制品加热成熟的设备。面点用炉灶可分为炒灶、蒸灶等，可根据需要或场地组合并列安装多个或多样设备，再配合不同的锅，以满足面点制品蒸、点、炸、烙、煎等熟制方法的需要。

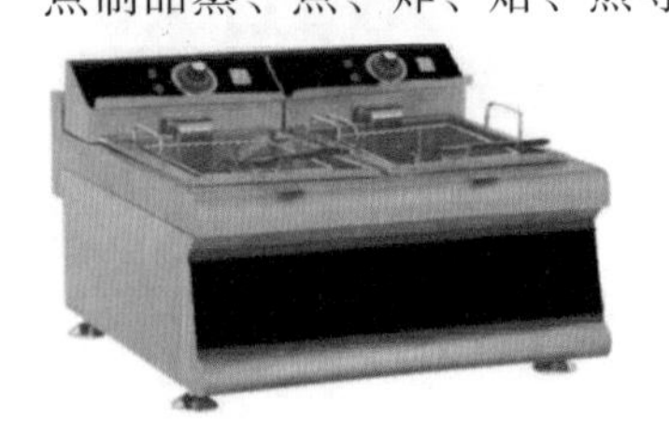

（十五）电炸炉

电炸炉是用来专门生产油炸食品的加热设备。

二、灶台工具

（一）蒸笼

蒸笼又称笼屉，用于蒸制各种面食。材质一般有竹制、铝制、不锈钢制、木制等。形状有圆形、长方形和方形，以圆形为常用。

（二）锅

主要用于面点成熟和炒制馅心等。一般分为以下几种：

（1）水锅，锅体较大，用于煮水饺、面条、馄饨等。

（2）炒锅，锅体较小，用于炒制馅心，如豆沙馅、枣泥馅、芝麻等。

（3）炸锅，锅体大小均有，按需要而定，用于炸制点心。

（4）高沿锅，又叫高沿铛，锅底平坦，用于煎锅贴、水煎包，烙烧饼、油饼以及摊春卷皮等。

（5）平锅，又叫饼铛，是圆形的铁铛，用于制作大饼、菜饼及摊煎饼等。

（6）汤锅，锅体较深，用于煮汤。

（三）不锈钢漏勺

由铁丝或不锈钢丝制成。主要用于捞水饺、面条和油炸制品等。

（四）筷子

有铁制、竹制和铜制三种。主要用于捞面条或翻动、钳取油炸制品。

（五）勺子

多以铁或不锈钢制成，用于翻炒、捞取、加料等。

（六）锅铲

多有柄，用于煎、烙、烘烤制品的铲取或翻动。

三、面案上的一般常用工具

（一）粉筛（也称罗筛）

粉筛的帮有木制的，也有不锈钢制的。粉筛底有绢、棕、马尾、尼龙丝、铜丝、铁丝、不锈钢丝制等。粉筛因用途不同，其大小、形状也不同，直径有20厘米、25厘米、30厘米、35厘米等型号。粉筛规格以粉筛网眼加以区分，称为“目”，目数越大，筛眼越细，通常有10目、24目之分。粉筛主要用于滤去原料、辅料中的杂物或结块物，使符合要求的原料、辅料漏下去。

（二）粉扫帚

粉扫帚又叫炊帚，由高粱穗（去粒）、竹子或棕草制成。主要用于清扫台案、炉灶、锅以及各种工具和机器设备上的粉料、杂质等。

（三）刮板

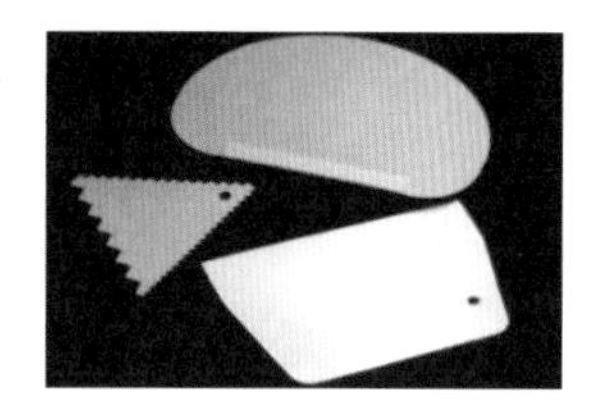

刮板是由不锈钢皮、铜皮、硬塑料板等材质制成的长约15厘米、宽11厘米的长方形板，主要用于面团调制与分割，以及面案的清理。目前使用不锈钢制的较多，规格大小不一。不锈钢板有薄厚之分，有板面一体与分体之别。

（四）擀面杖

擀面杖是由木料制成的圆且光滑的滚筒或木棒，用来碾压面团，使之延展变平变薄，或使面点原料碾碎变细末的多种用具的总称。擀面杖是面点制皮时不可缺少的工具。因面点的花色品种多样，因此擀面杖的规格及型号繁多。

（1）单手杖。单手杖又称小面杖，形状为光滑、笔直、粗细均匀、结实的小圆棒，长度约30厘米，直径约2厘米。主要用于擀水饺皮、蒸饺皮及小包酥面团类剂子等。

（2）橄榄杖。橄榄杖中间粗两头细，长约20厘米，中间直径约3厘米，闸端直径约1厘米。形如橄榄，便于将皮的边沿擀薄，主要用于擀烧麦皮等。

（3）大面杖。大面杖分为长、短两种，长的长约 100 厘米，直径约 4 厘米，用于擀制大块面团或面条等；短的长约 50 厘米，直径约 3 厘米，主要用于擀制花卷、大饼、面条、馄饨皮等。

（4）双手杖。双手杖比单手杖细，长约 30 厘米，直径约 1 厘米。擀皮时可两根合拢，双手并用，主要用于擀皮等。

（5）凹凸形擀面杖。擀面杖表面有齿形的凹凸面，擀出的饼面有一轮轮花纹。

（五）通心槌

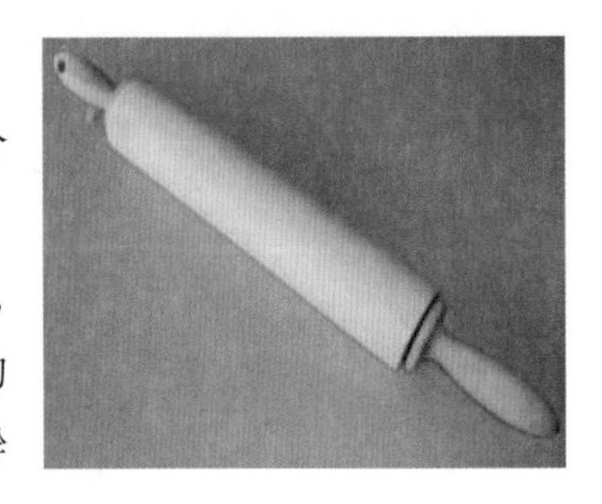

通心槌又称为走槌，呈圆柱形，两侧中心有一通孔，通孔中穿入圆木棍作为手柄，用于延压开皮。通心槌分为大小两种规格，大的长约 28 厘米，圆筒直径 8 厘米，圆孔直径 2.5 厘米；小的长约 12 厘米，圆筒直径 7 厘米，圆孔直径 2 厘米。大走槌主要用于制作大量水油酥皮的大包酥、花卷、烧饼及起酥类的品种。小走槌可用于擀制少量的水油酥皮等。

四、面点成型用的工具

（1）馅尺子。又称尺板，为长条形的竹制薄片，用于拌馅和制作带馅制品时上馅之用。

（2）花钳。一般由铜、铝及不锈钢制成，种类很多。长约 12 厘米，一端为圆形波浪铜片，主要用于不同品种坯料的划切，使划切后的坯料边缘呈现花纹，增加面点的造型美感。另一端为方形，似镊子，方头内有齿纹，用于成品钳花用。

（3）面挑。由牛角、有机玻璃或塑料制成，一头尖一头圆，整体呈宽、平、扁，用于制作花色点心。

（4）剪刀。用于修剪花色点心。

（5）小刀。用于制作花色点心时剖制品用。

（6）木梳。有不同大小、长短。用于制作象形面点时揿鱼鳍及动物尾、翅、趾等。

（7）牙刷。用于面点喷色、弹色。

（8）毛笔。用于抹油、涂色。

（9）刷子。为面点制品刷蛋液、油用，型号、大小多样，可根据制品而定。

（10）尺子。用于制品的划条、切块，以保证成品外观规格整齐。

（11）平口镊子。用于制品的钳花。

（12）框架。用木料制成的方形架。有大小之分，主要用于沙琪玛、芙蓉糕等面点品种的最后定型。

（13）模具。面点制作所用的模具种类繁多，有各种形状、花式和大小，如蛋糕模具、面包模具、小型点心模具、月饼模具等。一般有铜制、铝皮制、塑料制、木制，按需要而定。主要用于糕、饼的成型等。

（14）裱头。又称裱花嘴，各种型号和花色的都有。有铜制和不锈钢制，主要用于蛋糕的裱花。

（15）小铜夹。一套五把，专供夹花瓣用。有大中小三把弧形夹，用于夹月季花、睡莲花；另有一把平夹；还有一把为鸭嘴形的，做梅花包等花色品种时使用。

（16）称量工具。常见的有盘（杆）秤、台秤、电子秤、天平等，主要用于称量原料重量和成品重量。

（17）刀具。面点制作中经常使用的工具。刀具种类较多，形状、规格各异，在面点制作中广泛使用。刀具一般由薄钢板或薄不锈钢板制成。可分为①切刀：多用于方块蛋糕、夹馅蛋糕、果酱排、芙蓉糕成品的切块，以及千层酥、千层麻花等品种的成型。还可用于切制蛋糕、奶油夹心蛋糕等。②抹刀：主要用于涂抹裱花蛋糕坯料。③单面刀片：主要用于划割各种花色点心，如香蕉酥、六叶酥、菊花酥、莲花酥等品种。④锯齿刀：主要用于对裱花的浆料，如巧克力、鲜奶油等进行各种图案的划刮，以及对酥、软的制品进行分割，可保证被分割的制品形态的完整。⑤桑刀：主要供切、斩馅料用。⑥小号圆头斩刀：主要供斩馒头、切面团、切馅料用。⑦刨刀：主要供馅料刨丝用。⑧拍皮刀：适用于制作澄粉皮等。

五、其他用具

（1）砧板。切馅料等用。

（2）量器。将蛋黄、蛋清分离的工具。

（3）耐高热手套。用于拿取热烤盘等。

（4）橡皮刮板。用于清理搅拌桶内黏稠的材料。

（5）漏油缸。盛装油料用。

（6）面粉铲。用于取粉料用。

（7）烤盘。烤箱内的铁盘，用于烤制点心、面包和蛋糕等制品的盛器。

（8）齿形塑胶刮板。主要用于制品的花纹刻画。

（9）裱花袋。主要用于蛋糕裱花装饰，面包表面的浆料装饰和糊状装饰原料的盛装。

（10）量杯。杯壁上有显示容量的杯子，可用来量取液体材料，如水、油等。

六、面点制作设备与工具的保养

工具和生产操作关系至为密切，工具的好坏以及使用的得当与否直接影响产品质量。为了能正确使用，充分利用其特点，提高生产效率，面点制作人员必须了解工具和设备的性能、用途、使用及养护知识。

（一）设备、工具的使用与注意事项

1. 做好设备、工具的保管和维护工作

（1）设备、工具必须编号登记，有专人保管。

（2）使用设备、工具时必须熟悉各种设备、工具的性能，然后才能做到正确使用。

（3）使用机械设备必须重视维护检修工作。维护是行为，保管是目的，所以对维修工作要十分重视。

2. 做好设备、工具的清洁卫生工作

（1）设备、工具必须经常保持清洁，并定时进行严格消毒。

（2）对生熟所用的工具必须严格分开使用。

3. 加强安全操作意识安全操

（1）操作时思想必须集中，严禁谈笑操作，使用中途不得任意离岗，必须离岗时应停机切断电源。

（2）要严格制定操作安全责任制度，并认真遵守执行。

（3）必须重视安全设备，设备上不得堆放工具等杂物，周围场地要整洁。设备危险部位应加盖保护罩、保护网等装置。对操作安全有一定防护作用的设施不得任意摘除。

（二）机械设备的保养

（1）使用前要了解设备的性能、工作原理和操作规程，严格按规程操作，并检查各零部件是否完好。一般情况下都要进行试机，运转正常后方可使用。

（2）要定期对主要部件、易损部件、电动机转动装置进行检查维修。

（3）定期进行机械维护和清洁。但清洗时一定要先断开电源，防止电动机受潮。

（4）设备运转过程中发现异常情况或听到异常声音时，应立即停机检查，排除故障后方可继续操作。

（三）常用工具的保养

（1）工具分门别类存放在固定处，不能随意乱放、乱用。擀面杖、裱花袋、粉筛等不能与刀具等利器放在一起。制作生熟食品的工具和用具必须分开存放和使用，以免交叉污染。

（2）使用金属工具、模具后，要及时清洗、擦拭干净，以免生锈。

（3）擀面杖使用后应及时擦拭干净并放置在较干燥的固定地点，以免擀面杖变形，表面发霉。

（4）使用衡器后必须将秤盘、秤体擦拭干净，放在固定、平稳处。同时要经常校对衡器，保证其精确度。

（5）使用工具后，如果沾有油脂、奶油、蛋糊等原料，应用热水冲洗后擦干。

（6）对制作直接入口食品的模具、工具，要及时清洗，清洗干净后要浸泡在消毒液中消毒，以免微生物污染。

【大师点拨】

面点制作的设备和工具种类较多，性能、特点、作用各不一样，生产者要令各种设备和工具在操作、使用中发挥良好的性能，就要正确掌握使用方法，对各种设备和工具妥善地保管和养护。尤其在使用机器设备时，在未学会操作方法之前切勿盲目操作，以免发生事故或损坏机件。在操作时，思想必须集中，专心操作，才能避免事故的发生，确保人身安全。

【举一反三】

目前，我国大部分面点的制作仍以手工操作为主，但随着科学技术的发展，一些传统的工序将逐渐被机械所取代，面点的制作向卫生、快捷的方向发展。并且，面点的制作在很大程度上要依赖各式各样的工具，因各地方面点的品种以及制作方法有较大的区别，因此使用的工具也有所不同。在未来的职业道路上，我们可以不断开发制作专属于自己的设备和工具，制作出富有自身特色的面点制品。

【任务评价】

序号	项目	配分	基本要求	得分
1	设备的认识	30	说出三种常见的成熟设备	
2	工具的认识	30	能说出常用的制皮工具名称和使用方法	
3	设备保养的认识	20	常见的机器设备该如何保养	
4	工具保养的认识	20	常见的机器设备该如何保养	
指导教师：			总分：	

任务三　面点厨房岗位认知及职业素养

【任务情境】

一年一度的实习季即将来临，小明是一名热爱面点技术的中职烹饪专业学生，通过在校两年的专业学习，他考取了中式面点师技术等级四级证书。在校期间，他曾到酒店做了两个月的月饼生产季节工，体验了月饼原料预处理以及内、外包装的工作，对面点厨房的规章管理制度、岗位职责有了初步的认识，他希望能到中式餐饮企业厨房的面点加工制作间实习。对于即将走向实习岗位的他，必须对中式面点师的职业素养及面点厨房的岗位要求有全面的了解。

【任务目标】

知识目标：能说出面点常用原料的性能。

技能目标：具备中式面点师（四级）的基本技能要求。

情感目标：热爱面点技艺，做好中式面点师职业生涯规划。

【知识导入】

“按所定食谱精心加工、制作面点食品，掌握蒸煮时间和用气规律，有一定的原料预处理能力；能制作各式点心，并经常更换品种；负责切配、拌制各种生、熟馅；负责煎炸各种点心，并制作各种点心、芡汁和糖水；控制成本；严格执行食品卫生法规；把好食品卫生质量关。”构成了中式面点师的工作内容。“蒸、煮锅岗位，炸锅、煎锅岗位，烘烤岗位，炒拌岗位，地方特色小吃岗位”构成了中式面点师的职业岗位群。

【任务实施】

一、面点房的面点岗位设置

国内大多数面点房的岗位设置情况见图 1 所示，面点各岗位相应的职责要求见图 2 所示。

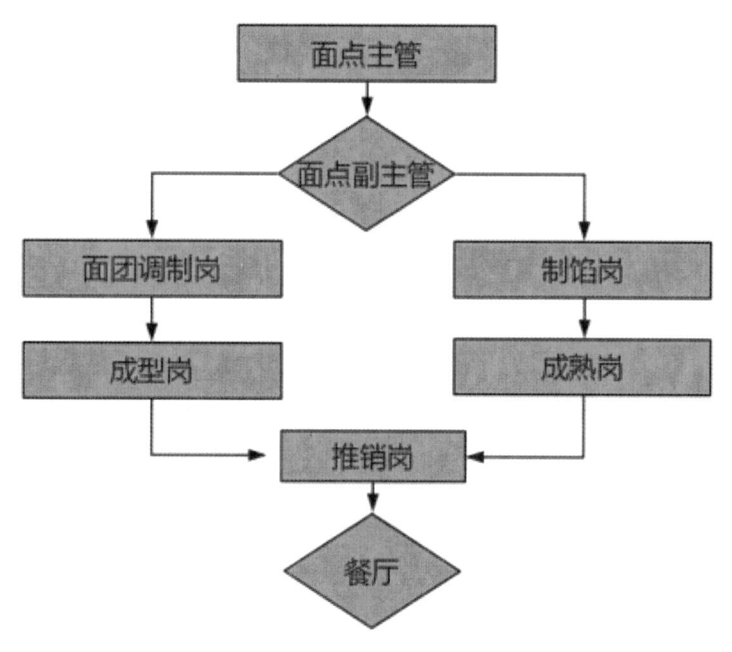

图 1　面点房岗位设置

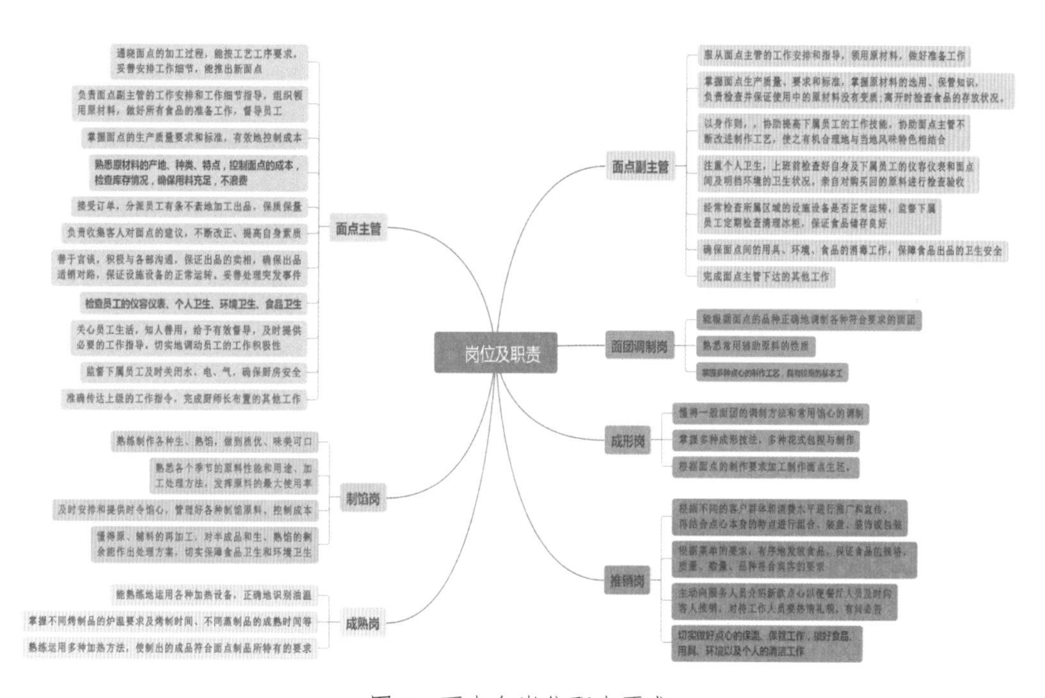

图 2　面点各岗位职责要求

二、中式面点制作岗位职业能力分析

入职岗位	基本要求	应具备岗位能力
蒸、煮锅岗位	以肉类、水产类、蔬菜类为馅心，以米类、面类、杂粮类为原料，经蒸、煮制成面点成品。	1. 能制作常见肉类、水产类、蔬菜类、蓉沙类馅心。 2. 能正确加工各类水调面团、发酵面团、杂粮面团、米粉面团等面点制品。 3. 掌握基本蒸、煮制品的成型方法。 4. 正确掌握蒸、煮制的时间。 5. 正确计算出每份制品的成本。 6. 正确使用蒸、煮制设备。 7. 及时做好卫生保洁工作。 8. 懂得对蒸、煮制品设备和工具的保管，具备安全意识。
炸、煎锅岗位	1. 以米类、面类、杂粮类为原料的炸制品种的制作。 2. 以肉类、水产类、蔬菜类、米类、面类、杂粮类为原料的煎制品种的制作。	1. 能制作常见肉类、水产类、蔬菜类、蓉沙类馅心。 2. 能正确加工冷水面团、温水面团、热水面团、化学膨松面团、发酵面团、杂粮面团等面点制品。 3. 熟练掌握炸、煎制品的成型方法。 4. 正确掌握炸、煎制的时间。 5. 正确计算出每份制品的成本。 6. 正确使用炸、煎制设备。 7. 及时做好卫生保洁工作。 8. 懂得对炸、煎制品设备和工具的保管，具备安全意识。
焙烤岗位	以肉类、水产类、蔬菜类为馅心，以米类、面类、杂粮类为原料的焙烤制品种的制作。	1. 能制作常见肉类、水产类、蔬菜类、蓉沙类馅心。 2. 能正确加工各类化学膨松面团、物理膨松面团、杂粮面团等面点制品。 3. 熟练掌握焙烤制品的成型方法。 4. 正确掌握焙烤的时间。 5. 正确计算出每份制品的成本。 6. 正确使用焙烤设备。 7. 及时做好卫生保洁工作。 8. 懂得对焙烤制品设备和工具的保管，具备安全意识。

炒拌岗位	以肉类、水产类、蔬菜类、米类、杂粮类为原料混合炒拌制品的制作。	1. 能掌握常见肉类、水产类、蔬菜类的切配方法。 2. 能正确加工冷水面团、发酵面团面点制品的制作。 3. 准确掌握加工制作的火候。 4. 正确掌握炒拌的时间。 5. 正确计算出每份制品的成本。 6. 正确使用炒制设备。 7. 及时做好卫生保洁工作。 8. 懂得对炒拌制品设备和工具的保管，具备安全意识。
地方特色小吃岗位	常见广式、苏式、京式等地方特色小吃的制作。	1. 能制作常见肉类、水产类、蔬菜类等特色馅心。 2. 掌握各地方特色小吃的成型。 3. 正确计算地方特色小吃的成本。 4. 正确使用特色小吃制作设备。 5. 及时做好卫生保洁工作。 6. 懂得对小吃制作工具和设备的保管，具备安全意识。

三、中式面点制作工作任务及其工作过程

岗位	职业岗位（工种）群	典型工作任务	主要工作过程
中式面点制作岗位	蒸、煮锅岗位	各种米饭、馒头、包子、汤粉、面条、饺子等。	1. 馅心原料初步加工→切配→调味→馅心。 2. 调制面团→下剂→擀皮→上馅→成型。 3. 熟制。
	煎炸岗位	水煎包、煎饺、葱花饼、菜盒子等。	1. 切配→调制馅心。 2. 调制面团→下剂→擀皮→上馅→成型。 3. 熟制。
	烤焙岗位	各类烤饼、点心等。	调制面团→下剂→擀皮→上馅→成型→熟制。
	炒拌岗位	炒粉、炒饭、炒面等。	1. 切配→加热→调味→炒熟。 2. 调制面团→下剂→成型。
	地方特色小吃岗位	马蹄糕、虾饺、糯米糍等。	1. 原料初加工→切配→加热→调味→熟制。 2. 调制面团→下剂→成型→熟制。

【大师点拨】

中式面点师的职业功能主要包括：

（1）操作前的准备。

（2）制馅。

（3）调制面坯。

（4）成型。

（5）熟制。

（6）装饰。

【举一反三】

中式面点师应具备的基本职业素养、专业知识和技能：

1. 基本职业素养

（1）具有良好的职业道德，能自觉遵守行业规定。

（2）具有忠于职守、爱岗敬业、团结协作、文明礼貌、热忱服务、开拓创新的职业精神和工作态度。

（3）具有节约资源、倡导绿色消费的意识。

（4）安全意识强，具有安全规范生产能力。

2. 专业知识和技能

（1）具有扎实的烹饪基本功。

（2）掌握有关原材料选择、调配和加工处理基础知识。

（3）熟悉餐饮业食品卫生管理制度，具备职业安全常识。

（4）熟悉餐饮企业中式面点制作的工作流程，能适应中式面点不同岗位的工作。

（5）掌握中式面点的基本知识与操作技能，能较好地应对操作工作中出现的各种突发情况。

（6）具有使用、维护相关设施设备和工具的能力。

【任务评价】

工作流程	要求	评价标准	自我评价
操作前的准备（10 分）	正确选用主料、辅料、馅心原料、调味料。	具备基本面点原料知识。	

（续表）

工作流程	要求	评价标准	自我评价
馅心制作（25分）	能制作常见的甜馅、咸馅。	掌握基本咸馅、甜馅的制作工艺。	
面团调制（25分）	能调制水调面团、膨松面团、混酥、明酥类面团、杂粮类面团。	掌握各类面团的制作工艺及工艺注意事项。	
成型（15分）	能用揉、摊、叠、按、剪、蘸、拧、捏、镶嵌的方法成型。	掌握各种成型手法要求及操作要领。	
熟制（15分）	能用蒸、煮、炸、煎、烤、烙等方法熟制面点制品。	掌握各种熟制方法要求及操作要领。	
装饰（10分）	能用蘸、撒、挤、拼摆等方法点缀和装饰制品。	了解各种装饰方法的基本内容和注意事项。	

模块二　中式面点基本操作

【项目导读】

我国面点虽然种类繁多，花色复杂，但是经过历代的演变，至今已形成了一套科学而行之有效的工艺流程。这些工艺流程虽因地域、风味的差异有所区别，但总体说来大同小异，包括和面、揉面、搓条、下剂、制皮、制馅、上馅、成型、熟制、装盘10个工序。

任务一　和面

【任务情境】

小明是一家著名酒店早餐部的学徒，刚从学校毕业的他还没能更好地适应酒店的工作模式，很多事情都还在不断的学习中。今天，酒店临时接到了一个大型的早茶会通知，这天正好是小明当班，各位师傅都在忙碌着准备原料，但是还是出现了人员紧缺的问题。作为一名面点专业学徒，小明想起了在学校学习到的基本功，帮师傅先把面和好，这样既能让自己的专业有所发挥也让师傅对自己有所认可，之后小明在师傅的协助下完成了这次接待任务，并获得了酒店师傅的赞许，在今后的学习道路上也给师傅留下了勤奋与努力的印象。

那么，和面的手法和技巧有哪些呢？让我们一起来学习和动手实践吧。

【任务目标】

知识目标：能说出和面的基本要领。

技能目标：（1）能够掌握和面的一般要求，掺水量要适当。

（2）和面手法做到干净利落，动作迅速。

（3）能够掌握和面的三种手法。

（4）能够掌握不同品种的和面方法。

情感目标：培养学生的卫生习惯和行业规范。

【任务实施】

1. 抄拌法和面

原料：面粉250克，水125克

工具：不锈钢盆，面粉筛

抄拌法：将过筛后的面粉放入盘中，中间扒出一凹槽，分三次加水。第一次加水约 70%，双手从外向内，由下而上反复抄拌。抄拌时，用力要均匀，令面粉呈雪片状。这时可第二次加水约 20%，继续用双手抄拌，使面呈结块状态，然后把剩余的水倒在上面，搓揉成面团。

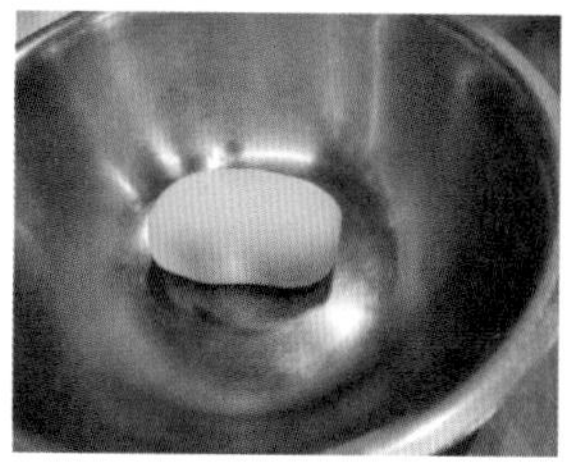

2. 调和法和面

原料：面粉 250 克，水 125 克

工具：刮板

调和法：将面粉倒在面板上围成凹圆形，将水倒入面粉中间，双手五指张开，从外向内一点点地调和。待面粉和水结成片状后，再掺入适量的水揉成面团。

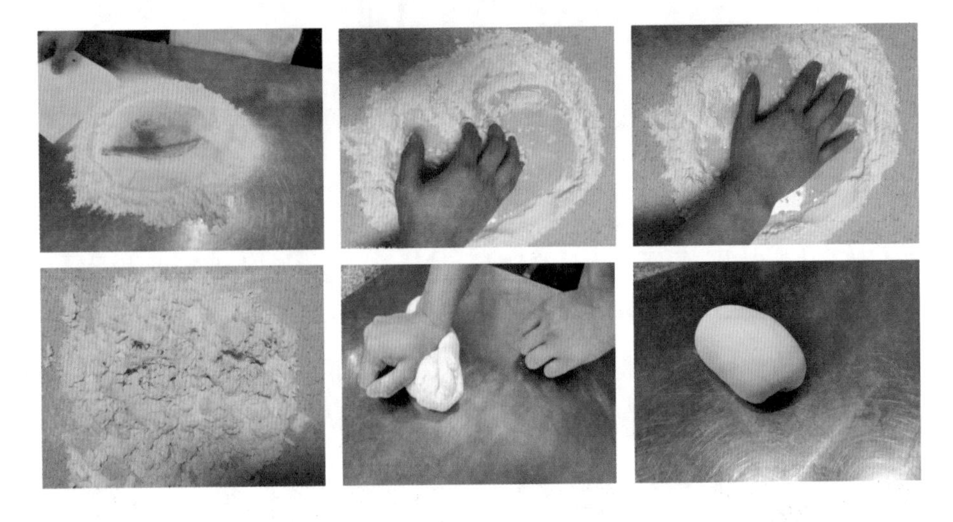

3. 搅和法和面

原料：面粉 250 克，水 125 克

工具：不锈钢盆，擀面杖

搅和法：先将面粉倒入盆中，然后左手持盆浇水，右手拿擀面杖，边浇水边搅和，使其“吃”水均匀，均匀成团。应注意烫面时开水要浇遍、浇匀，搅和要快，使水、面尽快混合均匀。

【大师点拨】

和面的操作关键：

（1）掺水量应根据不同品种、不同面坯和不同季节而定。

（2）掺水时应根据原料的吸水情况分几次掺入，而不是一次加入大量的水。

（3）无论哪种手法，都要求投料吃水均匀，符合面坯的性质要求。

（4）和面后要做到手不粘面、面不粘缸、面坯表面光滑。

任务二　揉面

【任务情境】

小明是一家著名酒店早餐部的学徒，刚从学校毕业的他还没能很好地适应酒店的工作模式，很多事情还在不断地学习中。今天，酒店师傅让小明制作一款奶香馒头，小明在学校学习的基本功正好可以派上用场。在让面粉充分吸收水分之后，小明反复揉制，制作出了柔润、光滑的面坯，并在此基础上制作出了光滑、洁白、富有弹性的奶香味浓郁的奶香馒头，得到了师傅的认可与赞赏。

那么，揉面的手法、技巧有哪些呢？让我们一起来学习和动手实践吧。

【任务目标】

知识目标：能说出揉面的基本要领。

技能目标：（1）能够掌握揉面的一般要求，掺水量要适当。

（2）和面要干净利落，动作迅速。

（3）面坯要揉透，使整块面坯吸水均匀，不夹粉茬。

（4）能够掌握不同品种的揉面方法。

情感目标：培养学生的卫生习惯和行业规范。

【任务实施】

1. 单手揉

原料：面粉 250 克，水 125 克

单手揉：单手揉也叫推揉。即左手拿住面团的一头，右手掌根将面团压住，向另一头摊开再卷拢回来，翻上接口，继续再揉、再卷，反复多次直到面团揉透为止。

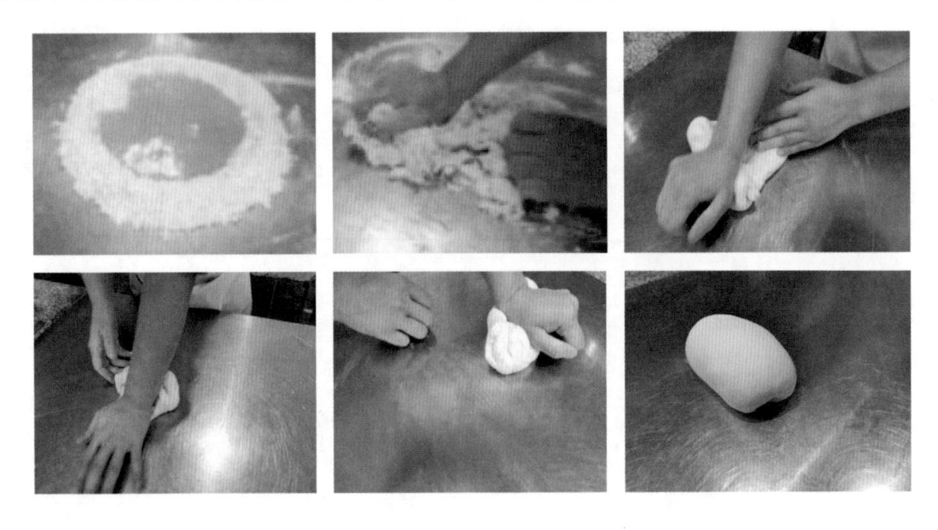

2. 双手揉

原料：面粉 250 克，水 125 克

双手揉：双手掌根压住面团，用力边伸缩边向外推动，随即把面团摊开，再从外向内卷起成团，翻上接口，然后双手再向外推动、摊开。揉到一定程度后改为双手交叉向两侧推揉，摊开、卷起，再摊开，再卷拢回来，翻上接口，继续再摊、再卷，反复多次直到面团揉透为止。

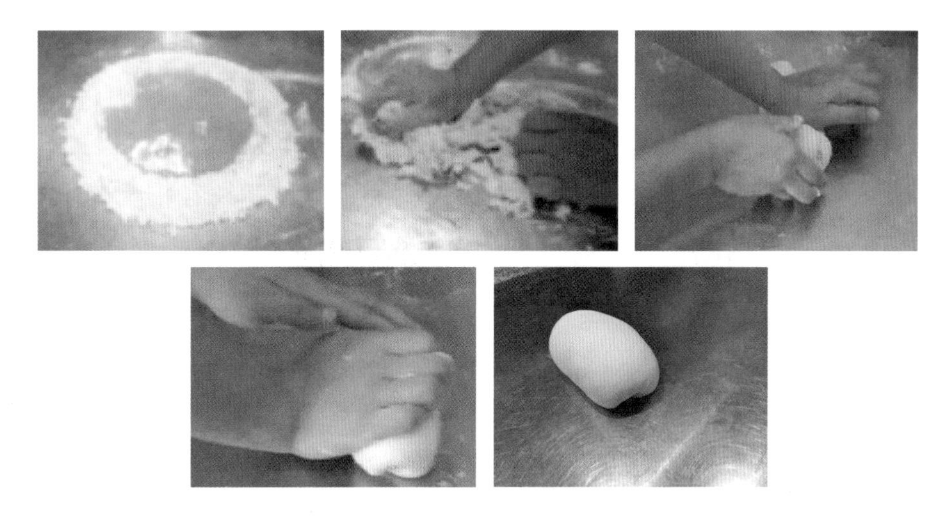

3. 捣

原料：面粉 250 克，水 125 克

捣：将面和成团后，将面坯放在盆内，双手或单手紧握拳头，向面坯的各处用力向下均匀捣压，力量越大越好。面坯被捣压，并被挤向缸的四周时，再将其叠到中间，继续捣压。如此反复多次，直至把面坯捣透上劲为止。

4. 搋

原料：面粉 250 克，水 125 克

搋：双手握拳，交替在面坯上搋压，边搋边压边推，把面坯向外推开，卷上后再搋。搋比揉用劲大，能使面坯更均匀、柔顺、光润。

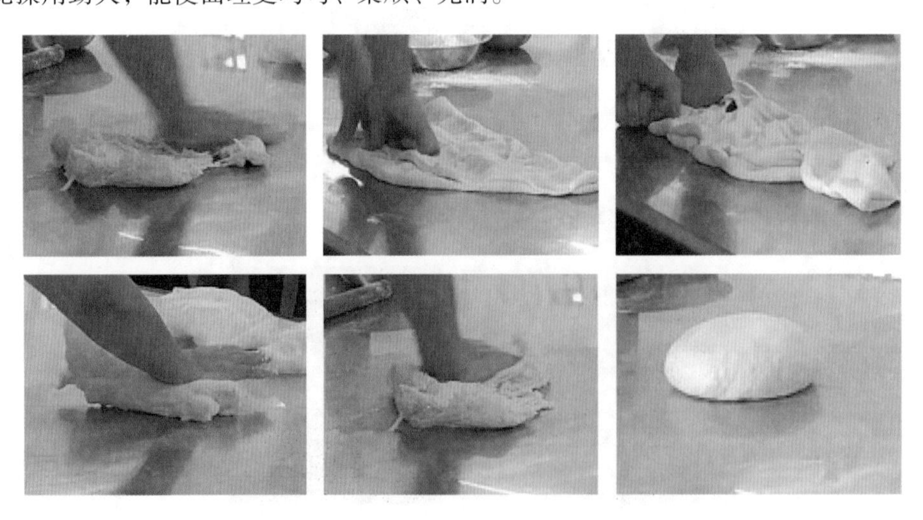

5. 摔

原料：面粉 250 克，水 125 克

摔：分为两种摔法。一种是固态面坯的摔法：手举面坯，手不离面，将面坯摔在砧板上直至摔匀为止，水油面的调制就是采用此法。另一种是稀软面坯的摔法：用手拿起面坯，脱手摔在盆内，摔下，拿起，再摔，直至将面坯摔均匀，春卷面的调制就是采用此法。

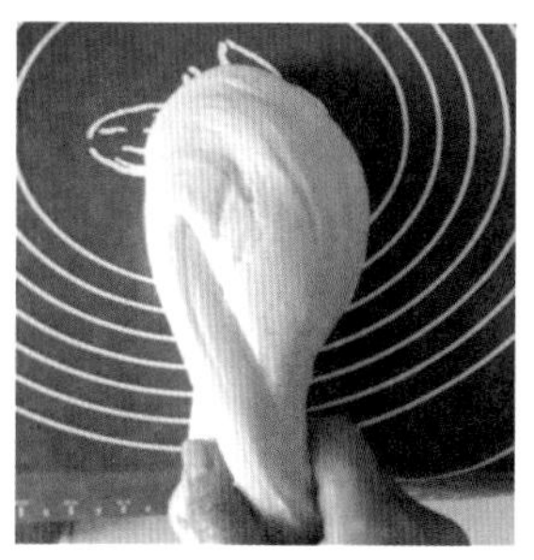 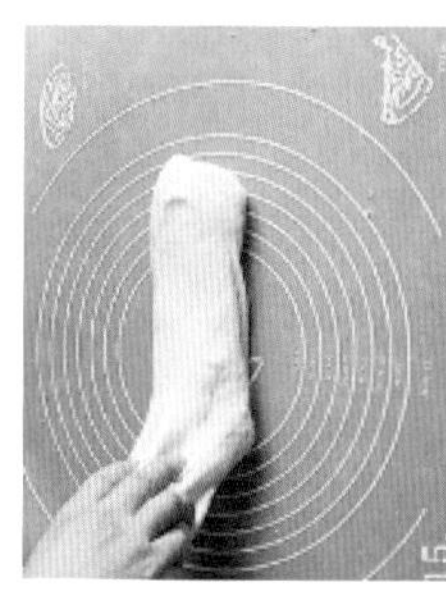 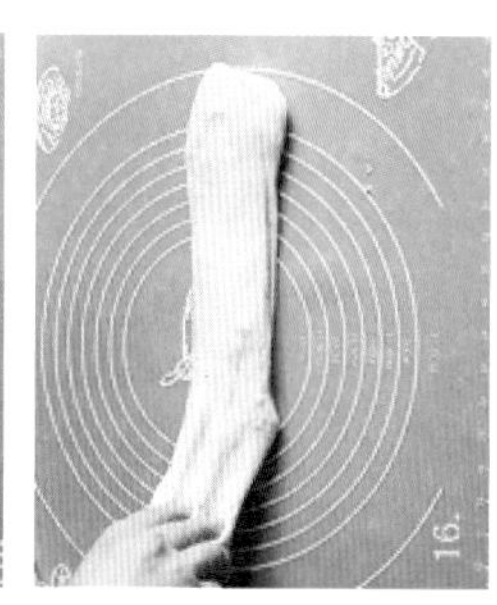

6. 擦

原料：面粉 180 克，黄油 100 克

擦：主要用于油酥面坯和部分米粉面坯的制作。在面案上把黄油与面粉和好后，用手掌跟将面坯一层层向前推擦，使油和面相互粘连，形成均匀的面坯。

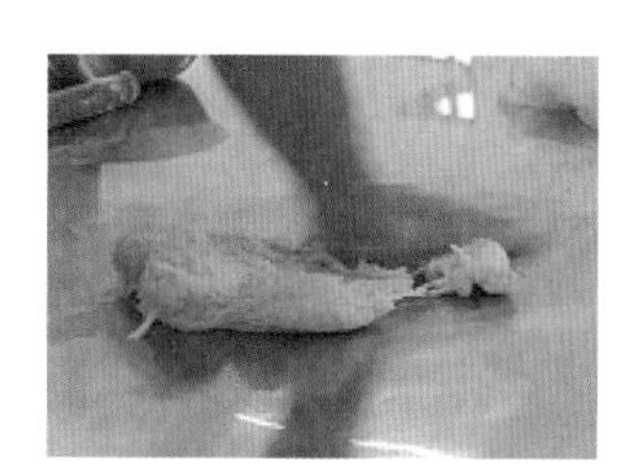

【大师点拨】

揉面的操作关键：

（1）揉面时要用巧劲，既要用力，又要揉“活”，必须手腕着力，并且力度要适当。

（2）揉面时要按照一定的次序顺着一个方向揉，不能随意改变方向，否则面坯不易达到光洁的效果。

（3）揉发酵面团时不要反复不停地揉。避免将面揉“死”而达不到膨松的效果。

（4）揉匀面坯后，不要紧接着就制作成品，一般要醒面 10 分钟。

任务三　搓条

【任务情境】

涵涵是一名职校新生，最近他和同学们都在学习中式面点基本功，包括和面、揉面、搓条、下剂、擀皮等。通过学习，涵涵明白了若要面坯剂子大小均匀，离不开搓条这一步骤，搓条搓得好，面坯剂子就能揪得大小均匀。但是他一直学不会，总是无法达到老师要求的标准，这令他很苦恼，却又不知道问题出在什么地方。

搓条的手法和技巧都有哪些呢？我们一起来通过学习和动手实践找出问题的答案吧。

【任务目标】

知识目标：能说出搓条的基本要领。

技能目标：（1）能够掌握搓条的一般要求，着力点要均匀。

（2）搓条手法做到干净利落，动作迅速。

（3）能够掌握搓条的基本技法。

情感目标：培养学生的卫生习惯和行业规范。

【任务实施】

搓条

原料：面粉 250 克，水 120 克

搓条时要用手掌根按实推搓，不能用空掌心搓，否则按不实、压不平，不但搓不光洁，而且不易搓匀。只有掌握正确的搓条技法，才能搓出粗细均匀的圆形长条，为下剂做好准备。

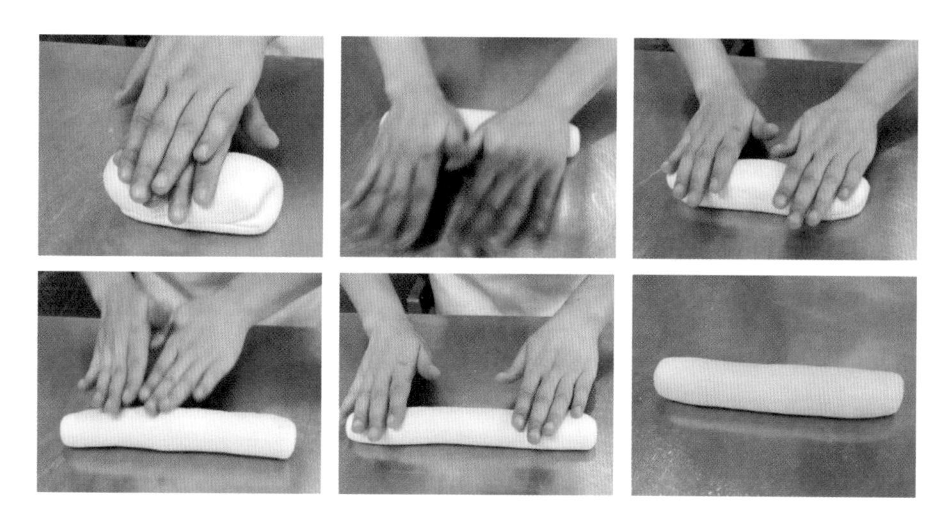

【大师点拨】

搓条的操作关键：

（1）两手着力平衡均匀。

（2）要用手掌跟推搓，不能用掌心。

（3）搓出的条要光洁、条圆、粗细一致。

任务四　下剂

下剂，即将搓条后的面团分割成为大小一致的坯子。下剂直接关系到制品成型的整齐和规格的大小，核算的标准等。

【任务情境】

小明是南宁一家酒店后厨面点房负责面案的学徒，大年三十那天下午正好他和师傅当班，酒店接待了一批客人，他们来自东北辽宁，要在遥远的广西南宁吃年夜饭，然后守岁迎新年。作为负责制作主食面点的学徒，小明想给客人制作传统饺子，但是要做好饺子的前提就是擀好大小合适的面皮。作为学徒的小明用上了在职校中所学到的基本功，帮助师傅提前将饺子皮擀制完成，从而缩短了顾客等候的时间。

剂子的制作用了什么手法呢？我们一起来学习和动手实践吧。

【任务目标】

知识目标：能说出成型前工艺环节基本功的概念、手法和要求。

技能目标：（1）能够掌握下剂的基本方法。

（2）能够掌握不同性质的面团选择不同的下剂手法。

情感目标：培养学生的卫生习惯和行业规范。

【任务实施】

（一）揪剂手法

1. 水饺皮的原料与工具

原料：面粉 500 克，盐 2 克，水约 220 克

工具：刮板，擀面杖，面粉筛

2. 水饺剂的下剂过程

将揉好的剂条握于手掌中，让剂条从左手虎口上露出相当于坯子大小的截面，右手大拇指和食指捏住截面，顺势向下揪（或掐、摘），揪下剂子后将左手握住的剂条趁势翻一个身，再露出截面，右手顺势再揪。揪出的剂子每个约 10~12 克，直径约 2 厘米。将剂子稍按扁，用擀面杖擀成直径 6 厘米，中心部分稍厚的饺子皮。

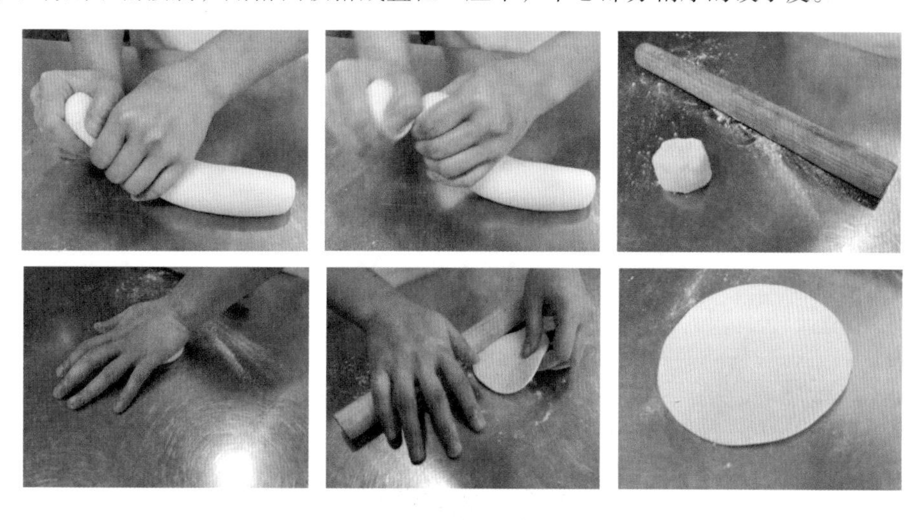

3. 水饺皮剂子的成品要求

（1）剂子大小均匀。

（2）剂子重量一致。

（3）揪成的剂子断面整齐、完整。

【大师点拨】

揪剂的操作关键：

（1）左手握住剂条时不能握得太紧，防止捏扁剂条。

（2）面要和得硬一些，有“硬面饺子软面饼”之说。

（3）每揪一个剂子，需要将剂子翻一次身，这样揪下的剂子较圆整、均匀。

（4）揪剂前的搓条环节，一定要将面皮搓成大小均匀的长条，这样揪出来的剂子才会大小均匀。

【举一反三（创意引导）】

1. 造型变化

如：包子皮。

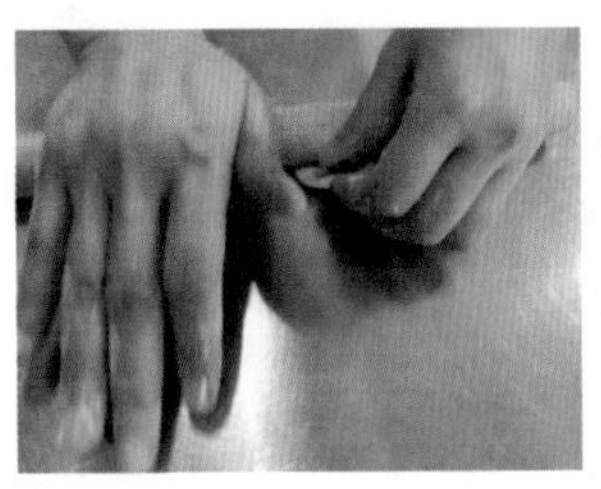
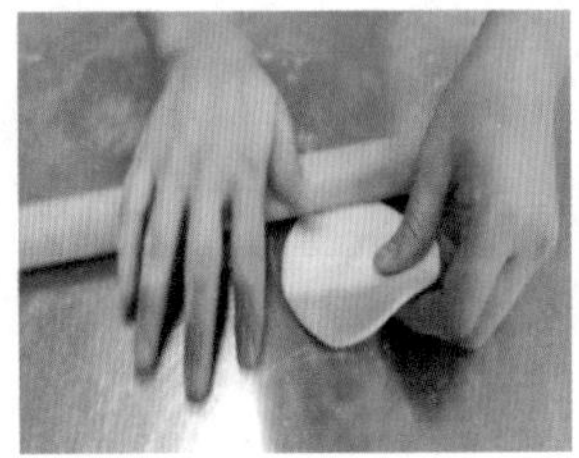

2. 颜色变化

（二）挖剂手法

1. 光面馒头的原料与工具

原料：面粉 500 克，水约 220 克，酵母 5 克，泡打粉 5 克，白砂糖 70 克

工具：刮板，擀面杖，面粉筛

2. 光头馒头剂子的下剂过程

将揉好的长条面团按于手掌中，右手四指弯曲成类似挖土机的铲形，从剂条下面伸入并向上挖，形成一个约 50 克的剂子，然后左手向左移动，做出一个剂子截面。再将挖好的剂子用单手轻揉的方法揉成一个光滑的圆形面团，馒头成型过程完成。

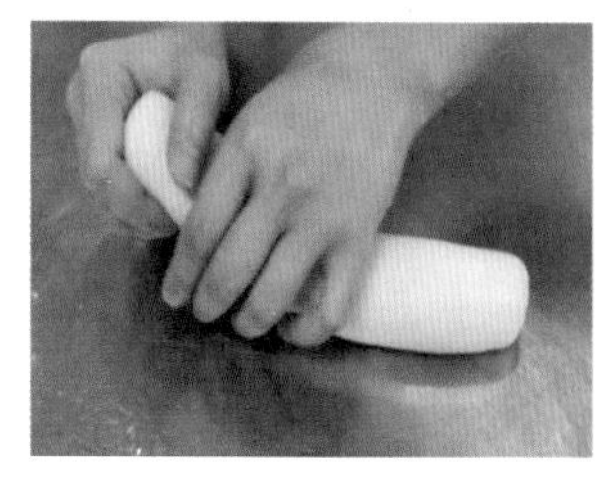
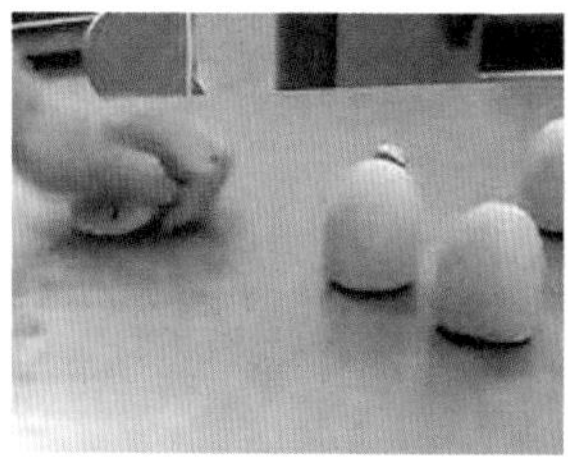

【大师点拨】

挖剂的操作关键：

（1）左手握住剂条时不能握得太紧，防止将剂条捏扁。

（2）挖剂前的搓条环节，一定要将面皮搓成大小均匀的长条，这样挖出来的剂子才会大小均匀。

【举一反三（创意引导）】

1. 造型变化

如：烧饼。

2. 颜色变化

如：绿色、黄色、可可色等。

（三）拉剂手法

1. 馅饼的原料与工具

原料：面粉 250 克，温水约 225 克，酵母 2.5 克，盐 2.5 克，豆沙馅 150 克

工具：不锈钢盆，擀面杖，平底不粘锅，保鲜膜，面粉筛

2. 馅饼皮剂子下剂制作过程

面案上撒上足够多的面粉，将发酵好的面团倒置于面案上，不要揉面，直接将面团拉成长条状。用五指抓住长条面团的一端向下拉，再抓，再拉，将拉出的数个剂子排放于面案上。

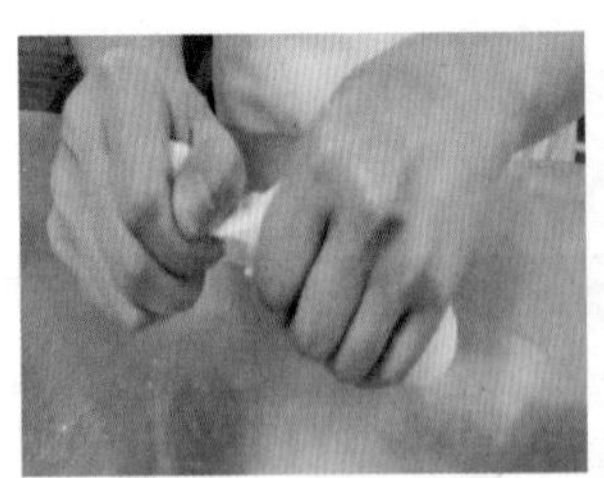

【大师点拨】

拉剂的操作关键：

（1）左手握住剂条时不能握得太紧，防止捏扁剂条。

（2）拉剂前的搓条环节，一定要将面皮搓成大小均匀的长条，这样拉出来的剂子才会大小均匀。

（四）切剂手法

1. 卷酥（眉毛酥）的原料与工具

原料：

水皮：面粉 300 克，水 150 克，起酥油 30 克

油心：面粉 180 克，起酥油 100 克

馅心：豆沙馅 150 克

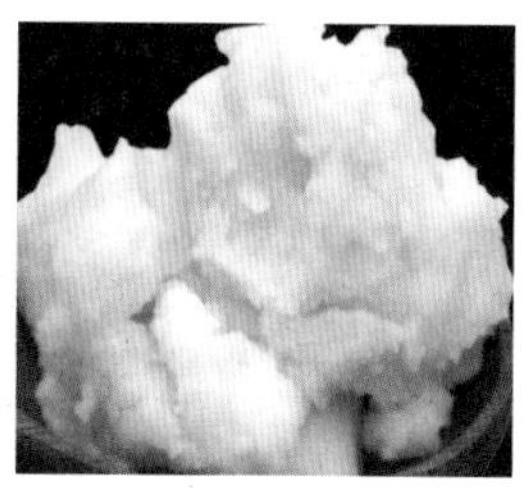
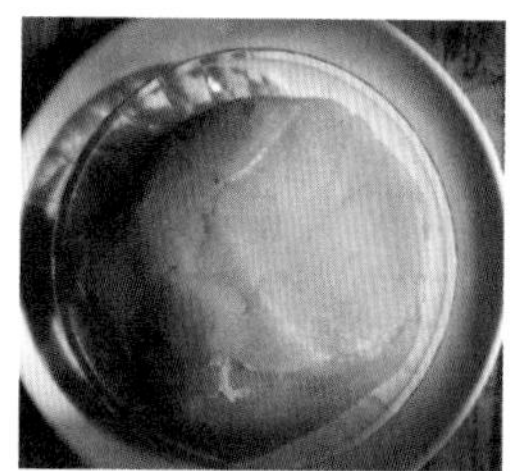

工具：砧板，擀面杖，刮板，菜刀，平底不粘锅，面粉筛

2. 卷酥（眉毛酥）剂子的制作过程

将圆形面坯放置于面案上，快刀切成数个 1 厘米厚的薄片，再擀成四周厚薄均匀的圆面片。

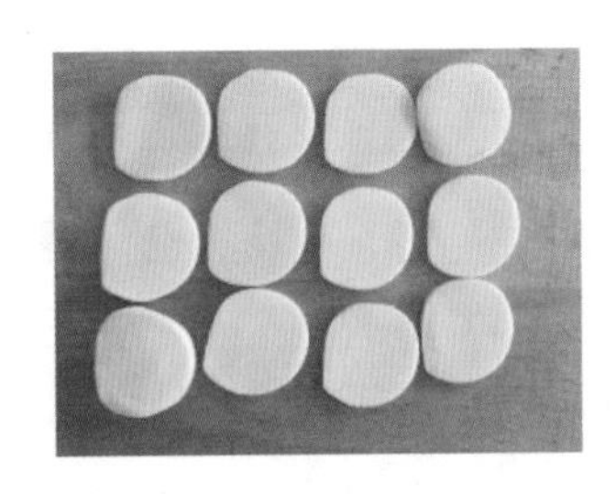

【大师点拨】

切剂的操作关键：

（1）左手握住剂条时不能握得太紧，防止捏扁剂条。

（2）必须采取快刀切剂的方法才能保证截面酥层清晰。

（3）切剂所用刀必须干净无粘黏物。

（五）剁剂

1. 方形馒头的原料与工具

原料：面粉 500 克，水约 240 克，酵母 5 克，泡打粉 5 克，白砂糖 70 克

工具：擀面杖，刮板，菜刀，面粉筛，蒸锅

2. 方形馒头剂子的制作过程

用干净且不粘杂质的刀快速将剂条切成数个大小均匀的剂子，将切好的剂子整齐摆放于刷好油的蒸托上，方形馒头制作完成。

【大师点拨】

剁剂的操作关键：

（1）剁剂时，手不要碰到剂条，直接手起刀落，速度要快。

（2）剁剂所用刀必须干净无粘黏物。

任务五 制皮

【任务情境】

过节时吃的饺子、汤圆，平时餐桌上的包子及广式早茶中最受欢迎的虾饺等，这些面点已经成为了人们日常饮食中必不可少的一部分。一家人围坐在一起，分工合作包饺子、包汤圆、包包子，做出来的食物既好吃又有人情味。要是分配了制皮的活儿，可不要太高兴，这可是个技术活，制皮不漂亮或擀不均匀是会被长辈唠叨的，用这样的面皮制作出来的成品也不会太美观。

那么，制皮都有哪些手法呢？我们一起来学习和动手实践吧。

【任务目标】

知识目标：能说出制皮工艺的概念、手法和要求。

技能目标：（1）能够掌握制皮的基本方法。

（2）能够根据不同面团性质选择不同的制皮手法。

情感目标：培养学生的卫生习惯和行业规范。

【任务实施】

（一）制皮手法：按皮

1. 包子皮的原料与工具

原料：面粉 500 克，水约 220 克，酵母 5 克，泡打粉 5 克，白砂糖 45 克

工具：擀面杖，刮板，面粉筛

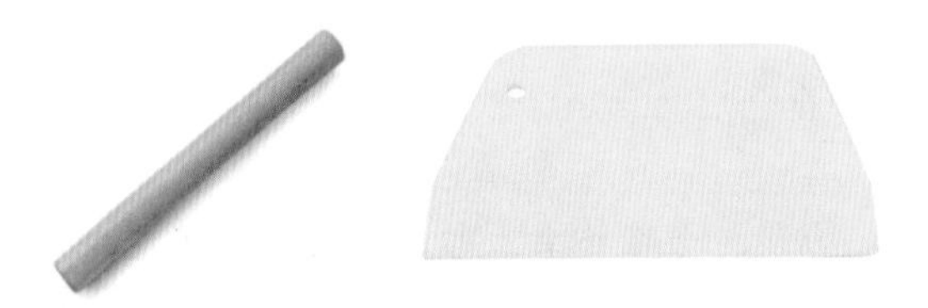

2. 包子皮的制作过程

（1）和面

将面粉与泡打粉过筛、开窝。将白砂糖、酵母放入水中，搅拌溶化至无颗粒状态。将混合液倒入面粉窝中，双手五指张开，从外向内一点点地调和，直至成棉絮状。

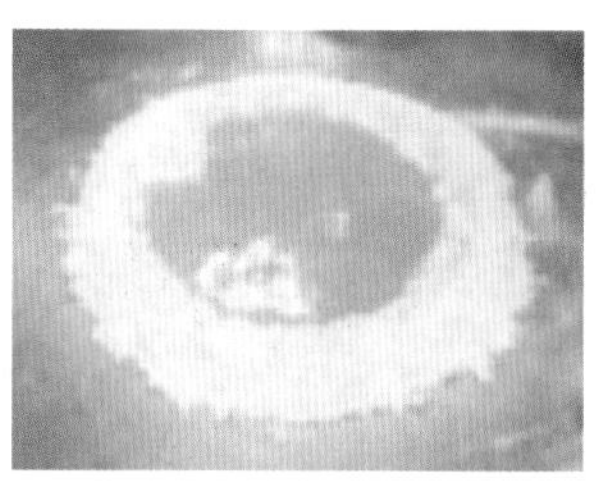 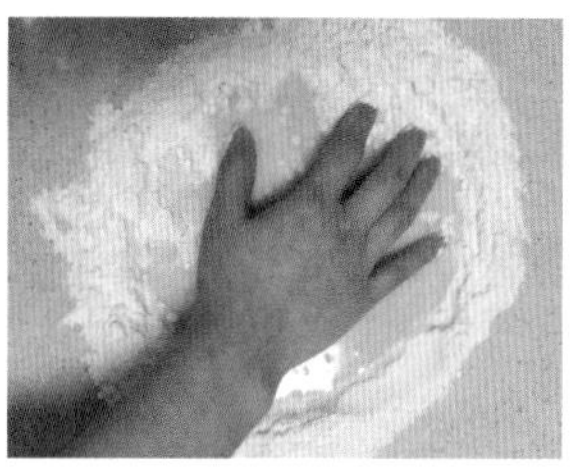 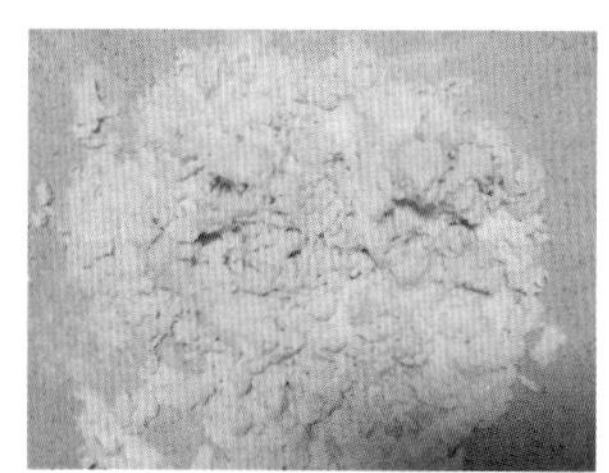

（2）揉面

用双手交替的揉面法将面团揉成一个光滑、不黏手、柔润的面团，将面团静置于面案上醒面 3~5 分钟。

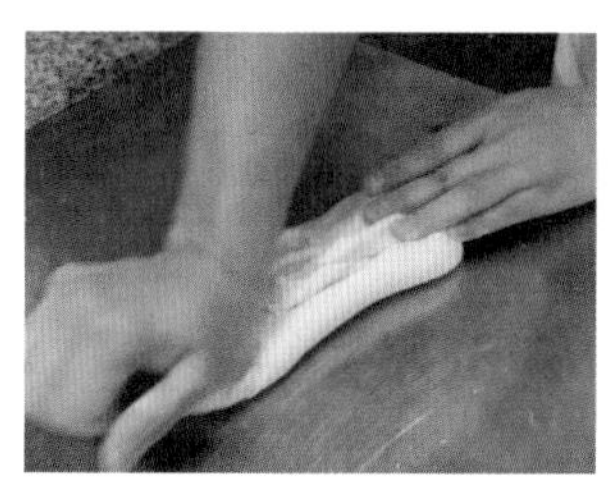 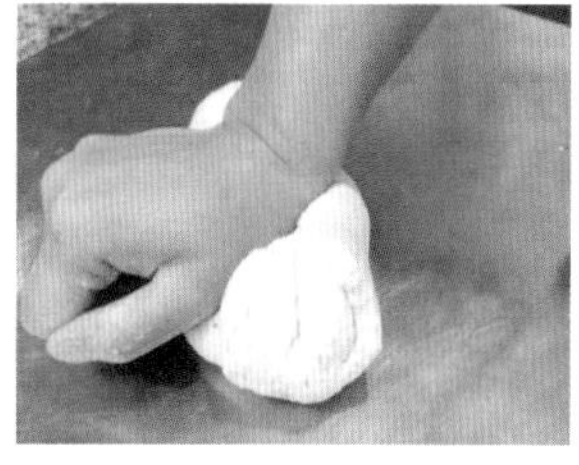 

（3）搓条

将醒好的面团放在面案上，先拉成长条，然后双手掌根压在长条上来回推搓，边推边搓，必要时也可稍抻拉，使长条向两侧延伸，再搓成直径 4 厘米的圆柱形长条，即为剂条。

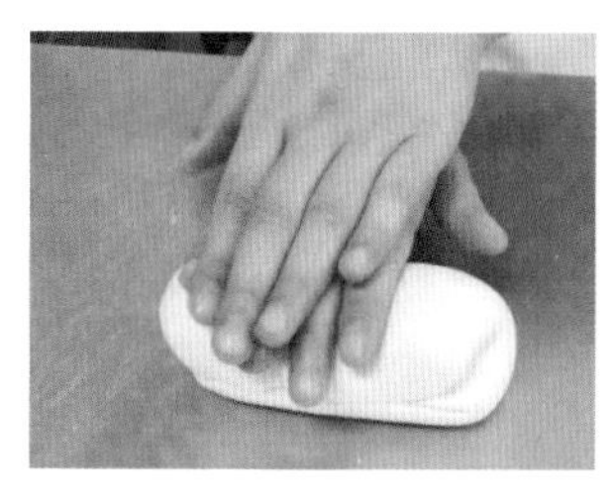 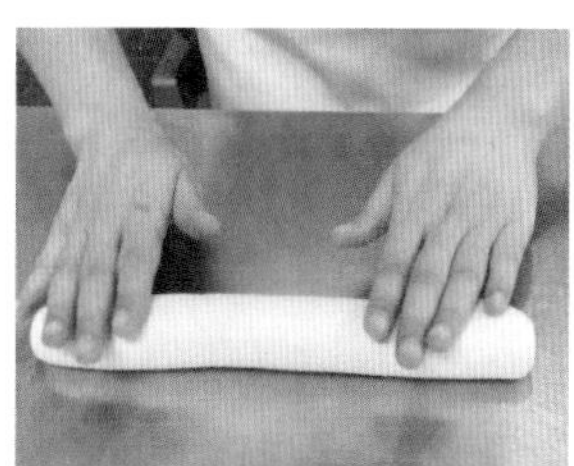 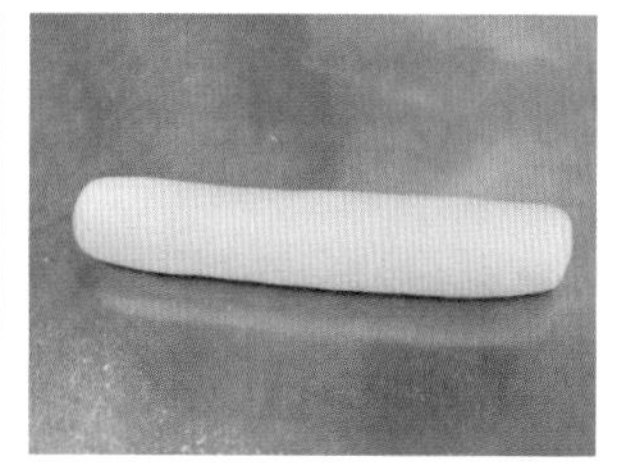

（4）下剂

左手握住剂条，让剂条从左手虎口上露出相当坯子大小的截面，右手大拇指和食指捏住截面，顺势向下揪（或掐、摘），揪下剂子后将左手握住的剂条趁势翻一个身，再露出截面，右手顺势再揪。如此揪成的剂子每个重约 35 克，均匀摆放于面案上。

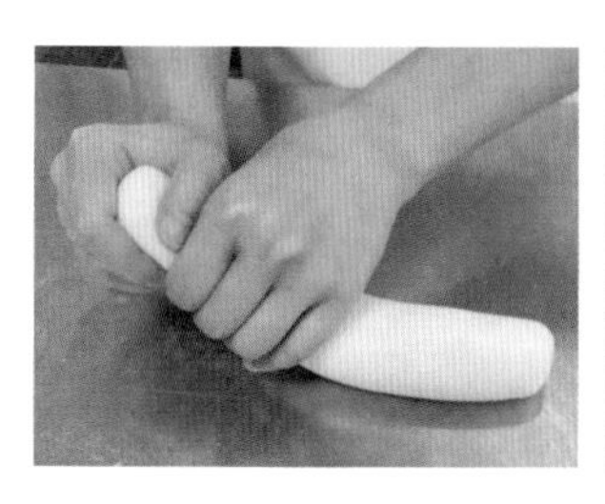 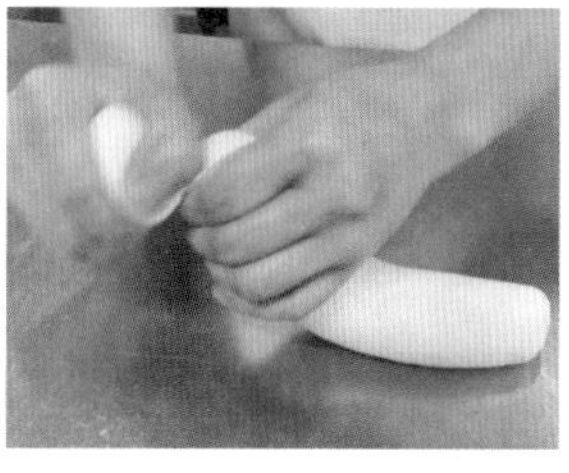 

（5）按皮

将揪好的剂子截面朝上，用手掌跟将其按扁，再按成中间稍薄的圆形面皮。

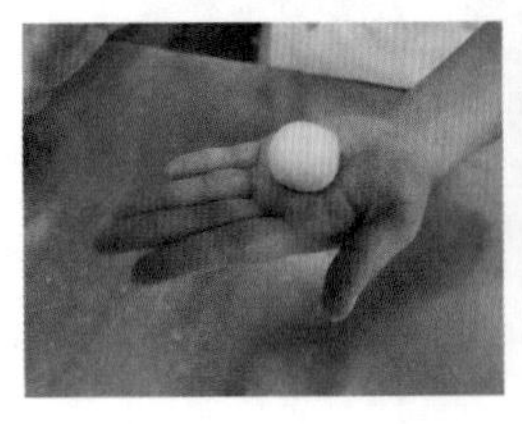 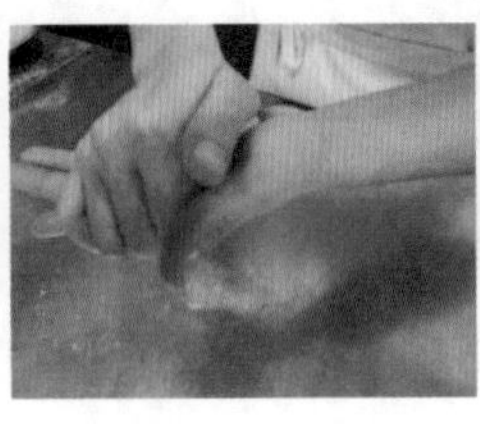 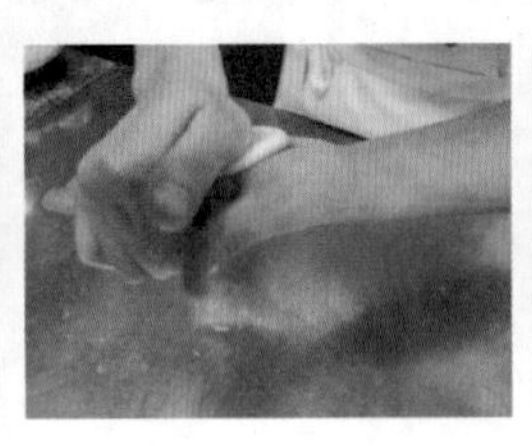 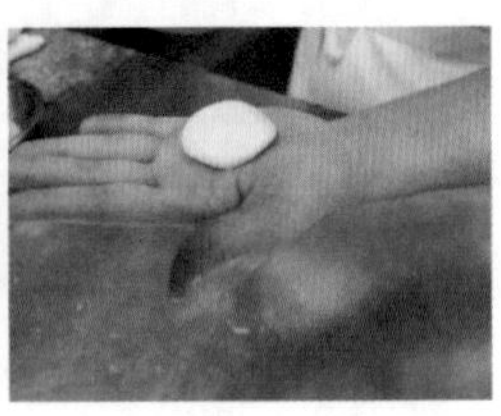

3. 包子皮的成品要求

（1）软硬适度。

（2）形状统一。

（3）大小一致，薄厚符合制品要求。

【大师点拨】

按皮的操作关键：

（1）按皮时必须用手掌跟按压。

（2）按皮力度要均匀。

（3）按皮所用手掌要干净无杂质。

（4）按皮时面案上要撒少许手粉（面粉）。

（二）制皮手法：擀皮

1. 蒸饺皮的原料与工具

原料：面粉 250 克，开水 125 克

工具：不锈钢盆，擀面杖

2. 蒸饺皮的制作过程

（1）和面

将面粉倒入盆中，在面粉中倒入120克开水，用擀面杖将面粉与开水迅速搅拌均匀，将面粉与水搅拌成棉絮状。

（2）揉面

将搅拌成棉絮状的面粉倒在面案上，用双手交替的揉面法揉成一个光滑、不黏手、洁白的面团，将面团静置于面案上醒面3~5分钟。

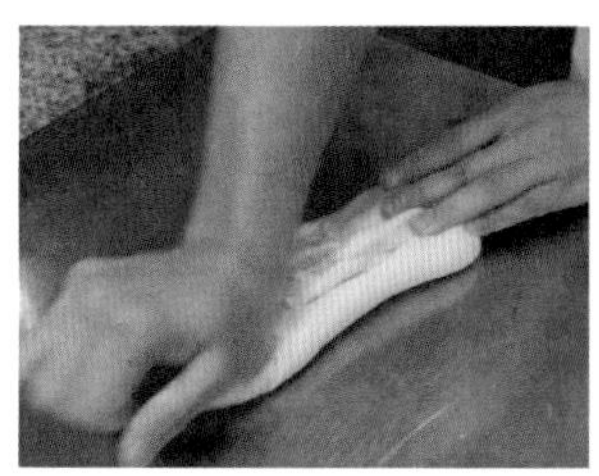 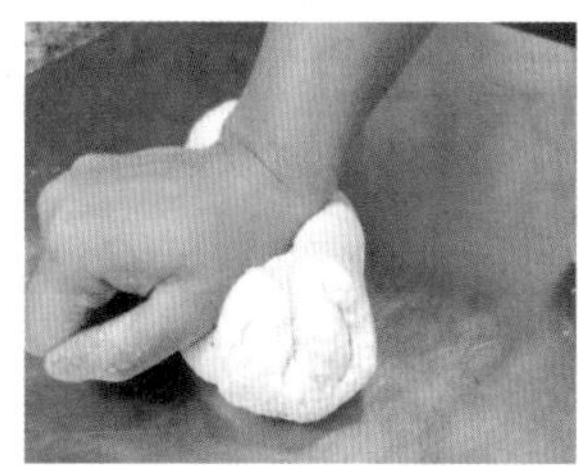 

（3）搓条

将醒好的面团先拉成长条，然后双手掌根压在长条上来回推搓，边推边搓，必要时也可稍抻拉，使长条向两侧延伸，再搓成直径2厘米的圆柱形长条，即为剂条。

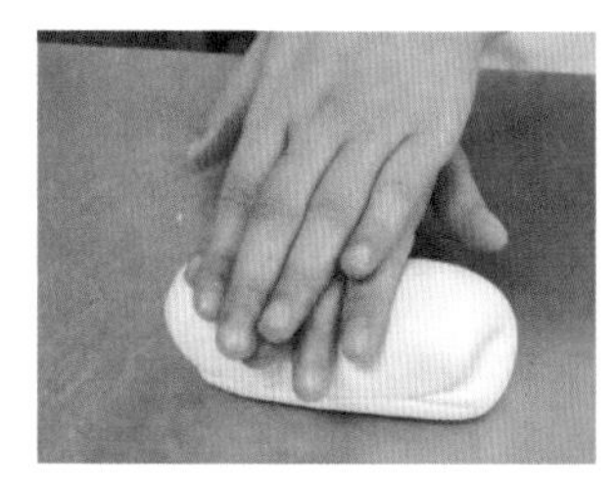 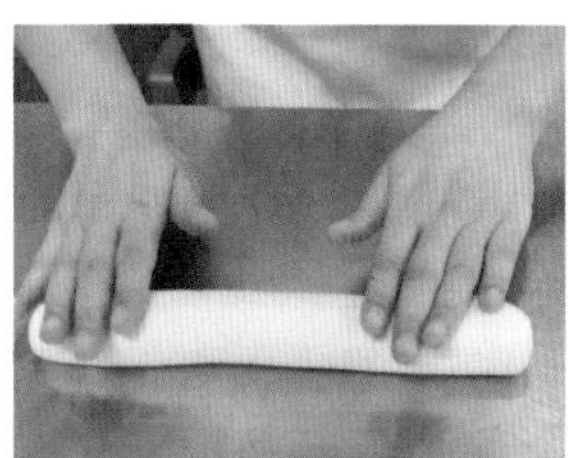 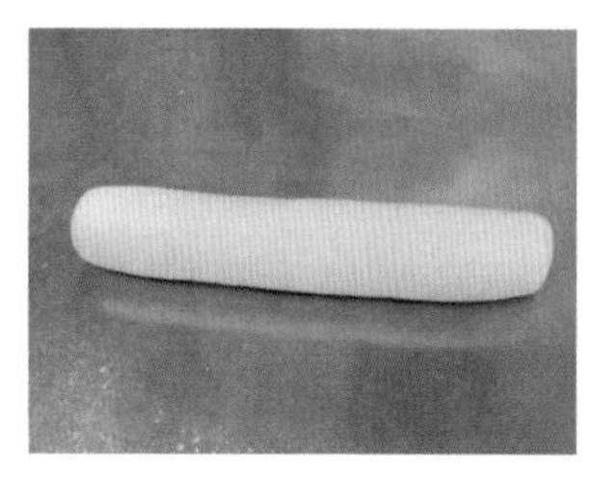

（4）下剂

利用揪剂手法，将剂条揪成数个大小均匀、长短一致、重量均匀、表面无毛茬的面剂。

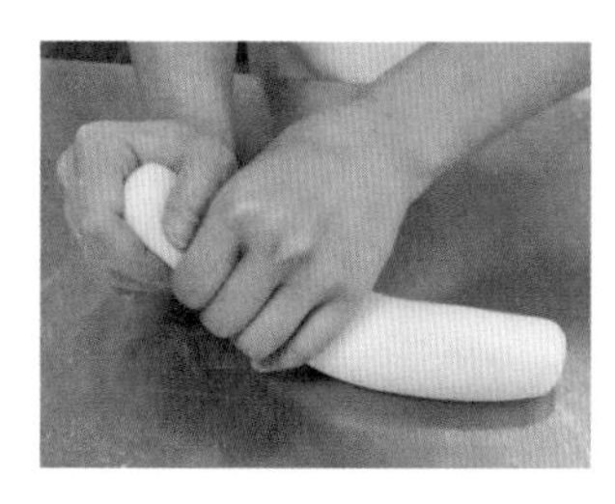 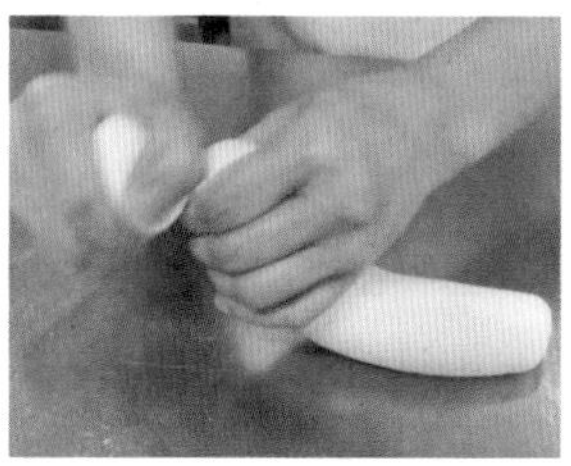 

（5）擀皮

用擀面杖把面剂擀成扁圆形。用左手大拇指、食指、中指捏住面皮左边，将面皮放在面案上，右手持擀面杖，压住右边皮的1/3处，右手推轧擀面杖不断转动。左手持皮，并随着右手的不断推轧而向左转动，转动的同时用力要均匀，才能擀成中间稍厚，四周薄而边上翘，形如圆碟的皮子。

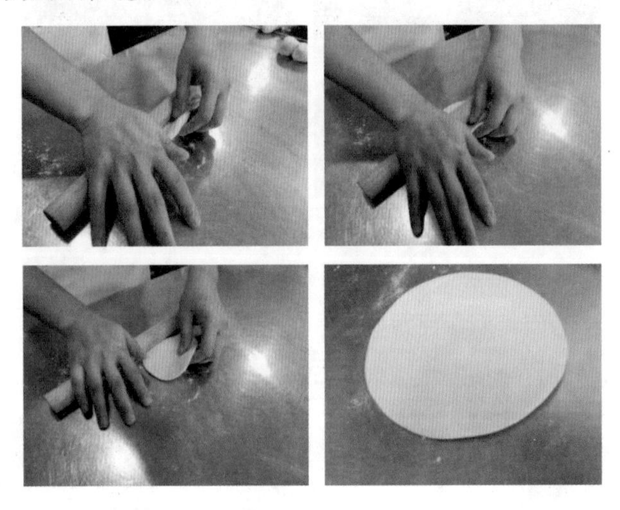

【大师点拨】

擀皮的操作关键：

（1）双手配合协调一致，用力均匀。

（2）擀制面皮时，面皮的转动幅度要和擀面杖擀制的次数相协调。

（3）擀制面皮前，面案上要撒适量手粉（面粉），以防止面皮在擀制过程中出现粘黏的情况。

【举一反三（创意引导）】

1. 造型变化

如：烧麦面皮的擀制。

2. 工具变化

可使用双手杖、走槌等。

（三）制皮手法：捏皮

1. 芝麻油团面皮的原料

原料：糯米粉250克，白砂糖100克，泡打粉7克，水175克

2. 芝麻油团面皮的制作过程

（1）揉面

将糯米粉与泡打粉混合均匀，将水与白砂糖搅拌至白砂糖溶化。将溶化后的白糖水倒入糯米粉中搅拌，至糯米粉全部与水结合，双手揉搓成面团，拿起来轻轻甩动不易断裂即可。

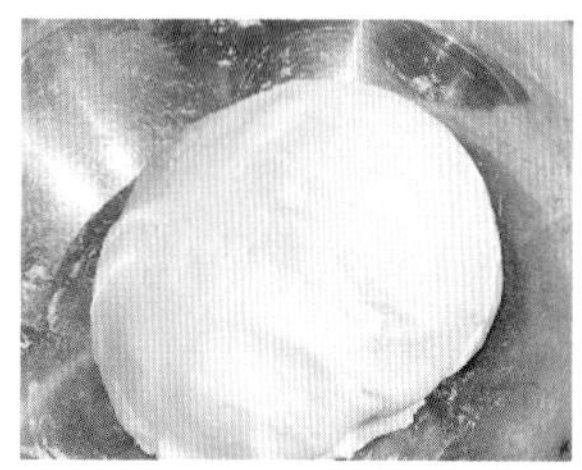

（2）下剂

将揉好的面团搓成大小均匀的长条面剂，用挖剂的手法将面剂挖成大小均匀、重量一致的剂子。

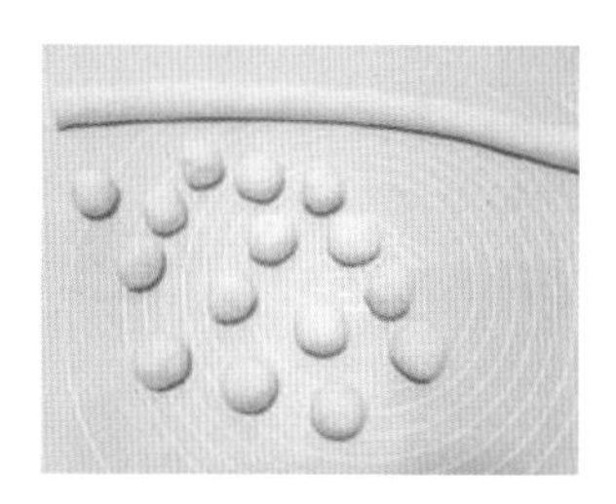

（3）捏皮

将剂子揉匀搓圆，再用双手手指捏成碗状，芝麻油团面皮制作完成。

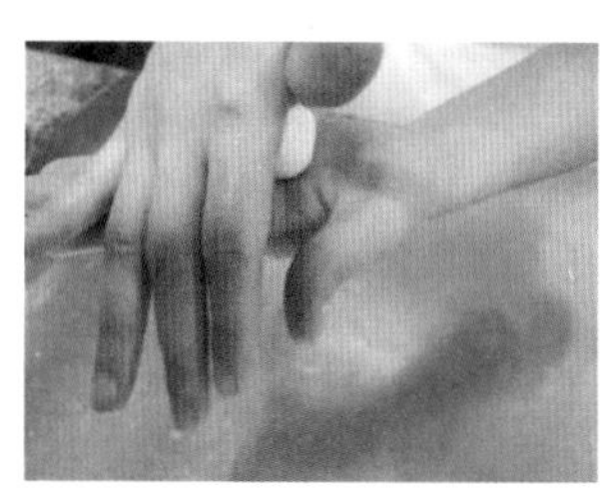
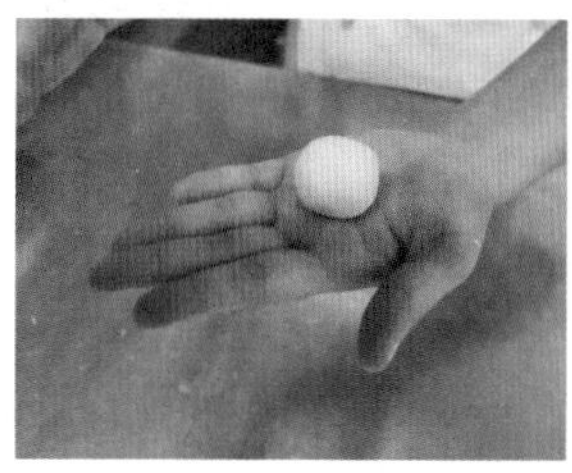
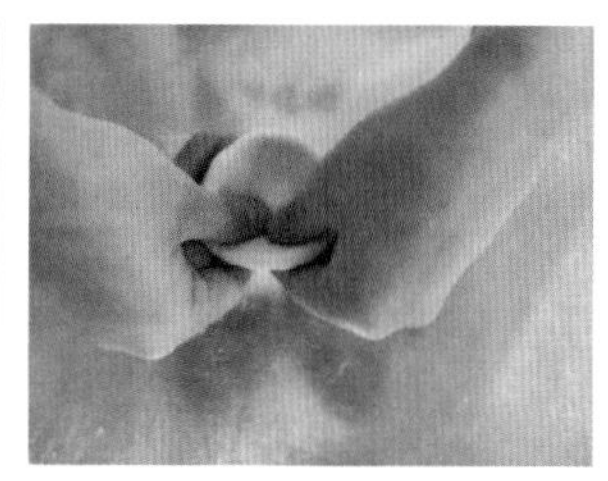

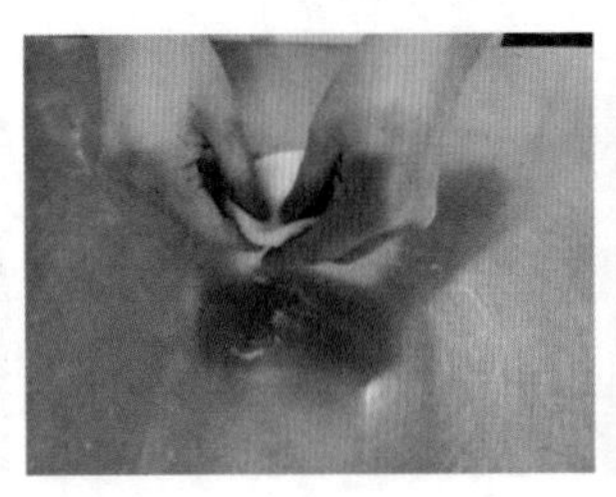
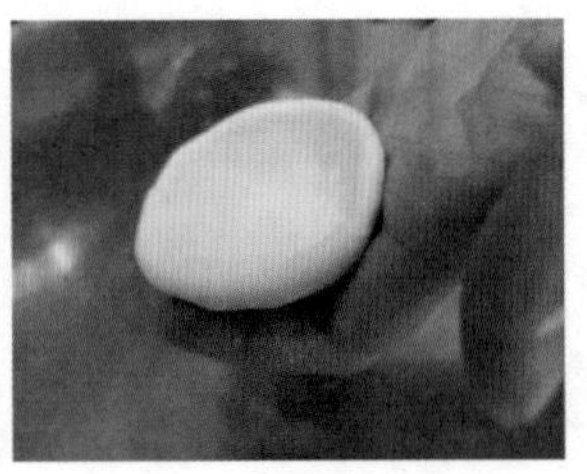

【大师点拨】

捏皮的操作关键：

（1）要用手将面坯反复捏匀，使其不致裂开，否则无法包馅。

（2）捏皮适用于无筋度的面坯制皮，捏皮时手指力度要均匀。

（四）制皮手法：摊皮

1. 煎饼皮的原料与工具

原料：面粉 250 克，绿豆粉 120 克，玉米淀粉 120 克，五香粉 12 克，水约 300 克

工具：筷子，平底不粘锅

2. 煎饼皮的制作过程

（1）面坯调制

将面粉、绿豆粉、玉米淀粉、五香粉与水混合，制成稀软有筋力、无干粉无颗粒的面坯。

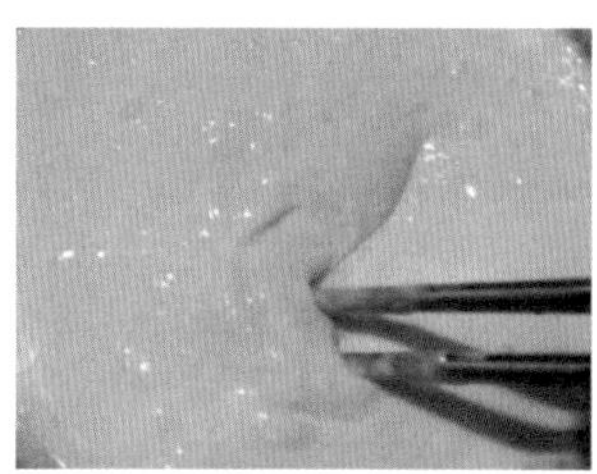
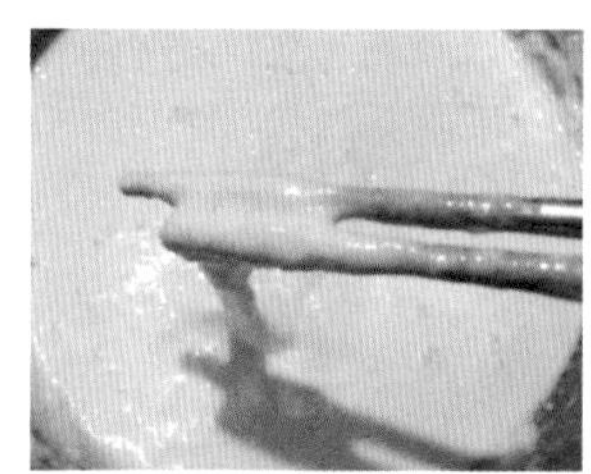

（2）煎饼皮制作

摊皮是一种较为特殊的制皮方法，主要用于稀软有筋力的面坯。将平底不粘锅放置于电磁炉上，中小火预热。锅内抹少许油，右手拿起面坯不停抖动（因面坯很软，放在手上不会流下），顺势向锅内一抹，使面坯在锅内粘上一层，即成圆形面皮。随即拿起面皮持续抖动，待面皮边缘略有翘起，即可揭下成熟的皮子。煎饼皮制作完成。

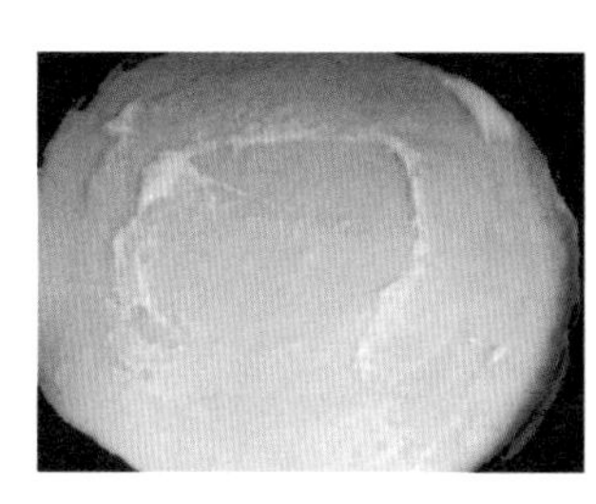
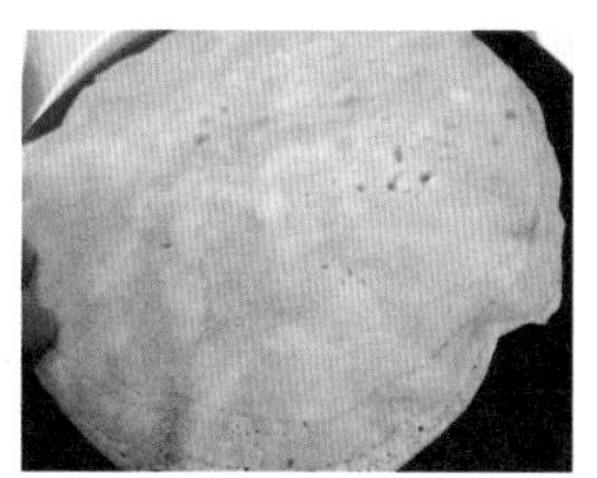

【大师点拨】

摊皮的操作关键：

（1）平底锅煎时温度不能太高，要掌握好火候。

（2）摊皮时面皮厚薄要均匀，动作要连贯。

（3）锅一定要洁净，并适量抹油。

（五）制皮方法：压皮

1. 虾饺皮的原料

原料：澄粉[1]250 克，生粉 250 克，开水 450 克

2. 虾饺皮的制作过程

（1）烫面

将澄粉、生粉在盆中过筛，倒入开水，迅速用擀面杖将水与粉搅拌均匀。

（2）揉面

将搅拌均匀的面团倒置于面案上，快速用手揉至光滑无干粉、无颗粒、不黏手的状态。

 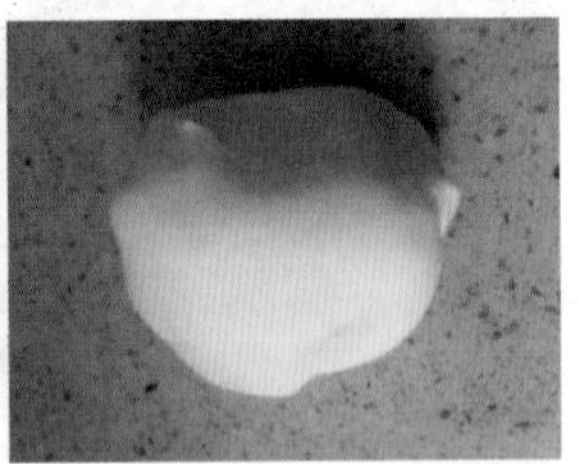

（3）下剂

双手将面团搓成长条面剂，用切剂的方法将面剂切成数个剂子，每个约 20 克，摆放于面案上。

1. 澄粉：又称澄粉、汀粉、小麦淀粉。是一种无筋的面粉，成分为小麦。

（4）压皮

将剂子均匀地揉成圆球，放置于砧板上（要求砧板光滑平整无裂缝）。砧板上抹少许油，右手持刀，将刀平放在剂子上，左手按住刀面，向前旋压，将剂子压成圆皮即可。

【大师点拨】

压皮的操作关键：

（1）切好的剂子要用手反复揉匀，防止其不致裂开而无法包馅。

（2）剂子及砧板都要随时抹油。

（3）刀切面要无黏杂物，干净无缺口。

任务六　上馅

【任务情境】

子涵是一名职校面点集训队选手，最近他遇到了一个令他很烦恼的问题，在学习比赛品种提褶包的时候，从和面、揉面、搓条、下剂、制皮这些工艺开始，他每一步都做得很好，但就是在最后的上馅步骤总出现成品塌陷或馅心外漏、成品不圆不饱满的问题。不管他怎么尝试，都没能很好地解决。最终在老师的指导及自己不断努力练习和反复思考下，才将这些问题一一解决。由此，子涵更加刻苦努力，全身心投入到集训练习当中，为比赛做准备。

要做出饱满不露馅的提褶包，上馅的工序手法非常重要。那么上馅的手法、技巧都有哪些呢？让我们一起来学习和动手实践吧。

【任务目标】

知识目标：能说出上馅的基本要领。

技能目标：（1）能够掌握上馅的一般要求，馅心一定要置于坯皮中间。

（2）上馅要干净整洁，动作迅速。

（3）能够掌握上馅的基本技法。

情感目标：培养学生的卫生习惯和行业规范。

【任务实施】

（一）包馅法

1. 小笼包的原料与工具

原料：面粉 250 克，水 120 克，酵母 2.5 克，泡打粉 2.5 克，白砂糖 15 克，猪肉碎（半肥瘦）250 克，盐 5 克，葱花、姜末各 10 克，蚝油 10 克，麻油 10 克，鸡精 5 克，胡椒粉 5 克，马蹄碎适量

工具：擀面杖，刮板，面粉筛，不锈钢盆，蒸箱

2. 小笼包的制作过程

（1）和面

将面粉、泡打粉在面案上过筛，将酵母溶于水中。将溶解后的混合液倒入面粉中，双手五指张开，从外向内一点点地按顺时针调和，待面粉没有干粉及面疙瘩即可。

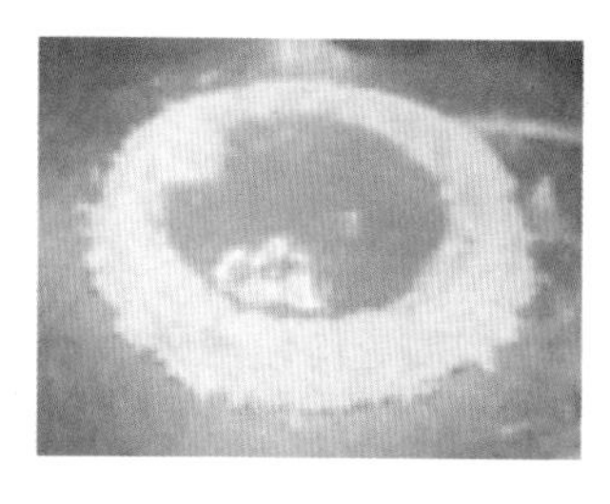 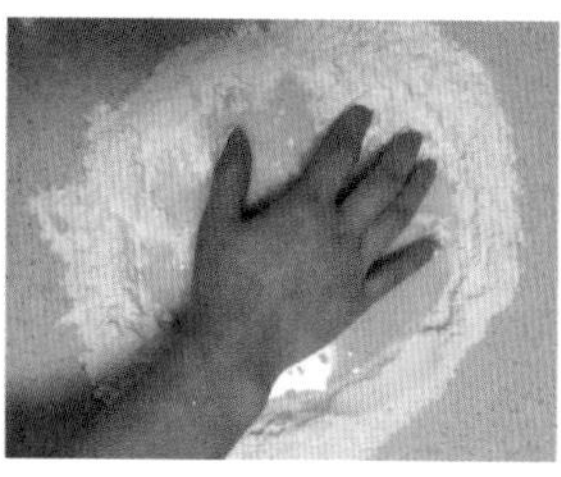 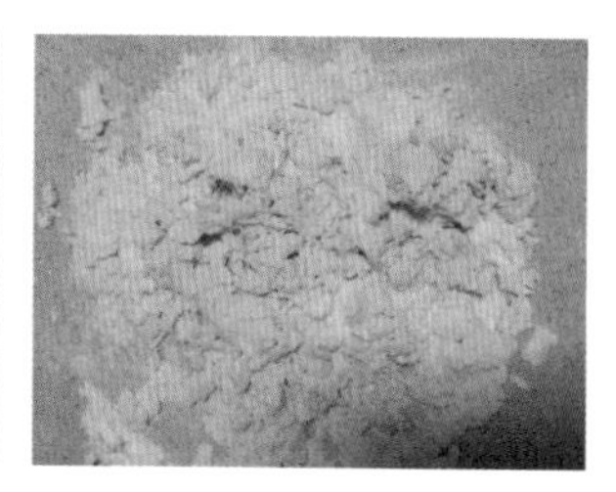

（2）揉面

将抓成棉絮状的水皮用双手交替的揉面法揉成一个光滑、不黏手、柔润的面团，将面团静置于面案上醒面 3~5 分钟。

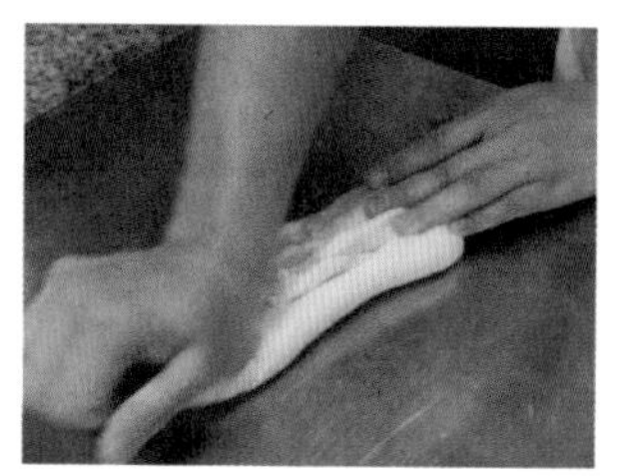 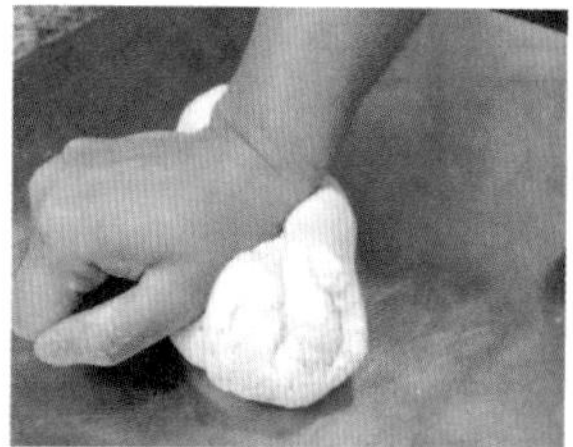 

（3）制馅

在猪肉碎中加入所有调味料，搅打至起胶，再加入葱花、姜末、马蹄碎，拌匀即可。

 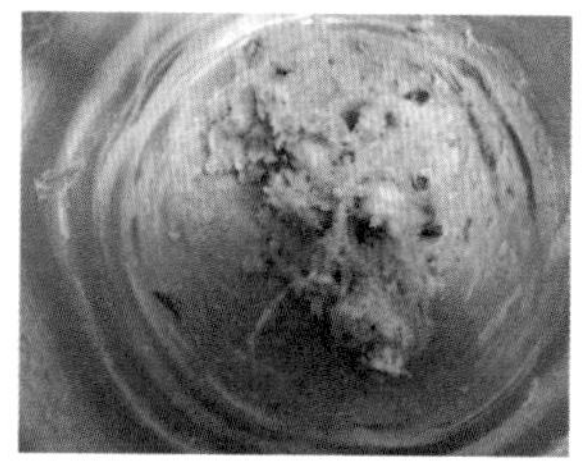

（4）搓条

将松弛好的面团放在面案上，先拉成长条，然后用双手掌根压在长条上来回推搓，边推边搓，必要时也可稍抻拉，使长条向两侧延伸，再搓成直径 4 厘米的圆柱形长条，即为面剂。

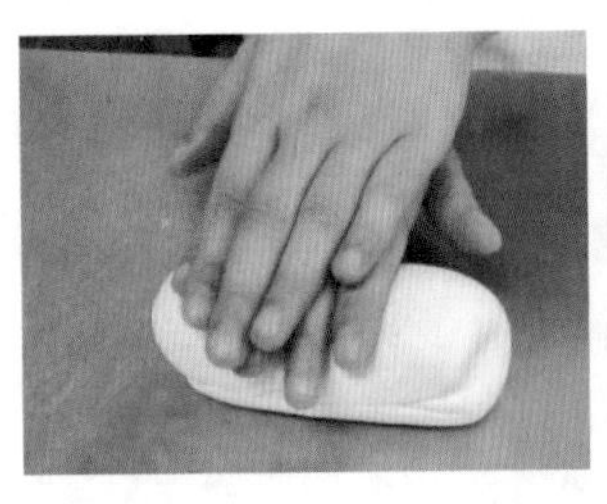
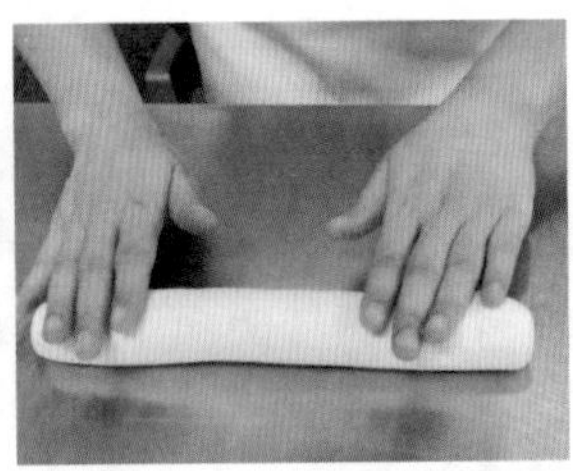
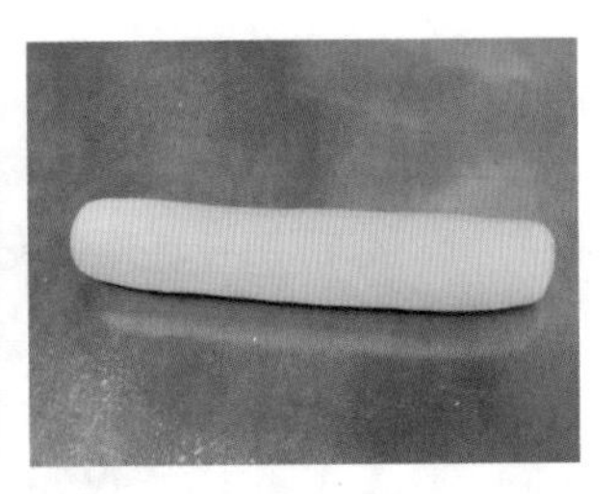

（5）下剂

将面剂揪成数个剂子，每个约 15 克重，直径约 2 厘米，将剂子均匀摆放于面案上，醒面 5 分钟。

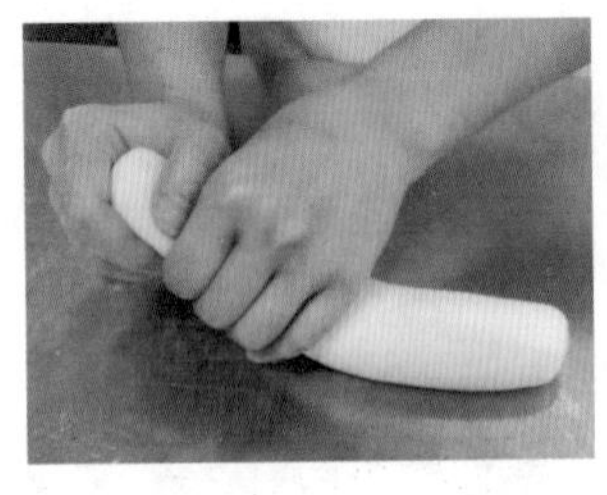

（6）擀皮

将醒好的剂子用擀面杖擀成直径约 8 厘米的圆皮。

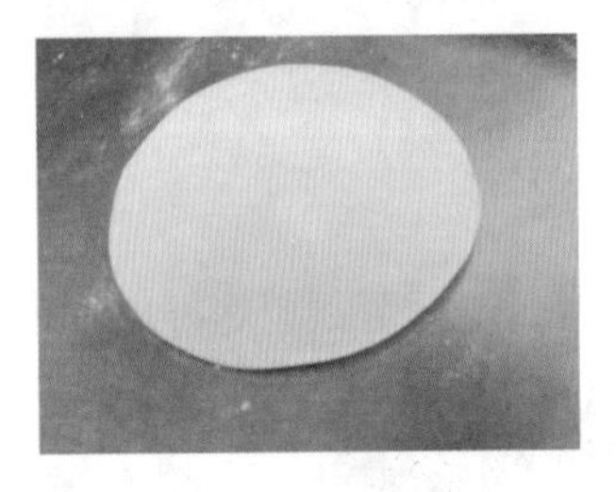

（7）包馅

在每个圆皮中放入约 15 克馅料，用手提捏成收口的细褶纹小包子，整齐地摆入蒸托中。

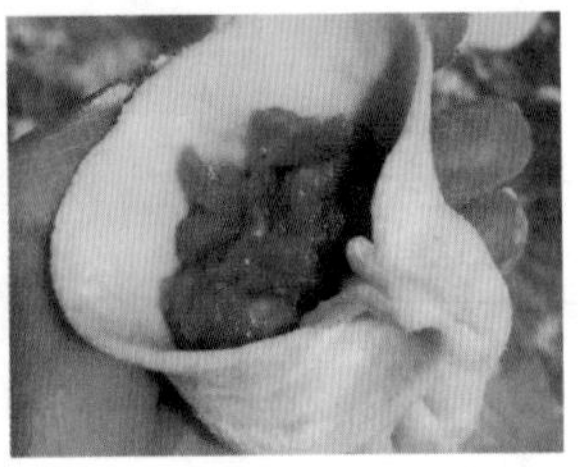

（8）醒发

将装有小笼包的蒸托放入温度 35℃、湿度 80%~85% 的醒发箱中醒发 20 分钟，直到小笼包醒发至原来的一倍大。

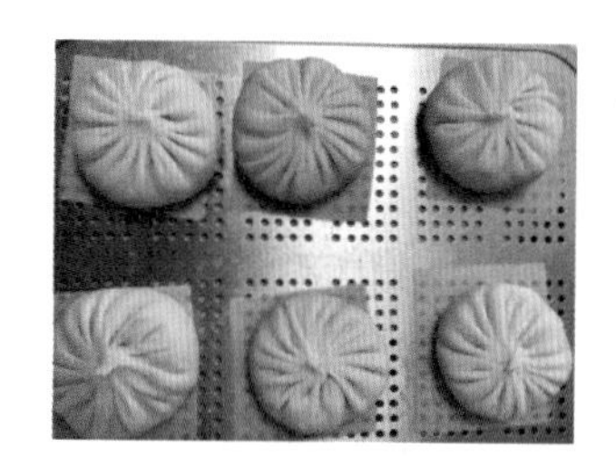

（9）蒸制

将小笼包放入蒸箱，上汽后蒸 12 分钟，小笼包制作完成。

【大师点拨】

包馅的操作关键：

（1）馅心居中。

（2）包捏成型手法。

（3）面坯皮要圆。

（二）拢馅法

1. 烧麦的原料

原料：糯米 500 克，肉末（半肥瘦）300 克，干香菇（小）125 克，木耳 10 朵（切丁），胡萝卜丁 50 克，豌豆 100 克，小葱碎 20 克，老抽 20 克，生抽 20 克，蚝油 10 克，盐、白砂糖、料酒适量，面粉 250 克，温水 125 克

2. 烧麦的制作过程

（1）煮制糯米饭

将洗净的糯米放入电饭煲，煮熟。

（2）揉制面团

将 250 克面粉与 125 克温水和成面团，做到“三光”——面光，手光，盆光。将和好的面团静置醒面 10 分钟。

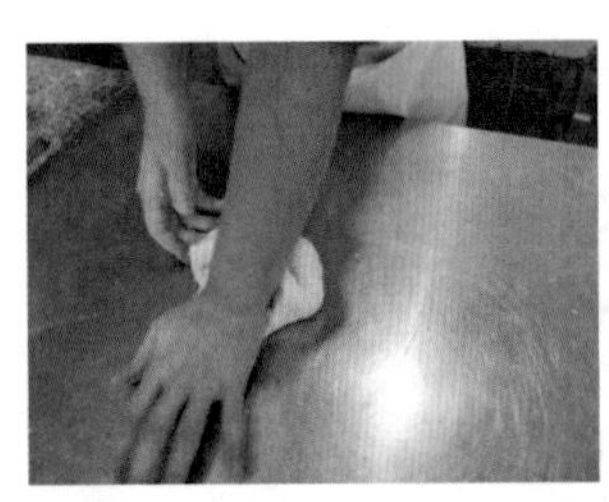
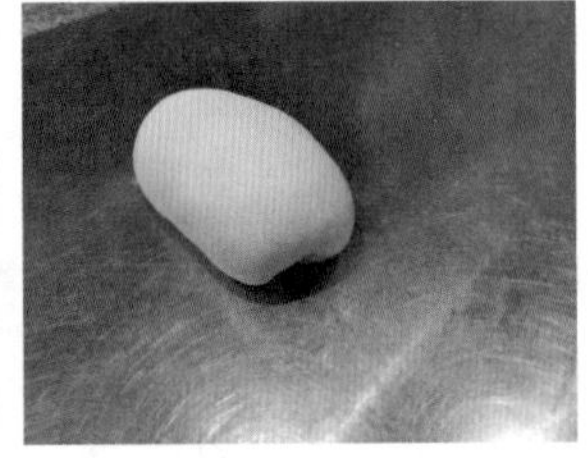

（3）炒制肉末

烧热炒锅，下肉末翻炒至出油。将炒香的肉末铲至一边，用锅底的油爆香小葱碎，再与肉末翻炒均匀。

（4）爆香胡萝卜

将炒香的肉末葱碎铲至一边，用锅底的油爆香胡萝卜丁。

（5）爆炒香菇、木耳丁、豌豆

再用锅底的油爆香香菇、木耳丁、豌豆，再和肉末葱碎翻炒均匀。加入生抽、老抽，略炒，随后倒入蚝油翻炒，再加入料酒、白砂糖、盐调味。

（5）拌入糯米饭

将煮熟的糯米饭翻拌均匀，待糯米饭稍凉，加入炒料拌匀，烧麦馅即制作完成。

（6）擀制面皮

将面团楸成数个剂子，每个剂子约10克。将剂子擀成饺子皮状，再将面皮边缘用擀面杖擀出褶皱。

（7）拢馅

取适量烧麦馅包入面皮中，将带馅料的面皮放在虎口处，用另一只手的拇指按压虎口中间的馅料，虎口收紧，掐出“腰”即可。

（8）蒸制

将包好的烧麦均匀地摆入蒸托中，开水上锅蒸5分钟后关火，再焖5分钟，烧麦制作完成。

【大师点拨】

拢馅法的操作关键：拢馅时捏拢而不封口，压馅力度均匀适中。

（三）夹馅法

1. 双色马蹄糕的原料

原料：马蹄粉500克，白砂糖750克，水2750克，马蹄片适量

2. 马蹄糕的制作过程

（1）将马蹄粉倒入盆中，用900克水冲成粉浆，过滤后备用。

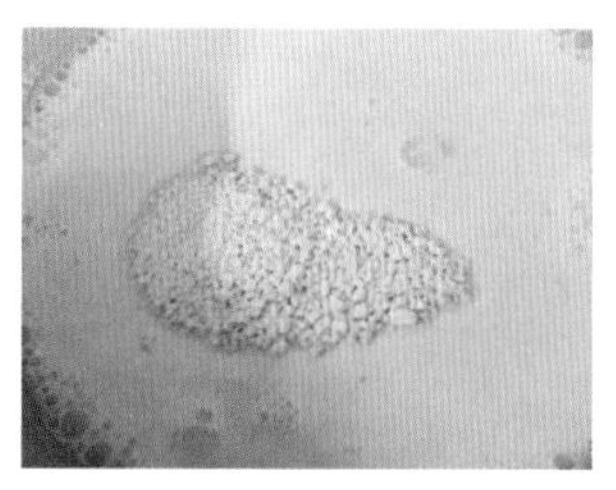 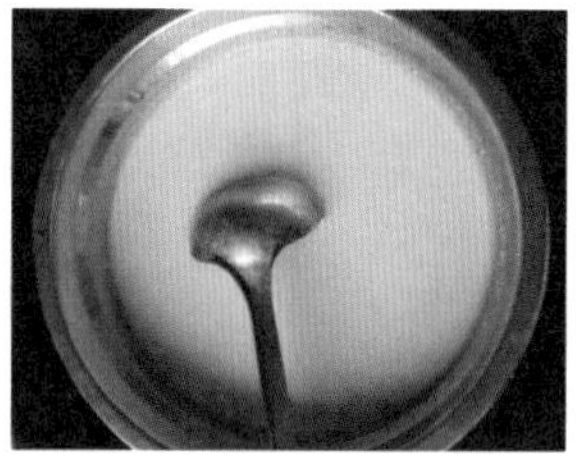 

(2)在锅中将300克白砂糖炒至金黄色，再加入剩余的水和白砂糖，将糖全部溶解。

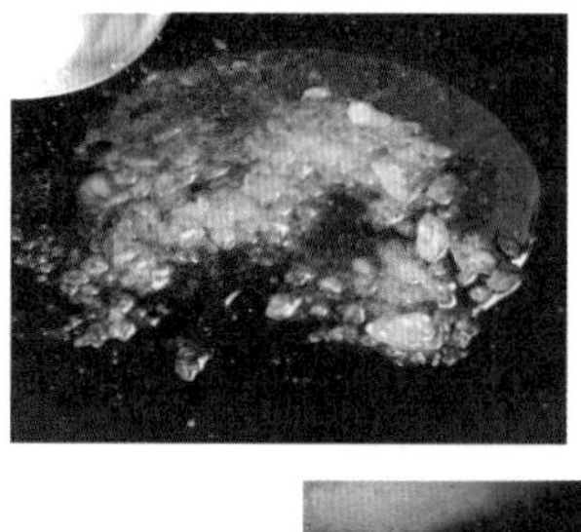  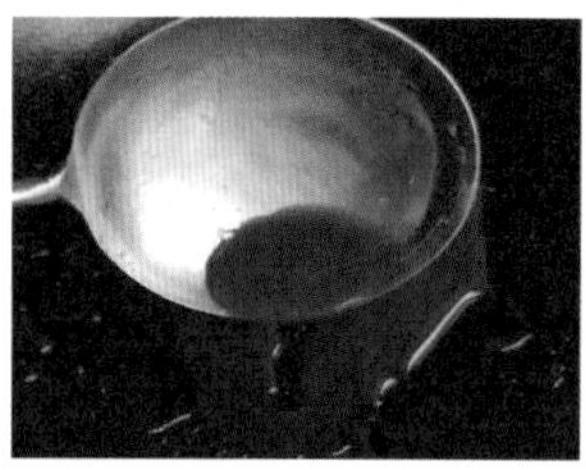

(3)取50克粉浆放入糖水中使糖水成稀糊状，慢慢倒入马蹄粉中，一边倒一边搅，将粉浆烫成半生的稀糊。

(4)倒入已抹好油的方盘中，撒上马蹄片，放入蒸箱中火蒸45分钟。

(5)待凉后切块。

【大师点拨】

夹馅法的操作关键：夹馅时馅心要既匀又平地夹在坯皮中间。

（四）卷馅法

【大师点拨】

卷馅法的操作关键：卷馅时馅心要既匀又平地抹在面坯中间，卷馅时卷起的幅度大小均匀，做出的成品才整齐美观。

（五）滚蘸法

1. 驴打滚的原料

原料：糯米粉500克，白砂糖150克，水600克，黄豆粉和绿豆粉共500克（炒香），糖粉250克

2. 驴打滚的制作过程

（1）将糯米粉、白砂糖、水混合，搅拌均匀。

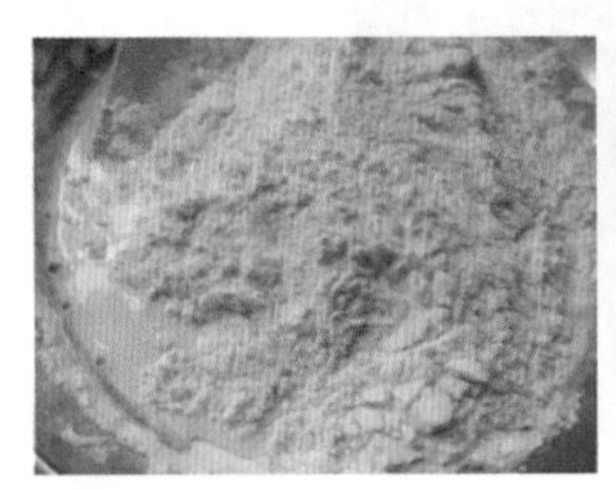 

（2）把混合后的糯米浆倒入抹好油的蒸托上。

（3）上锅蒸 25 分钟，蒸熟后糯米浆即成糯米团。

（4）将蒸熟的糯米团放入盆中摔打，直至成品质地均匀且光滑。

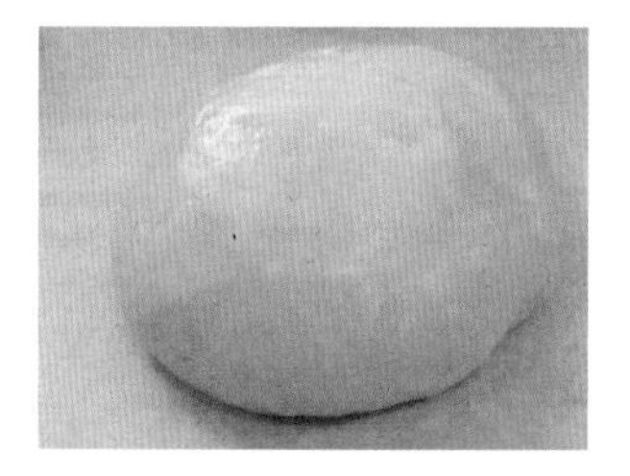

（5）将炒香的黄豆粉、绿豆粉与糖粉拌匀，备用。

（6）将糯米团擀成正方形面皮。

（7）在面皮上均匀地抹上红豆馅。

（8）卷成长条。

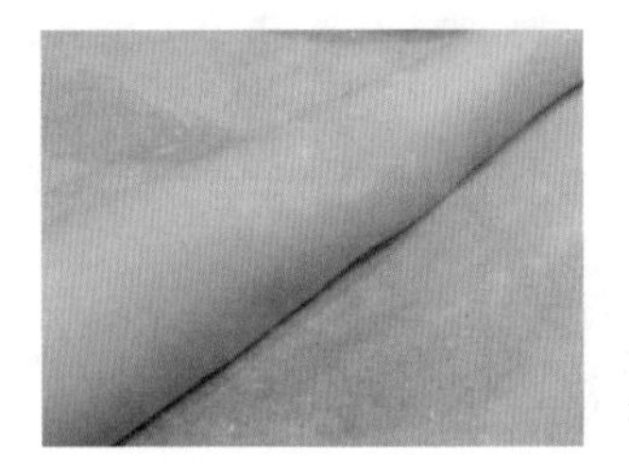

（9）用刀切成大小均匀、长短一致的小段。

（10）滚蘸上黄豆粉、绿豆粉、糖粉的混合物，驴打滚制作完成。

【大师点拨】

滚蘸法的操作关键：滚时手部力度均匀，从而使成品外观更加美观。

模块三　水调面团

【项目导读】

根据面点所需的原料、制法及用途的不同，面团可分为水调面团、膨松面团、油酥面团、米粉面团及其他面团。那么水调面团指的是水与面粉为主要原料，经过加工搅拌或揉至而成的面团。

不同水温对面粉中的蛋白质和淀粉引起不同的变化，可调制出不同性质的面团。水调面团可分为冷水面团、温水面团、热水面团，不同的面团可制作出不同的品种。

本项目中我们将学习水调面团的基本知识和技能并完成相关实操任务。同时，还要学习行业规范，养成良好的卫生习惯、安全生产与节能环保意识，培养自主学习与探究精神。懂得合作与沟通，能吃苦耐劳，并积极进取。

任务一　手擀面

【任务情境】

小李是某市一家四星级酒店早茶部点心组的员工，某天早上，酒店接待了一批客人，楼面主管发现其中有一位客人当天过生日，为了表示对客人的尊重，让客人有宾至如归的美好感受，楼面主管要求小李为客人制作一份手擀长寿面。小李能否顺利完成本次任务呢？

【任务目标】

知识目标：能说出冷水面团调制的基本要求和制作原理。

技能目标：（1）能在规定时间内独立制作手擀面。

（2）能讲述手擀面的制作过程。

情感目标：（1）培养学生的团队合作能力。

（2）培养学生养成良好的职业习惯，遵守操作规范。

【任务实施】

制作手擀面

1. 手擀面团的原料与工具

原料：面粉 250 克，食用碱 1 克，水 100 克，鸡蛋 1 个

工具：菜刀，擀面杖，面粉筛，煮锅，毛巾

2. 手擀面的制作过程

（1）和面、揉面

面粉过筛、开窝，加入水、食用碱、鸡蛋拌匀，揉匀揉透成光滑、不黏手、不粘面案的面团，用半干毛巾盖住面团醒面 10~15 分钟。

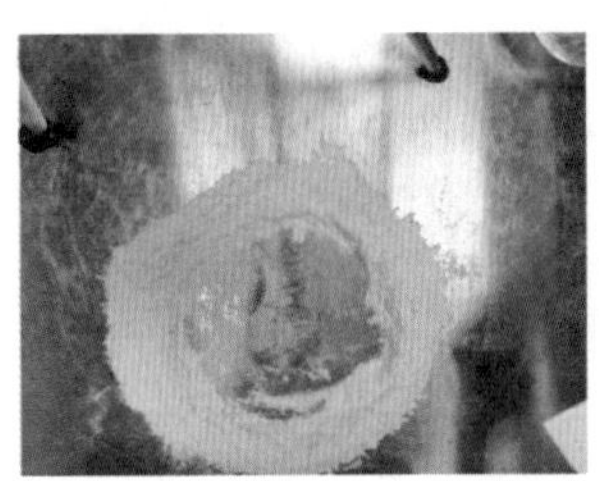
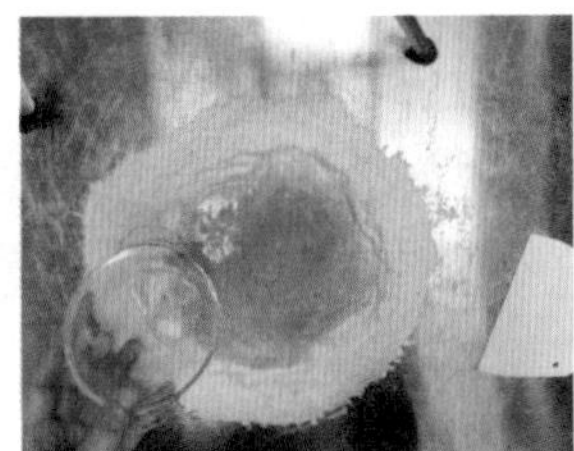
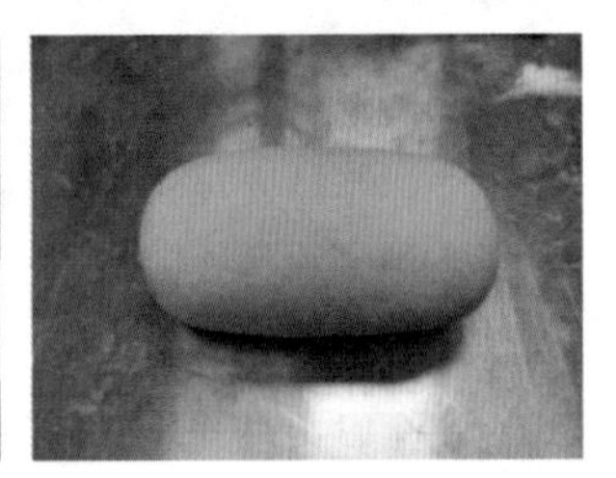

（2）擀面

面团醒好后，在面案上撒上面粉，先用擀面杖将面团沿对角擀出四个角，随后从面团中间向两边擀开。之后将面团旋转 90°，再从中间向两边擀开，反复几次，把面团擀成薄约 0.5 厘米的面片。

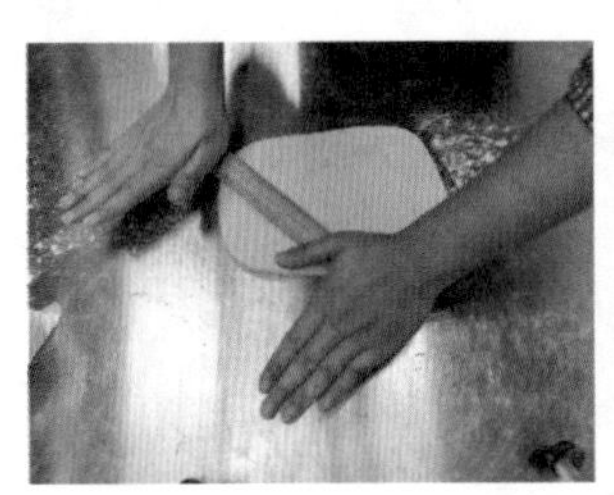
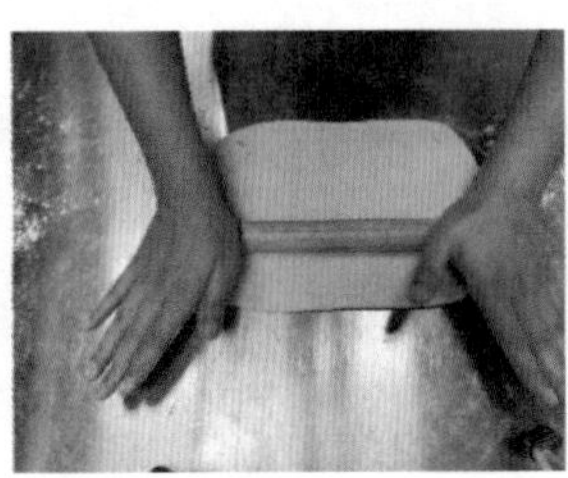
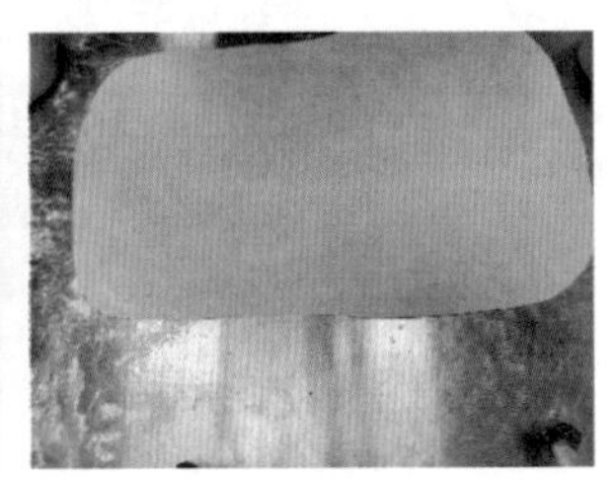

（3）成型

在面片上撒上面粉，叠成回塔形长条，再用切刀切成宽约 4 毫米的面条，再撒上面粉。随后将面条抖动一下，切成细条，以防止面条粘连。

（4）成熟

锅中水烧开后，放入面条，用筷子轻轻搅动以防止面条粘连。先用大火煮，水开后加入凉水，水面要保持沸腾状态，如此重复三次。当面条浮起，且质地光滑有韧性时，即可捞出。

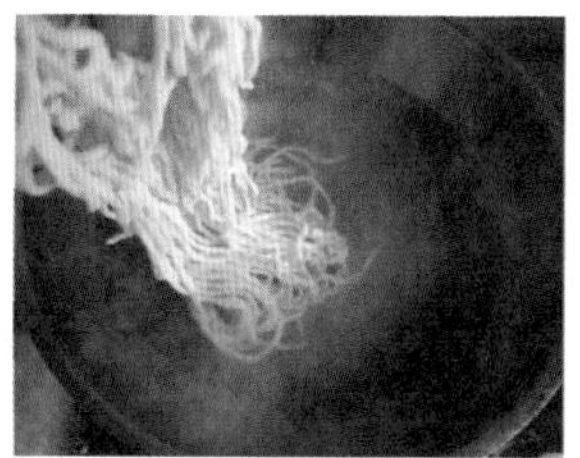

3. 手擀面的成品要求

清爽可口，口感筋道，质地柔软。

【大师点拨】

手擀面的操作关键：

（1）面要和硬些，有“硬面饺子软面饼”之说。

（2）用力要均匀，擀出来的面皮不可太厚。

（3）切面的刀刃要锋利，切口整齐不粘连。

【举一反三（创意引导）】

1. 食材的变化

可用南瓜泥、菠菜汁、紫薯泥、胡萝卜汁等来代替水，制作出各种颜色的手擀面，这样可提高手擀面的感官质量，还可使手擀面在营养搭配上更为全面。

2. 制作刀削面

面团除了可做成手擀面外，还可做成刀削面。将面和成较硬的面团，盖上毛巾醒面半小时以上，最好放入冰箱冷藏，醒透的面团光滑且不会断。把醒好的面团揉成长方块，用削面刀从右向左挨着削，削到最左边后，再返回继续从最右边削。面块越大，削出来的面越长。

任务二 韭菜鲜肉水饺

【任务情境】

小明是一家酒店后厨面点房的师傅，大年三十那天下午正好他当班，酒店接待了一批来自东北辽宁的客人，他们要在遥远的广西南宁吃年夜饭，然后守岁迎新年。作为负责制作主食的面点师傅，该准备什么主食呢？小明想起“饺子—娇耳”的故事，决定制作韭菜鲜肉水饺作为年夜饭的主食面点。

那么，制作水饺应使用什么面团和馅心呢？我们一起来学习和动手实践吧。

【任务目标】

知识目标：说出冷水面团的定义及特点。

技能目标：（1）能够利用面粉、冷水调制软硬适度的冷水面团。

（2）能够说出冷水面团的调制要领。

（3）能够掌握挤捏的成型手法。

（4）能够按照水饺制作流程在规定时间内完成水饺的制作。

情感目标：培养学生的卫生习惯和行业规范。

【任务实施】

制作韭菜鲜肉水饺

1. 韭菜鲜肉水饺的原料与工具

饺子皮：面粉 500 克，水约 220 克，盐 3 克

韭菜鲜肉馅：猪肉（半肥瘦）300 克，韭菜 300 克，盐 6 克，白砂糖 10 克，鸡精 6 克，胡椒粉 2 克，水 90 克，生姜、三花酒、生粉、麻油、植物油适量

工具：擀面杖，面粉筛，刮板，煮锅，不锈钢盆

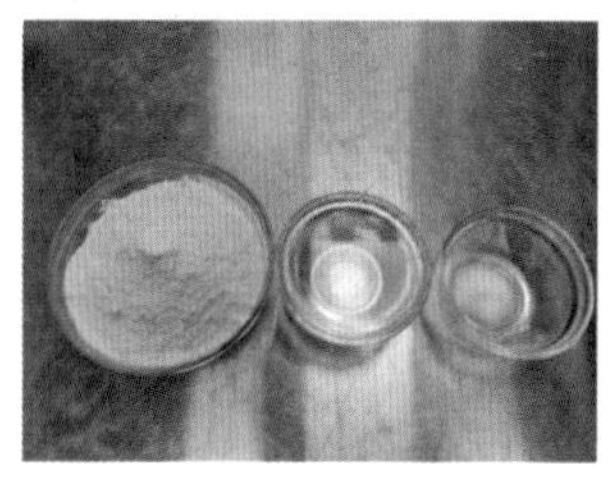

2. 制作过程

（1）面团调制

面粉过筛、开窝，加入水、盐一起拌匀，揉匀揉透成光滑不黏手的面团，醒面 10~15 分钟。

 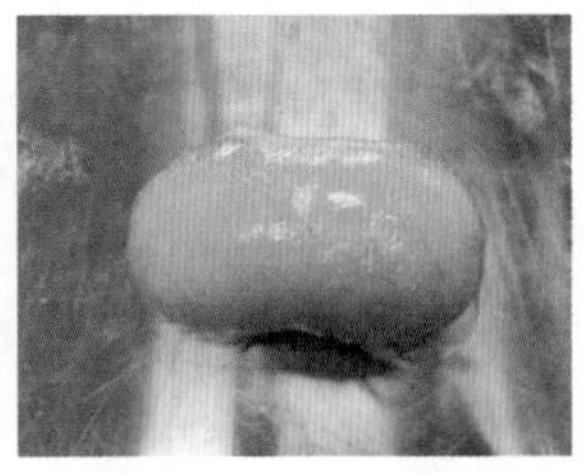

（2）馅心制作

将猪肉洗净剁碎，加入所有调味料，顺一个方向搅拌至起胶，分次慢慢加水，继续搅拌至水分完全“吃”入猪肉内，最后加入生粉、麻油拌匀。韭菜择洗干净，滤干水分，切碎后与植物油拌匀，然后加入肉馅中拌匀即成韭菜鲜肉馅。

（3）搓条、下剂、制皮

将松弛好的面团搓成直径2厘米的圆柱形长条面团，揪成数个剂子，每个10~12克。稍按扁，用擀面杖擀成直径6厘米，中心部分稍厚的饺子皮。

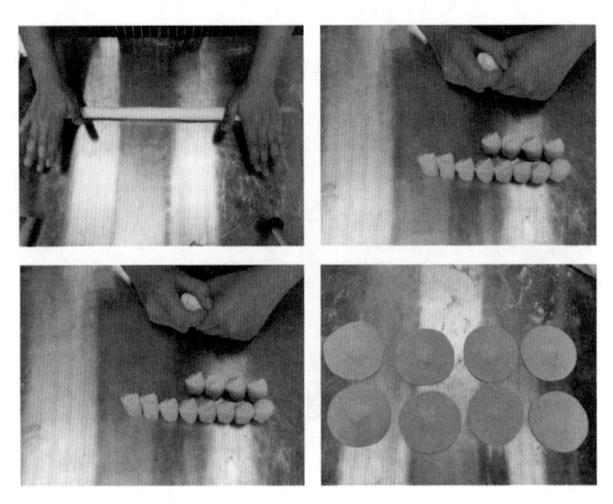

（4）成型

每个饺子皮中包入 12~15 克韭菜馅，双手用挤捏的手法捏成肚子大而鼓的水饺。

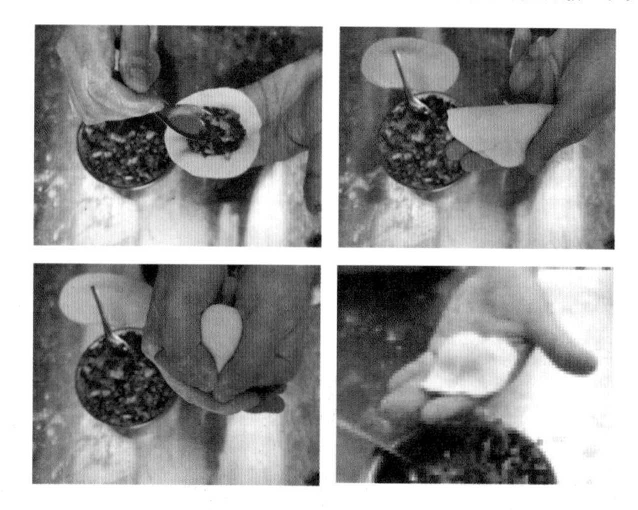

（5）成熟

锅中水烧开，放入韭菜鲜肉水饺，采用“点水”方法，煮熟后捞出即可。

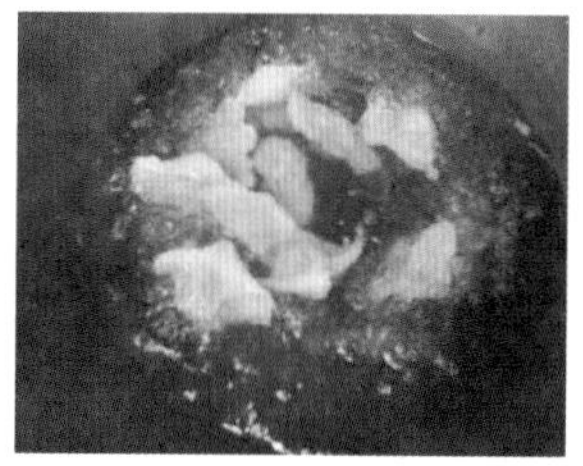

3. 成品要求

皮薄馅多，外形饱满，皮爽口，馅咸鲜滑嫩。

【大师点拨】

韭菜鲜肉水饺的操作关键：

（1）猪肉馅要肥瘦适中，最好为“肥三瘦七”的比例。

（2）面要和得硬一些，有“硬面饺子软面饼”之说。

（3）制馅时，每次加水都不要太多，要分几次加水。

（4）每煮一锅饺子要点三次水，并保持火力旺盛。

【举一反三（创意引导）】

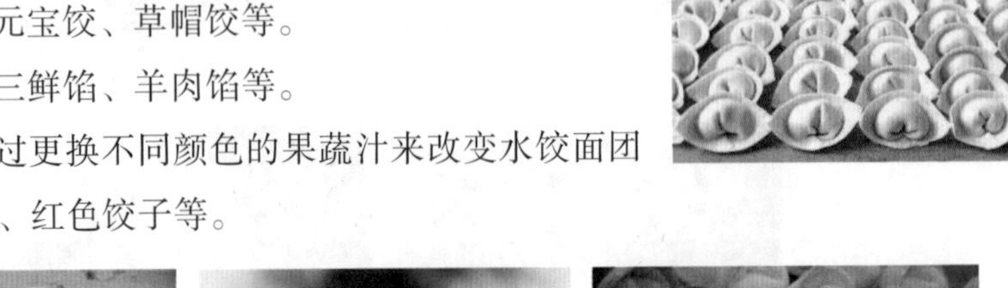

造型变化：如元宝饺、草帽饺等。

馅心变化：如三鲜馅、羊肉馅等。

颜色变化：通过更换不同颜色的果蔬汁来改变水饺面团颜色，如绿色饺子、红色饺子等。

任务三 鲜肉云吞

【任务情境】

周末，小明邀请了两位好友到家里做客。三个人上次相聚已是半年以前，自然尽兴畅聊。不知不觉午饭时间到了，小明家中只有面粉、鲜肉、香葱和基本调味料。前些日子小明跟一个面点师傅学会了制作鲜肉云吞，今天，他打算在好友面前做一回“小老师”，于是，他们三人决定一起制作鲜肉云吞作为午餐。我们一起来看看小明是怎样制作出皮子薄而爽口，馅心鲜咸嫩滑，汤清味香的云吞的。

【任务目标】

知识目标：（1）能说出冷水面团的调制要求和原理。

（2）能说出手擀云吞皮的技法。

（3）能说出鲜肉馅的制作流程。

技能目标：在 60 分钟内每人制作 8 个鲜肉云吞。

情感目标：（1）培养学生的团队合作能力。

（2）培养学生养成良好的职业习惯和操作规范。

【任务实施】

制作鲜肉云吞

1. 鲜肉云吞的原料与工具

云吞皮：面粉 500 克，盐 4 克，鸡蛋清 140 克，水 100 克，生粉 50 克

鲜肉馅：猪肉（半肥瘦）300 克，盐 3 克，白砂糖 5 克，鸡精 3 克，胡椒粉 1 克，生粉 10 克，水 100 克，麻油适量

汤料：香葱，胡椒粉，麻油，调好味的高汤

工具：毛巾，擀面杖，面粉筛，馅挑，煮锅，不锈钢盆

2. 制作过程：

（1）面团调制

面粉和生粉过筛、开窝，加入盐、鸡蛋清、水，搅拌均匀后揉成有筋性、韧性、表面光滑不黏手的面团，盖上半干的毛巾醒面 30 分钟。

（2）馅心制作

猪肉洗净剁碎，加入所有调味料，顺一个方向搅拌至起胶，慢慢加水，继续搅拌至水分完全“吃”入猪肉内，最后加入生粉、麻油拌匀。

（3）制皮

在面案上撒上面粉，将醒好的面团用擀面杖擀成一张白纸的厚度，折叠，切成直径约 8 厘米的正方形面皮。

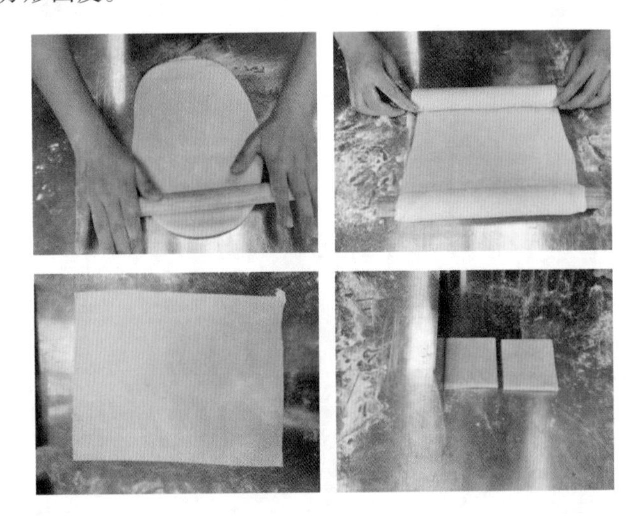

（4）成型

取一张馄饨皮，用馅挑包入 5 克馅料，对折面皮，蘸水，包成元宝状。

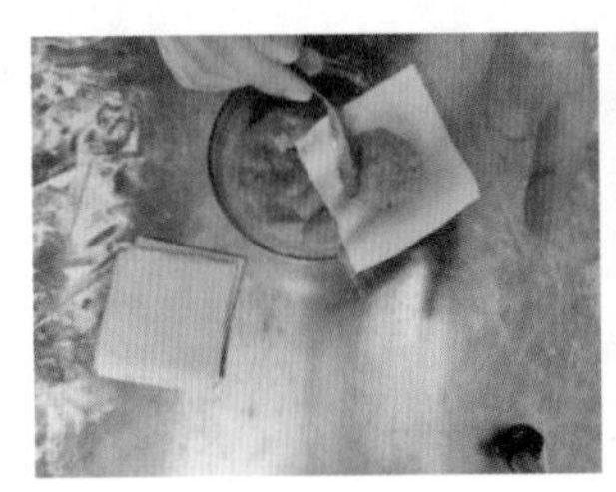
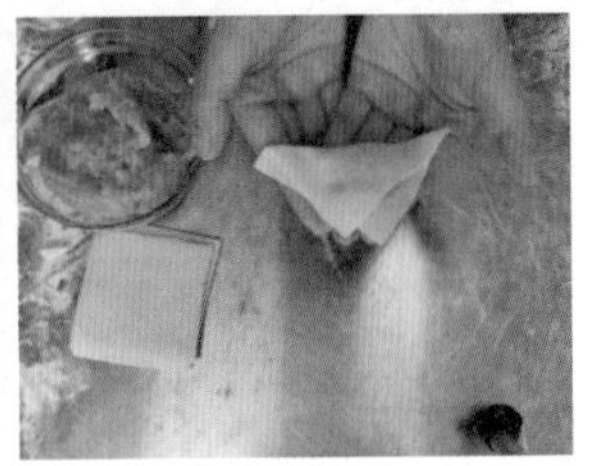

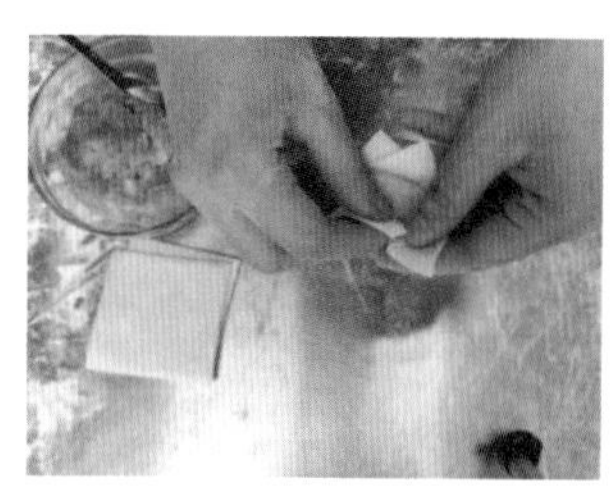
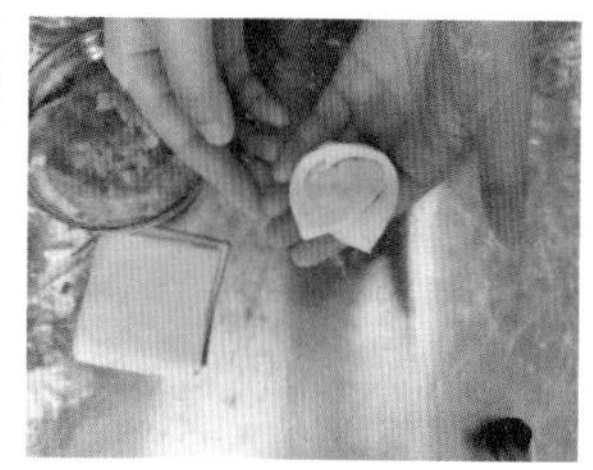

（5）成熟

水烧开后将云吞下入锅中，用手勺轻推云吞生坯，防止沉底和相互粘连。待云吞浮起来后，在锅内四周点少许清水略煮，水再次烧开后就可将云吞捞入碗里备用，加入葱花、胡椒粉、麻油、高汤即可。

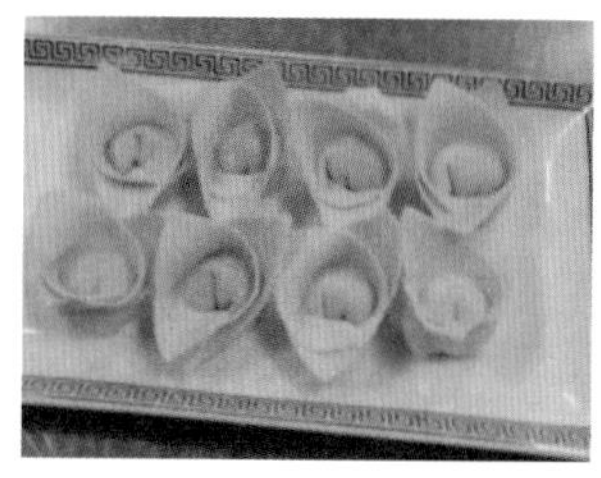
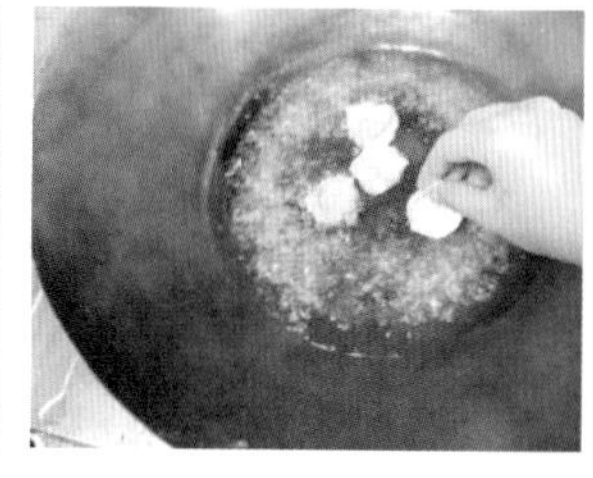
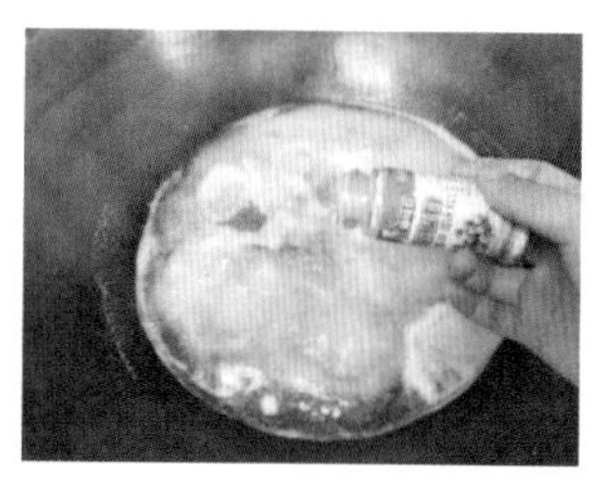

3. 鲜肉云吞的成品要求

皮薄而爽口，馅咸鲜嫩滑，汤清味香。

【大师点拨】

馄饨皮制作关键：

（1）面要和得稍硬一些。

（2）用力要均匀，擀出来的皮厚薄均匀，且可透光。

（3）切面用的刀要锋利，切口整齐不粘连。

（4）面团要揉匀醒透才能保证云吞皮的质量。

（5）擀皮时撒面粉要均匀，以防止粘连。

【举一反三（创意引导）】

1. 色泽的变化

制作云吞皮时可用南瓜泥、菠菜汁、紫薯泥、胡萝卜汁等代替水，制作出色彩多样的云吞皮。同时，在营养搭配上也更为科学合理。

2. 馅心的变化

传统的鲜肉云吞馅是以猪肉为主，也可以根据个人喜爱加入马蹄、胡萝卜、玉米等原料调制馅心以增加口感。

任务四　花色蒸饺

【任务情境】

某职校要举行一年一度的学生技能比赛，要求同一年级的每个班派两名选手参加。小梁是面点课的课代表，班主任希望小梁参加此次比赛。小梁拿到比赛宣传单后有些犯难：比赛的品种是花色蒸饺，自己并没有学过，但是月牙蒸饺包得还不错。小梁认为，此次比赛既是挑战又是学习的过程，很想参与，就让我们一起帮助小梁同学突破难关吧！

【任务目标】

知识目标：（1）能说出温水面团的性质、特点、形成原理。

（2）能说出“蒸”制方法的技术关键。

技能目标：（1）掌握花色蒸饺成型手法的操作要领。

（2）每人能在60分钟内制作出3款以上的花色蒸饺，每款制作2个。

情感目标：（1）培养学生的团队合作能力。

（2）培养学生养成良好的职业习惯和操作规范。

（3）感受点心作品的色彩之美、造型之美。

【任务实施】

花色蒸饺

1. 花色蒸饺的原料与工具

皮料：面粉 500 克，盐 5 克，温水 250 克

馅料：猪肉（半肥瘦）250 克，马蹄（去皮）50 克，香菇（湿）50 克，盐 3 克，鸡精 3 克，胡椒粉 1 克，白砂糖 3 克，麻油 10 克，生粉少许

装饰原料：胡萝卜粒（橙），香菇粒（黑），蛋黄粒（黄），蛋白粒（白），心里美萝卜粒（紫），莴笋粒（绿）

工具：毛巾，擀面杖，面粉筛，不锈钢盆，蒸锅

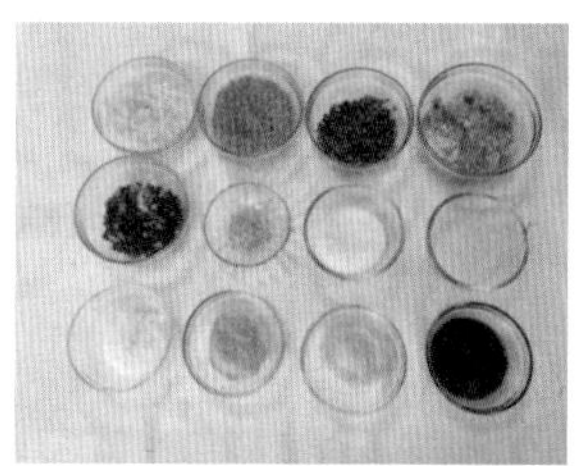

2. 花色蒸饺的制作过程

（1）面团调制

面粉过筛、开窝，加入温水拌匀，之后摊开散热，再揉成面团，加盖湿毛巾醒面 10~15 分钟。

（2）制馅

将猪肉洗净剁碎，加入所有调味料后顺一个方向搅拌至起胶，分次慢慢加水，继续搅拌至水分完全“吃”入猪肉内，加入生粉拌匀。将胡萝卜粒与拌好的生肉馅搅匀，即成胡萝卜鲜肉馅。

（3）制皮

将和好的面团搓成直径 2.5 厘米的圆柱形长条，再揪成数个剂子，每个 15 克，直径约 2.5 厘米。剂子稍按扁，用擀面杖擀成直径 8 厘米，中心部分稍厚的饺子皮。

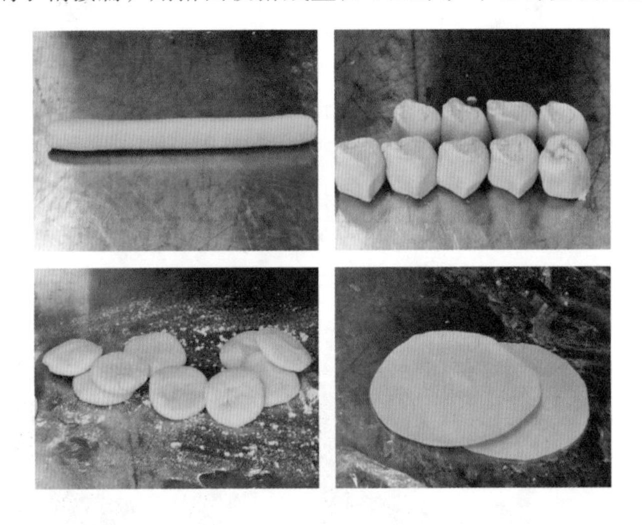

（4）成型

每个饺子皮内包入 15 克馅心，根据需要捏出相应形状，然后分别放入胡萝卜粒、莴笋粒、蛋黄、香菇粒做装饰，再放入已刷好油的蒸笼。

①一品饺：在坯皮中央放入馅心，用大拇指和食指将坯皮对称捏紧成三个相同的孔洞，再推捏出单花边，在三个孔洞内分别放入胡萝卜粒、蛋黄粒、蛋白粒，即成一品饺生坯。

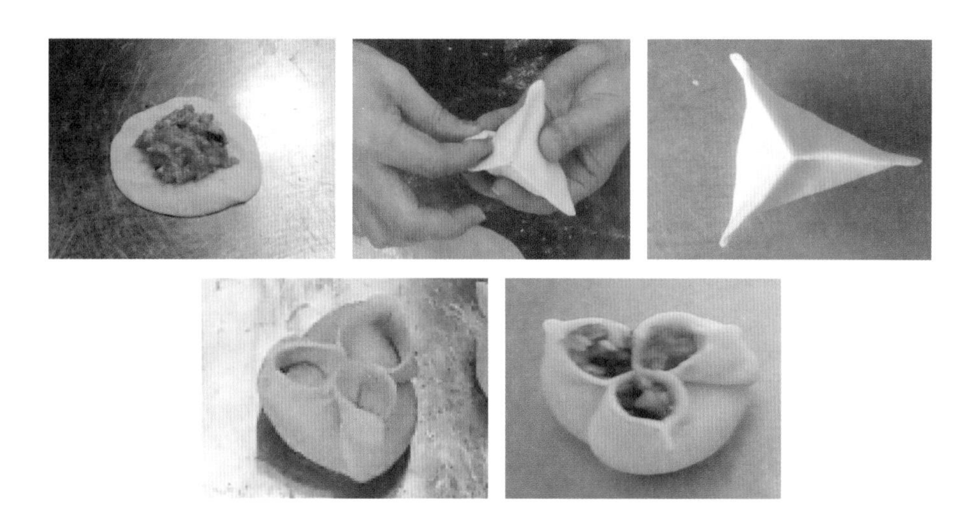

②鸳鸯饺：在坯皮中央放入馅心，将坯皮对折，用大拇指和食指将坯皮对称捏紧成两个相同的孔洞，分别在孔洞内放上蛋黄、蛋白末，即成鸳鸯饺生坯。

③牡丹饺：在坯皮中央放入馅心，平均分成五点向中心捏在一起，再把相邻的两边互相黏结，在每片花瓣上剪两刀，就形成了牡丹花的花瓣。把熟蛋黄碾碎，放入花瓣中作点缀，即成牡丹饺生坯。

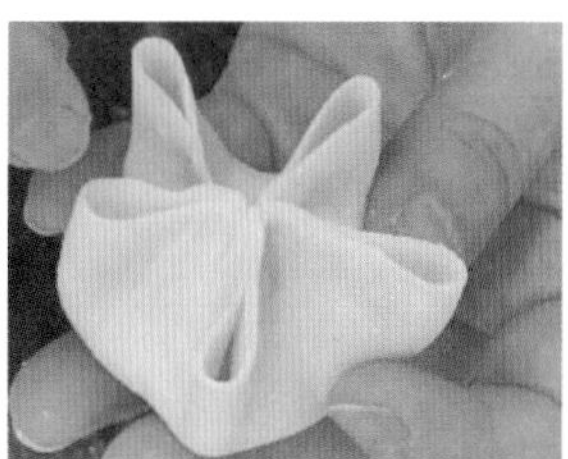

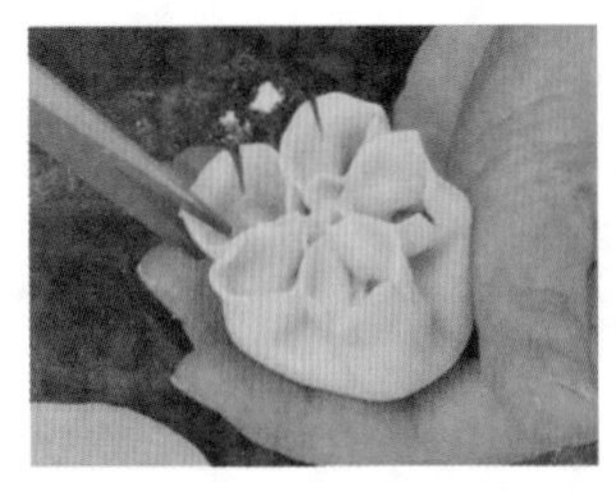

④金鱼饺：在坯皮中央放入馅心，将面坯分成 3 份不等边的面坯，在面坯背部用推捏的手法捏出波浪形，在尾部两边分别剪一刀，形成金鱼尾巴。再在尾部用梳子梳平，压出花纹，将前部分成两等份，捏紧，使之成为两个圆球，再用筷子整形成圆柱体。最后放入红色装饰物做出金鱼眼睛，即成金鱼饺生坯。

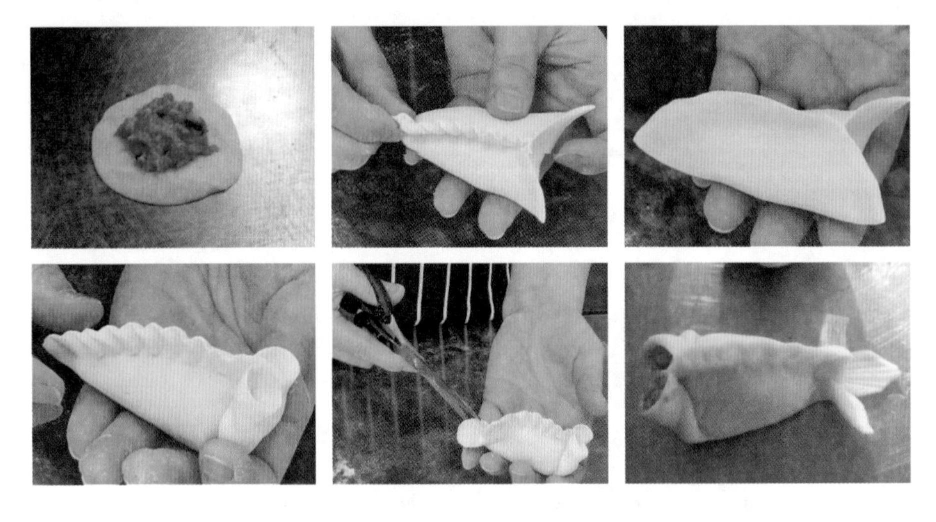

⑤冠顶饺：先把圆皮折起三个角，放入馅心后相互捏住，成为立体三角饺。将三条边对齐，推捏出花边，最后将压在下面的圆皮的三个边向外翻平，即成冠顶饺生坯。

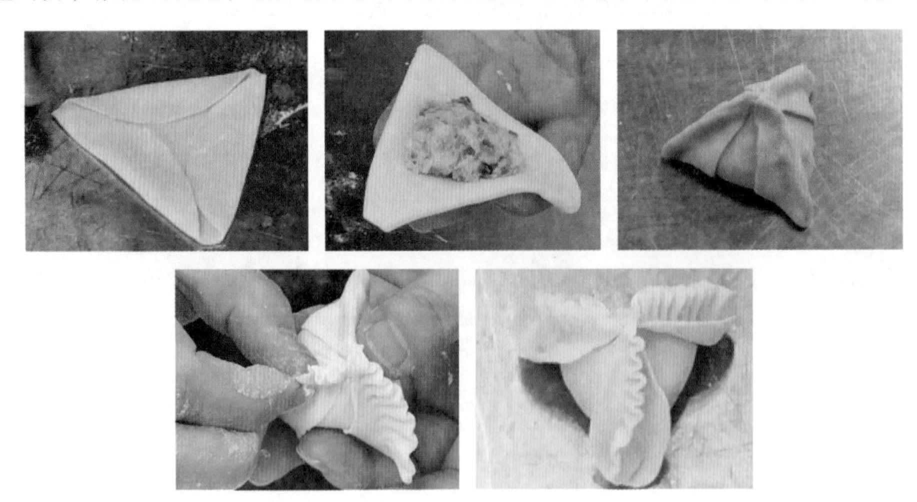

⑥白菜饺：在坯皮中央放入馅心，将坯皮对称捏紧成 4 等份，然后分别捏紧，用手推捏出单花边，推好花边后，将反面的花边翻折至顶部，即成白菜饺生坯。

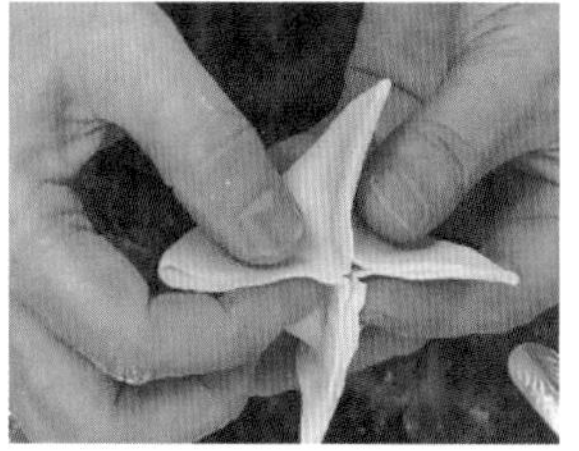

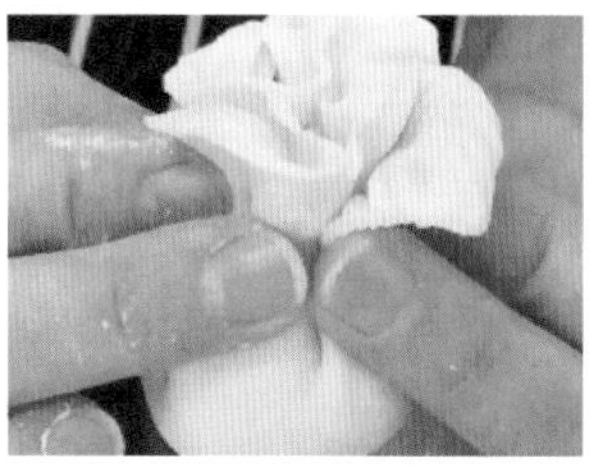

（五）成熟

中火蒸 8~10 分钟，取出装盘即可。

（六）成品要求

大小均匀，造型美观，花纹清晰，色彩鲜艳。面皮软糯爽口，内馅爽滑有汁。

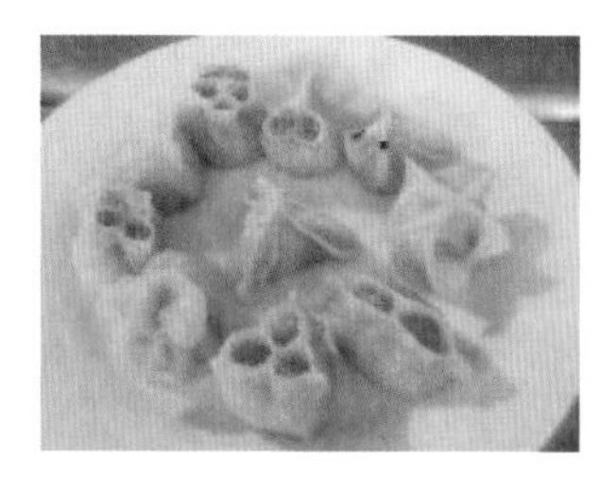

【大师点拨】

制作花色蒸饺的操作关键：

（1）正确掌握吃水量，根据气温、湿度，灵活判断加水量。

（2）与水饺相比，花色蒸饺的饺子皮偏硬，有利于成型。

（3）制馅时，要充分搅拌上劲。每次加水量要少，且分多次加水。

【举一反三（创意引导）】

1. 从造型上改变。除了以上六款花色蒸饺外，我们还可运用叠捏法、翻皮推捏法、叠捏剪条法、综合捏法等成型方法制作四喜饺、知了饺、梅花饺等。

2. 从色彩上改变。可利用各种天然色素和果蔬汁对面团进行调色，按单色、双色、多彩色等制作花色蒸饺面团。

任务五 葱油饼

葱油饼是北方地区特色小吃，属鲁菜菜系。主要用料为面粉和葱花，口味香咸。山东威海、东北、河北等地都有该小吃分布，是街头、夜市的常见食品。在南方的闽菜菜系中也有其身影，主要分布在福建等地。

【任务情境】

周末，小颖和妈妈去菜市场买菜，刚走到菜市场门口，就看到新开的那家面食店门前排着长长的队，作为一所职业学校烹饪专业二年级的学生，专业的敏感度让她不由自主地加入了排队的队伍。终于，她明白了众人排队的原因——这家由河北人开的面食店制作的葱油饼很受欢迎。小颖在学校学习过葱油饼的制作，便悄悄站在一旁，偷偷学艺……

【任务目标】

知识目标：（1）能说出温水面团的性质、特点和制作原理。

（2）能说出“烙”这种熟制方法的操作要求。

技能目标： 掌握葱油饼的制作方法，并在 60 分钟内每人制作出 10 人份的葱油饼。

情感目标：（1）培养学生的团队合作能力。

（2）培养学生养成良好的职业习惯和操作规范。

（3）体会面点作品的造型美。

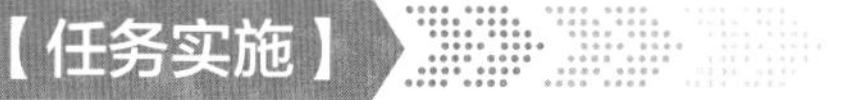

【任务实施】

葱油饼

1. 葱油饼的原料与工具

原料：面粉 500 克，盐 7 克，胡椒粉 3 克，葱花 50 克，植物油 50 克，温水 300 克

工具：擀面杖，面粉筛，毛刷，电饼铛

2. 制作过程：

（1）面团调制

面粉过筛、开窝，加入温水拌匀，摊开散热后揉成团，醒面 10~15 分钟。

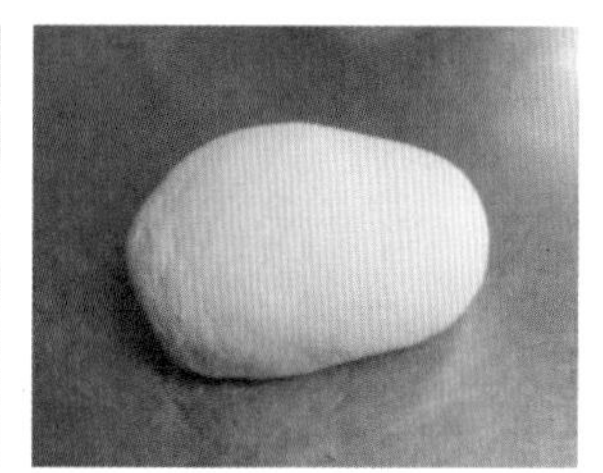

（2）成型

将醒好的面团擀成长方形面皮，表面刷一层油，撒上盐、胡椒粉，抹匀，再均匀地撒上葱花。将面团卷成长条，平均分成 3 段，每段两头封紧，收口居中，将面团盘起后再压扁成圆形，醒面 15 分钟。

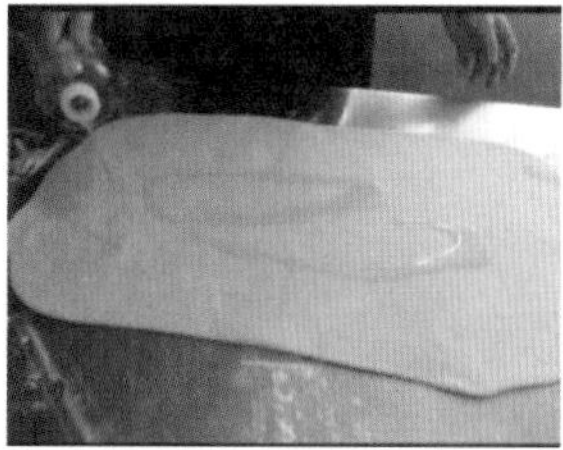
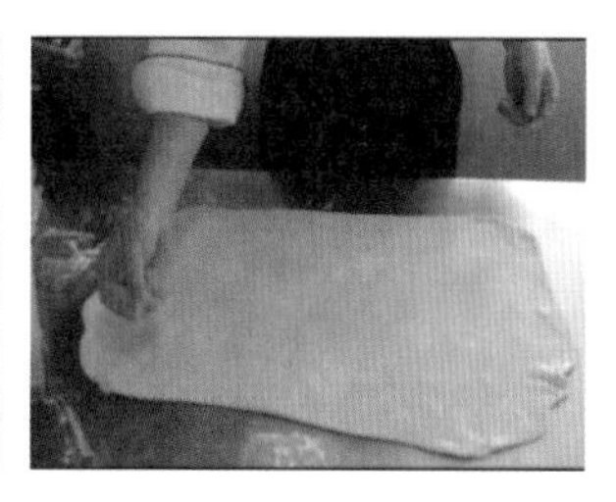

  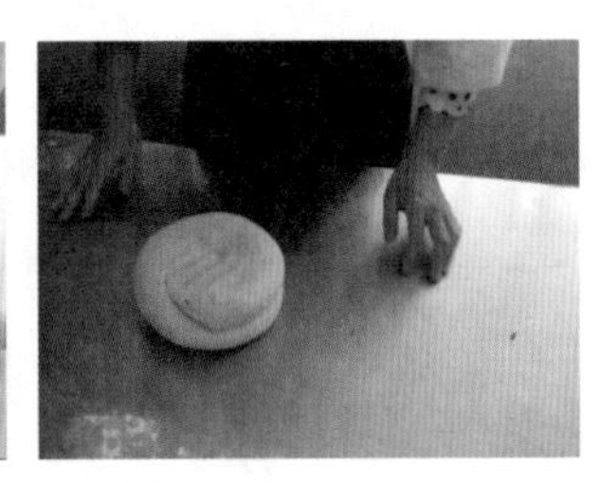

（3）成熟

电饼铛定温 200℃。把圆形剂子擀成约 0.5 厘米厚的大圆面片，放入电饼铛加热至两面呈金黄色，取出后切件，装盘。

3. 成品要求

形圆，色金黄，味咸香，外脆内嫩，筋道适口。

【大师点拨】

（1）面团不能过硬，以免影响口感，有“硬面饺子软面饼”之说。

（2）盘成团后，要足够醒面后才能擀开，否则易收缩破皮。

（3）烙饼时要每翻一次面刷一次油，以防焦干。

（4）烙制时尽量少放油。

【举一反三（创意引导）】

1. 馅料变化——牛肉葱油饼

牛肉切成小粒，放入调味料腌制备用。将松弛好的温水面团擀成长方形面片，表面刷一层油，撒上盐、胡椒粉，抹匀，均匀地撒上葱花和腌制好的牛肉粒，卷成长条后平均分成 3 段，每段两头封紧，收口居中，盘起后压扁成圆形剂子，醒面 15 分钟。电饼铛定温 200℃，把圆形剂子擀成约 0.5 厘米厚的大圆片，入锅煎至两面成金黄色，取出后切件、装盘。

2. 口味变化——蒜油饼

蒜油饼是在葱油饼原料上的创新。大蒜切成末后，与色拉油混合入小锅，小火炸至有小气泡后关火，浸泡 2 小时以上。将温水面团擀成薄皮面片，表面刷一层油，撒上盐、胡椒粉，抹匀，均匀地撒上葱花和蒜油后卷成长条面团，之后平均分成 3 段，每段两头封紧，收口居中，盘起后压扁成圆形剂子，醒面 15 分钟。电饼铛定温 200℃，把圆形剂子擀成约 0.5 厘米厚的大圆片，入锅煎至两面成金黄色，取出后切件、装盘。

任务六　月牙煎饺

【任务情境】

小明是广州某酒店早茶组点心部的一名实习生。一直以来，酒店的早茶业务很受客人欢迎，回头客不断，而且每桌客人都不约而同地下单月牙煎饺作为早点，极大考验点心部的出品速度。在小明实习期间，领班让小明负责制作煎饺，小明能胜任这个任务吗？让我们一起帮帮他吧！

【任务目标】

知识目标：（1）能说出热水面团的性质、特点和制作原理。

（2）能说出“煎”的四种不同的制作要求。

（3）掌握菜肉馅的一般制作要求。

技能目标：掌握煎饺的制作方法，并在 40 分钟内每人制作出 10 人份的煎饺。

情感目标：（1）培养团队合作能力。

（2）养成良好的职业习惯和操作规范。

（3）体会中式点心作品的造型美。

【任务实施】

月牙煎饺

1. 月牙煎饺的原料与工具

饺子皮：面粉 500 克，开水 250 克，冷水 50 克

白菜鲜肉馅料：猪肉（半肥瘦）250 克，白菜 200 克，香菇 20 克，干虾米 20 克，盐 5 克，鸡精 5 克，胡椒粉 1 克，白砂糖 5 克，麻油 15 克，生粉少许，植物油适量

工具：擀面杖，不锈钢盆，面粉筛，蒸锅，平底不粘锅

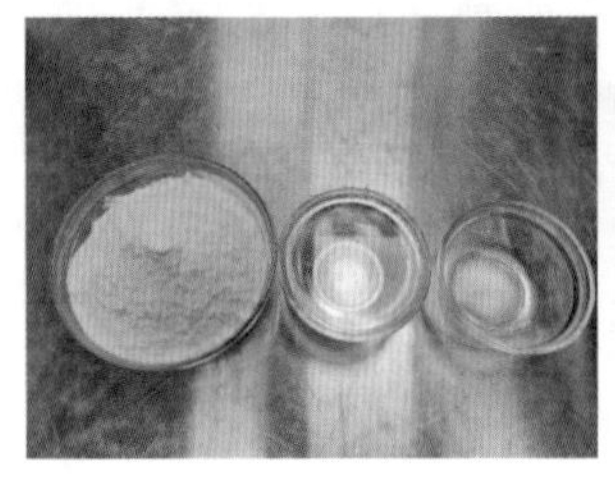

2. 月牙煎饺的制作过程

（1）面团调制

面粉过筛、开窝，加入 250 克开水搅拌成雪花状后用面盆翻扣静置几分钟，摊开晾凉后淋上 50 克冷水，然后揉成光滑的面团。

（2）制馅

猪肉洗净剁碎，加入盐、鸡精、胡椒粉、白砂糖、麻油，顺一个方向搅拌至起胶，慢慢加水，继续搅拌至水分完全“吃”入猪肉内，最后加入生粉拌匀即成生肉馅。

香菇洗净切成细粒，干虾米泡软剁成末。白菜择洗干净，切碎，挤掉多余水分，与植物油拌匀，然后和虾米末、生肉馅拌匀即成白菜鲜肉馅。

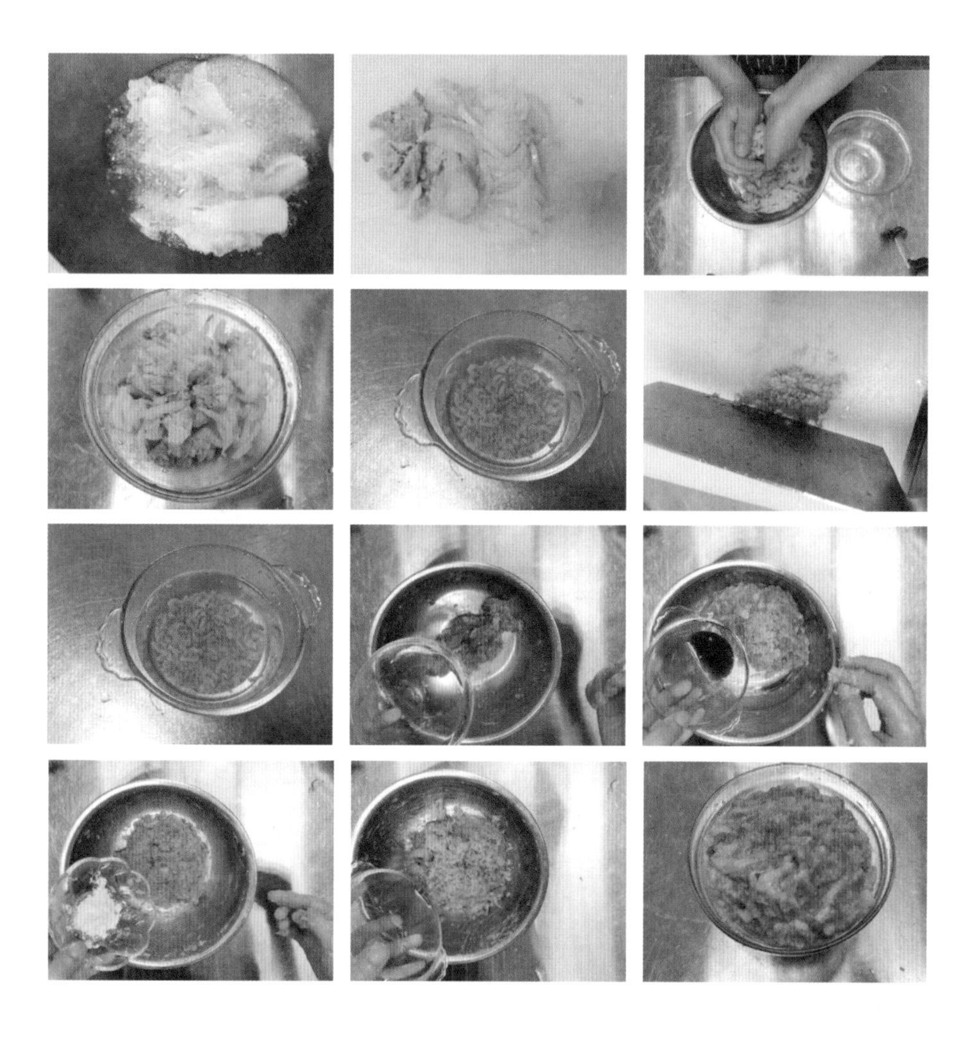

（3）制皮

将和好的面团搓成直径约 2.5 厘米的圆柱形长条，揪成数个剂子，每个约 15 克。将剂子稍按扁，用擀面杖擀成直径 8 厘米，中心部分稍厚的饺子皮。

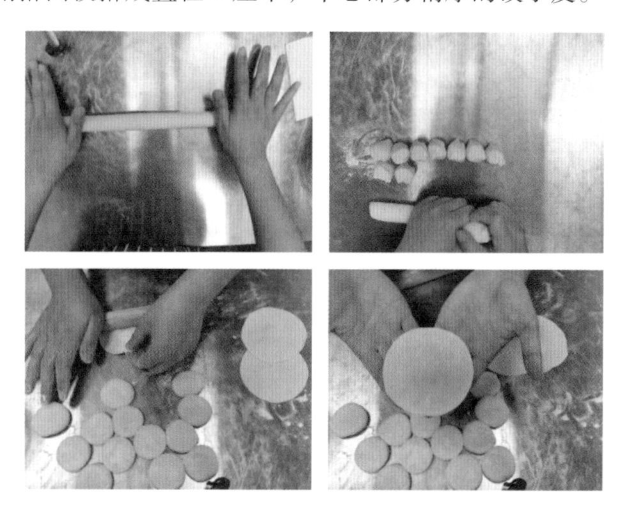

（4）成型

每个饺子皮内包入15克白菜鲜肉馅，双手配合捏成月牙状，放入刷好油的蒸托。

（5）成熟

①大火蒸制8分钟，取出装碟备用。

②蒸制品冷却后放入平底不粘锅，放油加热，煎至两面金黄即可出锅。

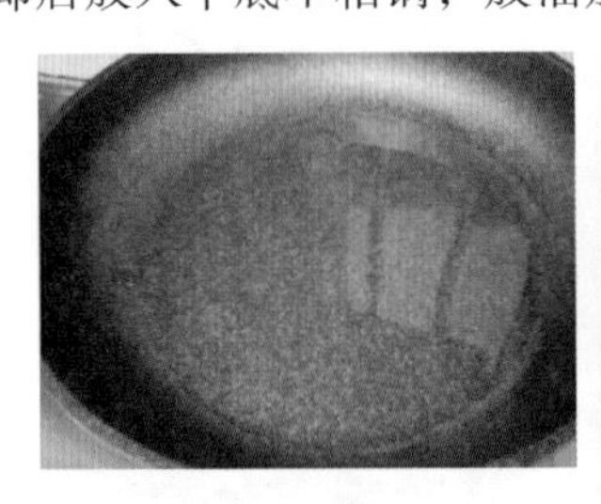

3. 月牙煎饺的成品要求

成品花纹清晰，造型精美，呈半透明状，底面呈金黄色，馅料饱满。食之外皮香脆，内馅爽滑有汁，香味浓郁。

【大师点拨】

（1）制作生肉馅时，要充分搅拌上劲。加水要少量多次。

（2）面粉要烫熟，最后掺入少许冷水。

（3）成型时手指要配合协调，大拇指要随着力度向前推。

（4）蒸制时要用猛火，否则会影响成品的爽口感。

（5）煎时掌握好火候。

【举一反三（创意引导）】

1. 熟制方法的变化——锅贴的制作

锅贴是源自中国北方的一种传统小吃，后来流传至全国各地。锅贴底面呈深黄色，入口酥脆，面皮软韧，馅美味鲜。做法：将捏好的月牙饺整齐地码入煎锅内，先加少许油，小火加热 3 分钟，随后向锅内浇入适量水，锅底发出哧哧的响声，盖上锅盖，2 分钟后再打开，如此反复 2~3 次即成锅贴。中间翻面一次，要盖上锅盖，防止油遇到水后外溅。

2. 馅心的变化——茴香鲜肉馅心的制作（菜肉馅）

将原材料中的白菜换成茴香，其他材料不变。做法：茴香去除根部，洗净后切碎，放入少许盐腌制 10 分钟，之后用纱布包好，用手挤压去除多余的水分，即可与香菇粒、虾米末、生肉馅拌匀即成茴香鲜肉馅心。其他菜肉馅同理。

任务七　糯米烧麦

【任务情境】

寒假的一天，小黄妈妈发现家里还有很多包粽子没用完的糯米，便对小黄说："孩子，你学烹饪已有一年多时间了，能不能利用假期帮妈妈把剩余糯米用完？只能做面点哦。"于是，小明带着疑问用手机查询了一下美食攻略，他被一种叫糯米烧麦的点心吸引住了，于是决定制作糯米烧麦。让我们一起来看看，小黄是怎样实践的吧。

【任务目标】

知识目标：（1）能说出热水面团的性质、特点、原理。

（2）能说出“蒸”这种熟制方法的技术要点。

技能目标：（1）掌握糯米烧麦上馅手法的技艺要点。

（2）掌握糯米馅心的制作关键。

情感目标：（1）养成良好的职业习惯和操作规范。

（2）学会欣赏点心作品的色泽之美、形态之美。

【任务实施】

糯米烧麦的制作

1. 糯米烧麦的原料与工具

原料：

烧麦皮：面粉 500 克，开水 250 克，冷水 50 克

糯米馅：优质糯米 500 克，叉烧肉 50 克，腊肠 50 克，花生仁 50 克，盐 6 克，蚝油 30 克，白砂糖 6 克、生抽 15 克，猪油 15 克

工具：擀面杖，不锈钢盆，面粉筛，馅挑，蒸锅

2. 制作过程：

（1）调制面团

面粉过筛、开窝，加入开水搅匀，之后摊开晾凉，均匀地洒上冷水搅拌，然后揉成面团，醒面 10~15 分钟。

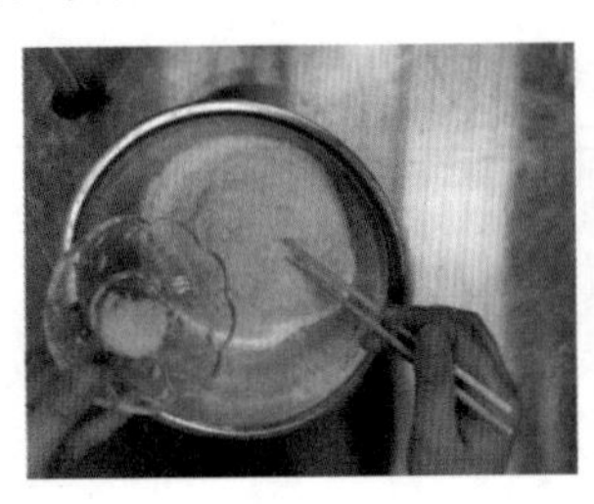

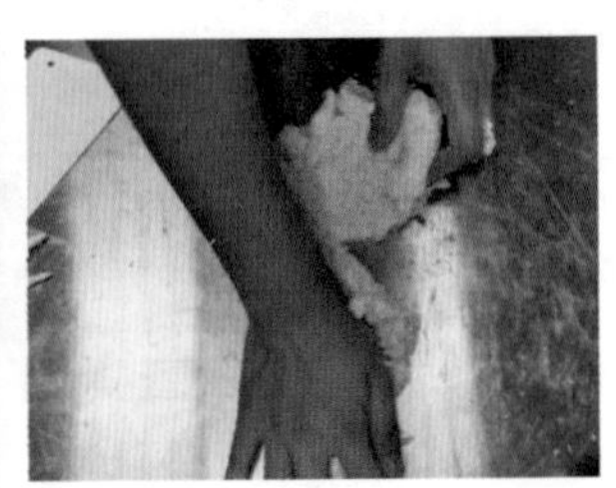

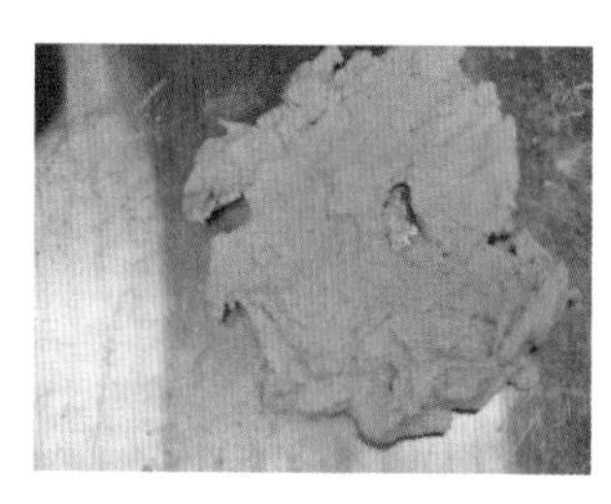
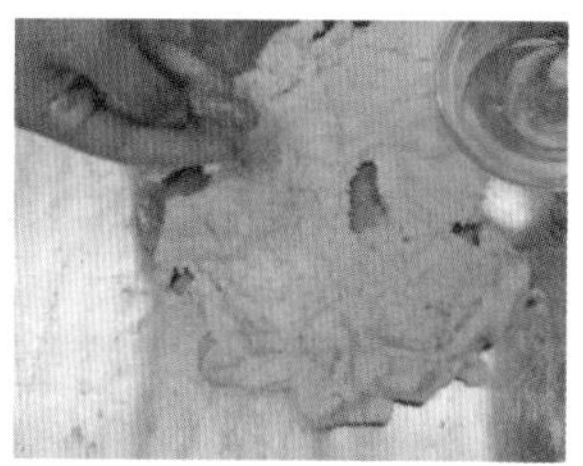
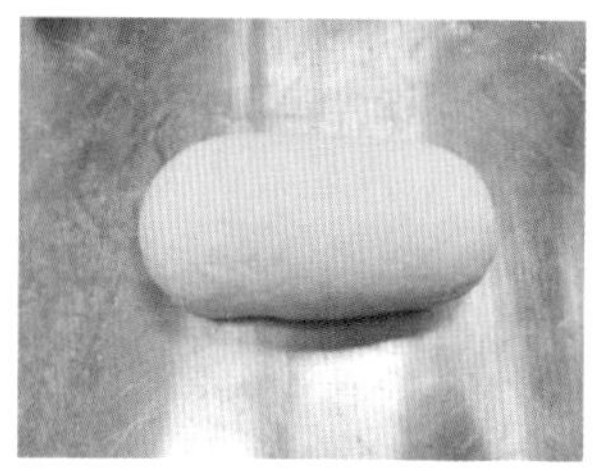

（2）制馅

叉烧肉切粒，香肠切粒后炒熟，花生仁炸香、压碎备用。将用温水浸泡 1 小时以上的糯米滤干水分后蒸熟，趁热加入盐、蚝油、白砂糖、生抽，拌匀，之后加入叉烧粒、腊肠粒、花生碎、猪油，拌匀成为糯米馅。

（3）制皮

将和好的面团分成数个剂子，每个 12~15 克。将剂子擀成直径约 7 厘米，厚薄一致的圆形面皮。

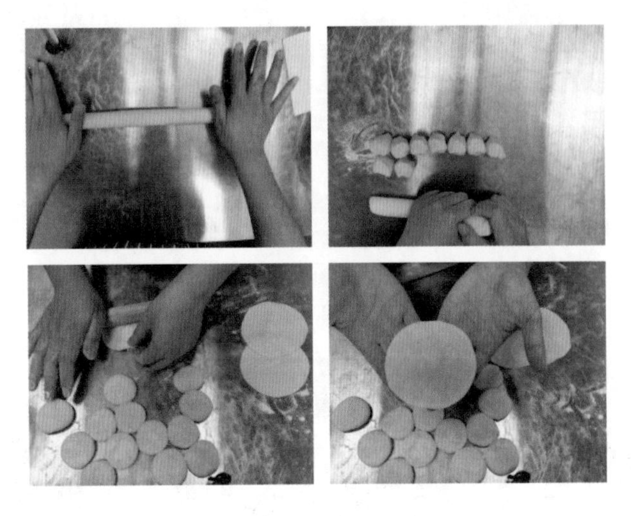

（4）成型（拢上法）

将坯皮放在左手四指处，此时四指呈凹状，放入熟糯米馅（约 25 克），用馅挑向下压紧，左手顺势旋转使馅心受力均匀。双手相互协作，将生坯包成花瓶状。

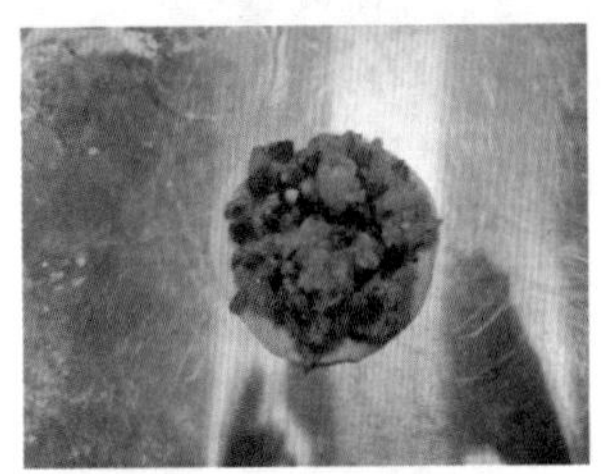
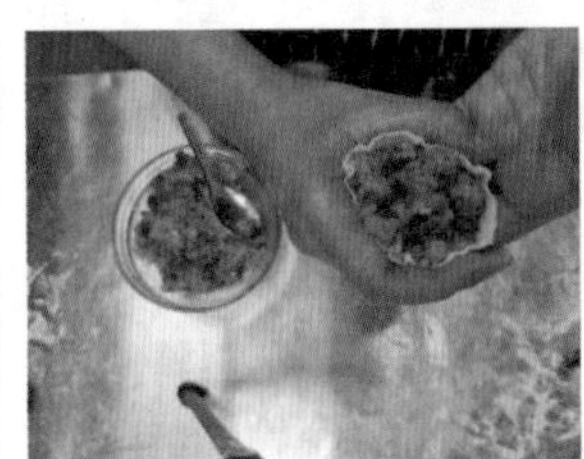
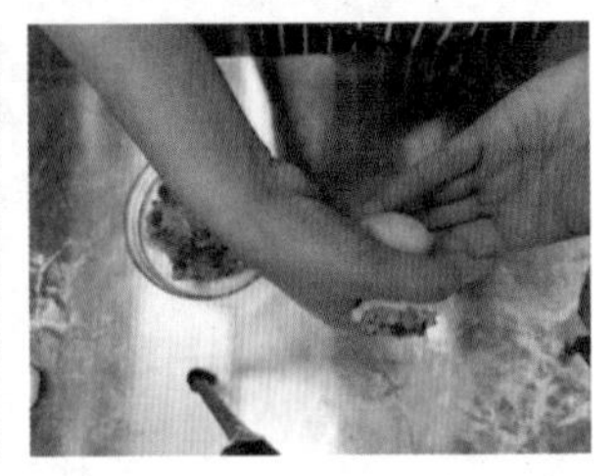

（5）成熟

将制品放入刷好油的蒸托，大火蒸 5 分钟，取出装盘。

3. 成品要求

造型美观，呈花瓶状。成品鲜香软糯，具有浓郁的腊味，咸淡适中。

【大师点拨】

（1）选用优质糯米。

（2）糯米泡透后，沥干水分再蒸制，这样蒸出的糯米饭不夹生不软烂。

（3）正确调味。

（4）热水面团软硬度要合适，过软皮易粘连，过硬皮易爆开，成品易皮馅分离。

【举一反三（创意引导）】

烧麦是以热水面做皮，采用拢上法包馅制成的特色面点。烧麦的变化在于坯皮造型的变化以及馅心的变化，如淮扬一带的烧麦皮是有裙边的，而两广地区的烧麦皮则形如饺子皮，甚至有用馄饨皮来代替烧麦皮的。在馅心制作上，烧麦的馅心种类很多，各地的风味也不尽相同，以北京的三鲜烧麦，江苏的糯米烧麦、翡翠烧麦，广东的干蒸烧麦最为出名。

模块四　膨松面团

【项目导读】

膨松面团是指在面团调制过程中加入适量的辅助原料，或采用适当的调制方法使面团发生生物、化学和物理反应，产生或包裹大量气体，通过加热气体膨胀使制品膨松，组织结构呈海绵状的面团。

膨松面团按膨松方法可分为生物膨松面团、化学膨松面团和物理膨松面团三种。

生物膨松面团具有体积膨大，质地暄软，组织结构呈海绵状，成品味道香醇适口的特点，适宜制作馒头、花卷、提褶包子等。

化学膨松面团具有疏松多孔，组织结构呈蜂窝状或海绵状的特点，适宜制作油条、开口枣等。

物理膨松面团具有体积膨大、细腻暄软，组织结构多呈海绵状，成品蛋香味浓郁的特点，适宜制作各式蛋糕。

在模块四中，我们将学习膨松面团的相关知识和技能，并完成相关实操任务。学习行业规范，养成良好的卫生习惯、安全生产与节能环保意识，培养自主学习与探究的精神学习新知，能够吃苦耐劳，积极进取，懂得合作与沟通。

任务一　奶香小馒头

馒头是一种在面粉中加入酵母（老面）、水等原料后混合，通过揉制、醒发后蒸熟而成的食品。成品外形为半球形或长方形，味道松软可口，营养丰富。制作馒头所需的原料为面粉、发酵粉、白砂糖、水、碱。面粉经发酵制成馒头更容易消化吸收。馒头制作方法简单，成品携带方便，深受大众喜爱。

【任务情境】

转眼间小强学习中式面点已经两年了，他来到一家酒店应聘中式面点房学徒。面点房主管要求他制作一份奶香小馒头，以考核他的业务水平。馒头的制作考核了和面、揉面、发面等面点基本功。小强能否顺利通过考核呢？

【任务目标】

知识目标：（1）能说出生物膨松面团的定义和成品特点。

（2）能说出蒸的熟制方法及技术要领。

技能目标：（1）能够掌握生物膨松面团的调制方法和配方。

（2）能够利用酵母、温水调制软硬适度的生物膨松面团。

（3）能够按照奶香小馒头制作流程在规定的1小时内完成小馒头的制作。

情感目标：培养良好的卫生习惯和行业规范。

【任务实施】

奶香小馒头

1. 奶香小馒头的原料与工具

原料：

A：面粉500克，泡打粉5克

B：猪油25克

C：酵母5克

D：水240克，奶粉50克，白砂糖30克

工具：蒸锅，面粉筛，菜刀，毛刷，刮板

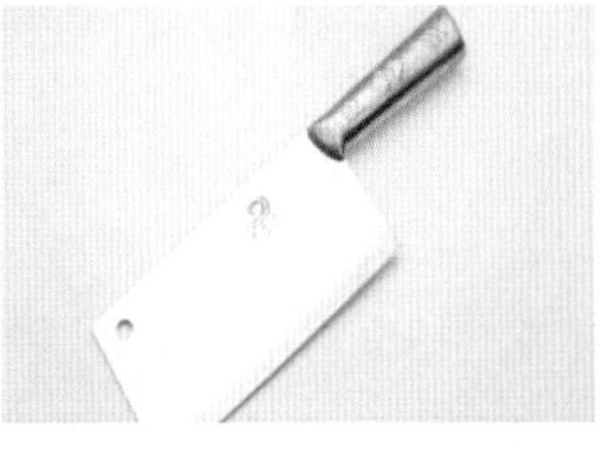

2. 制作过程

（1）和面

将面粉、奶粉与泡打粉过筛、开窝，中间放入酵母。用40~45℃的温水将白砂糖溶解，之后加入面粉窝中以溶解酵母。再放入猪油，双手揉成光滑的面团。

（2）成型

将面团搓成条，用刀切成数个大小均匀、整齐的剂子。

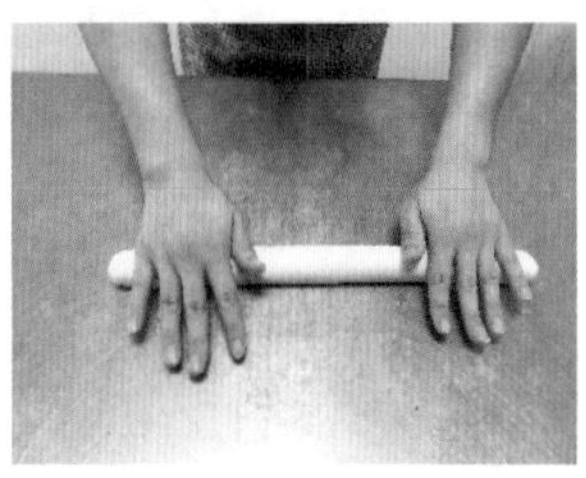
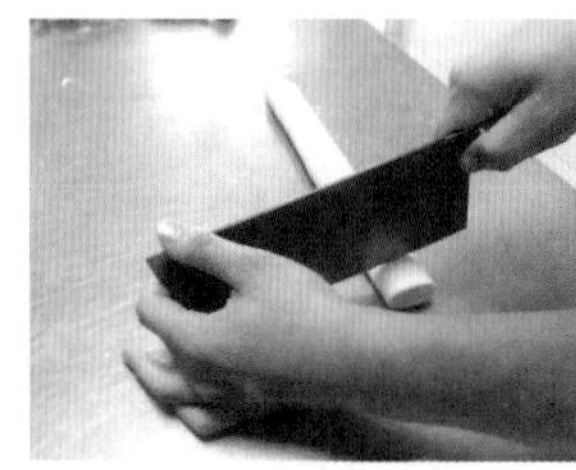
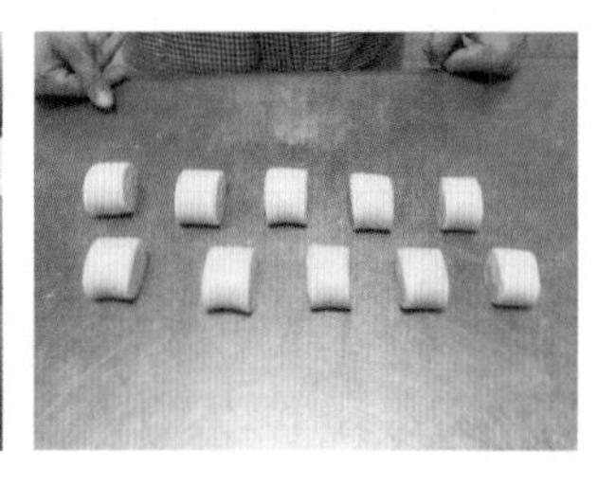

（3）发酵

蒸托上刷油，将剂子放入蒸托中，在温度 35~40℃、湿度 70% 的发酵箱中醒发 20~25 分钟。

（4）制熟

将发酵好的馒头剂子放入有蒸汽的蒸锅中蒸 12 分钟，蒸熟后取出即可。

3. 成品要求

切面平整，成品洁白饱满，蓬松柔软，大小一致。

【大师点拨】

（1）手揉面面团要求“三光”——手光、面案光、面团光。

（2）面团搓条要大小一致，切剂子需长短一致。

（3）掌握好发酵时间。发酵时间过短，蒸制时发不起，成品会破裂，质感较为结实；发酵时间过长，面团蓬松过度，蒸制后成品表面易塌。

【举一反三】

1. 从色彩的角度变化，可添加南瓜泥、菠菜汁、紫薯泥等制作营养丰富色彩鲜艳的各色馒头。

2. 从口味的角度变化，可根据个人喜好制作各种口味的馒头，如红糖馒头、杂粮馒头。

3. 从造型的角度变化，可多色面团叠加，制作多彩馒头。

任务二 椒盐葱花卷

花卷是一种古老的中国面食，与馒头类似，是经典的家常主食，可做成椒盐、麻酱、葱油等多种口味。花卷营养丰富，味道鲜美，做法简单。做法：将面制成薄片，拌好作料后卷成半球状或螺旋状，蒸熟即可。

【任务情境】

某天，小明的奶奶到小明家做客，奶奶牙口不太好，吃不了太硬的食物，喜欢吃膨松柔软的花卷。小明是一个很有孝心的男孩，他决定亲手给奶奶制作椒盐葱花卷。制作花卷十分考验发酵程度的掌握、成型的方法和蒸的熟制方法，小明能否做出美观又松软可口的花卷呢？

【任务目标】

知识目标：能说出酵母种类及发酵原理。

技能目标：（1）能够掌握酵母膨松面团的调制要领。

（2）能够掌握花卷的整形方法。

（3）能够掌握花卷蒸制的技术要领。

（4）能够按照花卷的制作流程在规定时间内完成花卷的制作。

情感目标：培养学生自主学习和探究精神。

椒盐葱花卷

1. 椒盐葱花卷的原料与工具

原料：

A：低筋面粉 500 克，酵母 5 克，泡打粉 5 克

B：温水 230 克，白砂糖 30 克

C：椒盐 20 克，葱花 50 克

D：花生油或调和油适量

工具：刮板，菜刀，毛刷，擀面杖，面粉筛，蒸锅

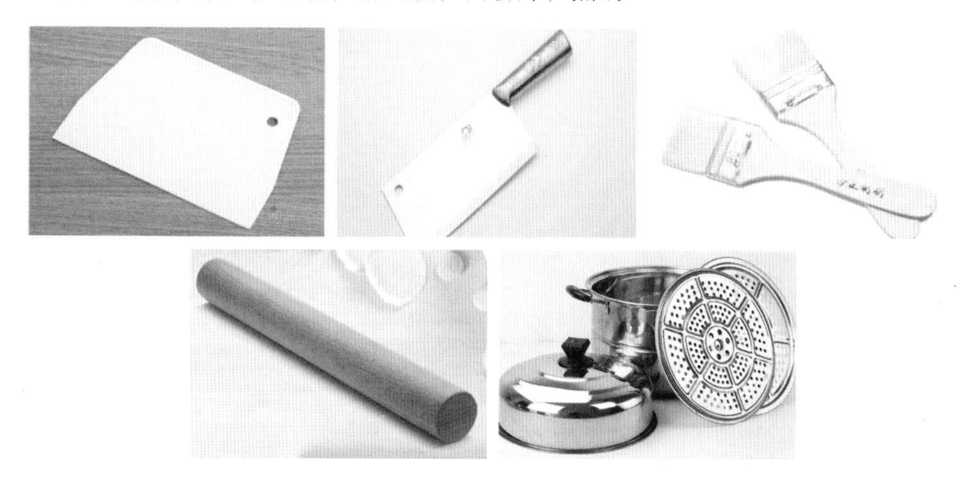

2. 制作过程

（1）和面

将面粉与泡打粉过筛、开窝，中间放入酵母。用温水将白砂糖溶解，再倒入面粉窝中溶解酵母，双手揉成光滑的面团。

（2）制皮

将面团擀成 6~7 毫米厚的长方形面皮。

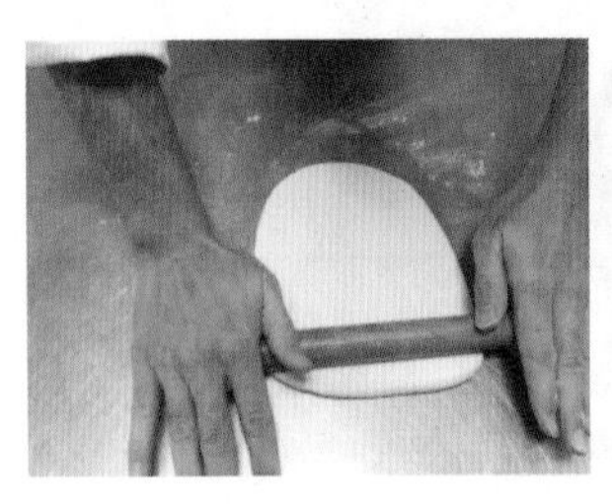

（3）成型

在面皮上刷上花生油或调和油，撒上椒盐和葱花，将面皮卷起来，再切成大小均匀的剂子，扭成花卷。

（4）发酵

将花卷放入蒸托中，在温度 35~40℃、湿度 70% 的发酵箱中发酵约 20~25 分钟。

（5）制熟

发酵好的花卷生坯放入已烧开水的蒸锅中蒸 12 分钟，出锅即可。

3. 椒盐葱花卷的成品要求

成品质地暄软，口味适宜。外形饱满，层次分明。

【大师点拨】

（1）手揉面面团要求“三光”——手光、面案光、面团光。

（2）擀皮的厚薄度要均匀。

（3）椒盐和葱花要撒均匀。

（4）卷制成型要紧致，切剂要长短一致。

（5）掌握好发酵时间。时间过短蒸制时发不起，易硬实；时间过长面团易发过头，蒸制后易塌。

【举一反三】

根据个人喜好，制作多种口味的花卷，如咸味火腿花卷、甜香花生酱花卷等。从色彩和造型的角度可添加果蔬泥，制作色彩多样、造型美观的蝴蝶卷、猪蹄卷等。

 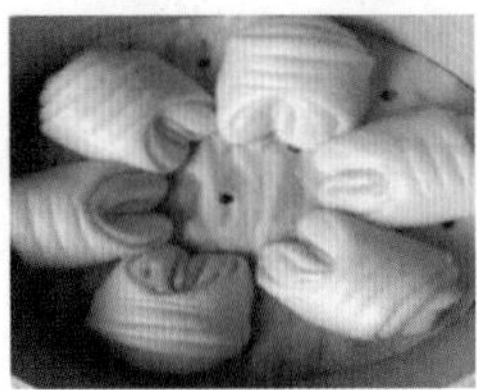  

任务三　光头莲蓉包

莲蓉包是广式早茶中比较常见的一种点心，南方的莲蓉包和豆沙包之类的甜包通常会包成圆嘟嘟的半球形。莲蓉包选用优质的莲子，加入糖和植物油炒制，口感非常香滑。

【任务情境】

小芳看到网上的熊猫造型包子很可爱，便迫不及待地想自己试做，怎知做出来的面团一点也不光滑，而且还露馅了。苦恼的小芳找到老师请教，老师笑着说：“你想做卡通造型的包子，先跟我学习做光头莲蓉包吧。”小芳疑惑地问：“为什么呢？”老师说：“制作光头包需要学习压面、醒面、包馅等操作方法，做好了光头包就能在此基础上做好其他造型哦。”让我们跟着小芳一起学习吧。

【任务目标】

知识目标：（1）能说出生物膨松面团质量标准。

（2）熟知生物膨松面团调制的注意事项。

技能目标：（1）能够熟练利用面粉、酵母加温水调制软硬适度的膨松面团。

（2）能够熟练判断醒发程度。

（3）能够按照光头莲蓉包制作流程在规定时间内完成制作。

情感目标：培养安全生产意识，遵守行业规范。

【任务实施】

光头莲蓉包

1. 光头莲蓉包的原料与工具

原料：

A：面粉 500 克，酵母 5 克，泡打粉 5 克

B：温水 230 克，白砂糖 30 克

C：白莲蓉馅 300 克

工具：刮板，菜刀，毛刷，擀面杖，面粉筛，蒸锅

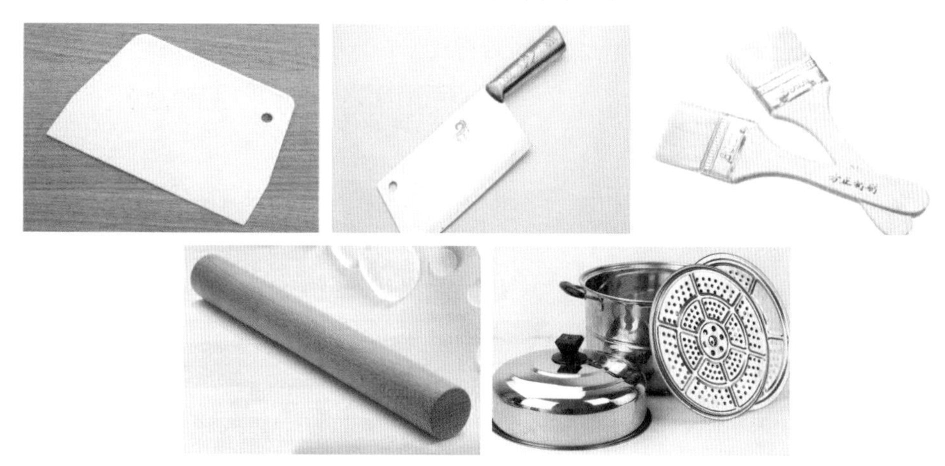

2. 制作过程

（1）和面

面粉与泡打粉过筛、开窝，中间放入酵母。用温水将白砂糖溶解，倒入面粉窝中溶解酵母，双手揉成光滑的面团。

（2）制馅

将莲蓉馅搓圆，每个约 30 克。

（3）制皮

将面团搓成剂子，在剂子圆柱面光滑处擀皮。

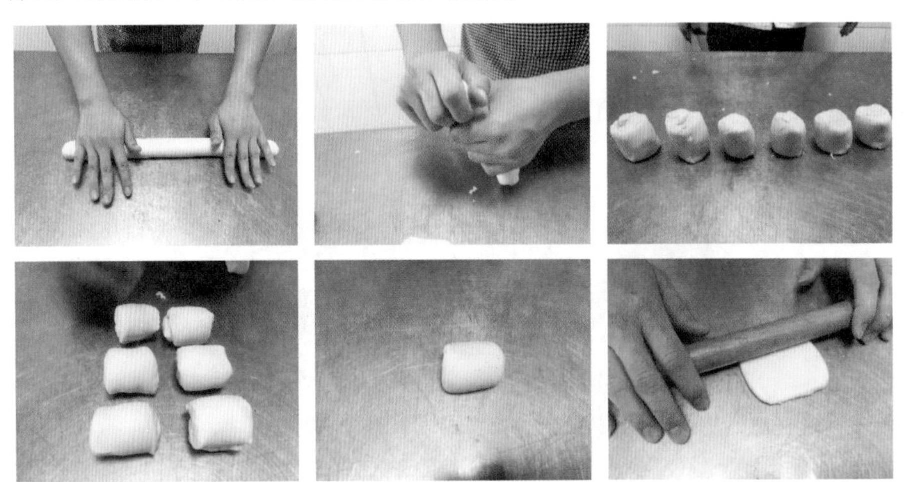

（4）成型

用拢上法将莲蓉包入皮内，收口向下，放在抹好油的蒸托上。

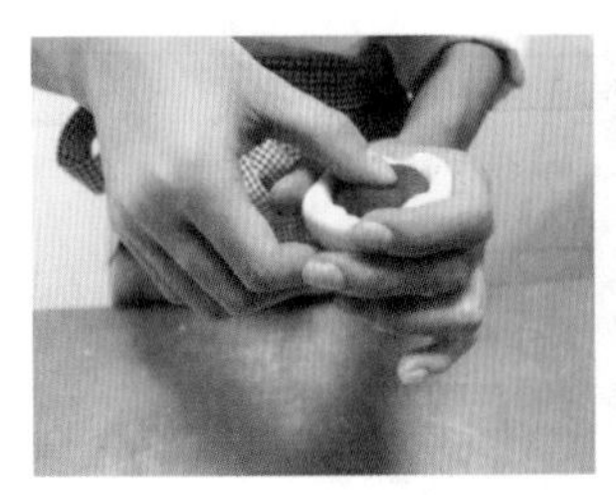 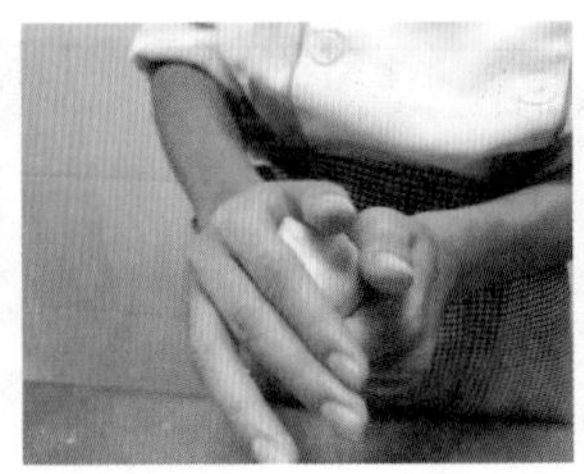 

（5）发酵

将蒸托放入温度 35~40℃、湿度 70% 的发酵箱中发酵约 20 分钟。

 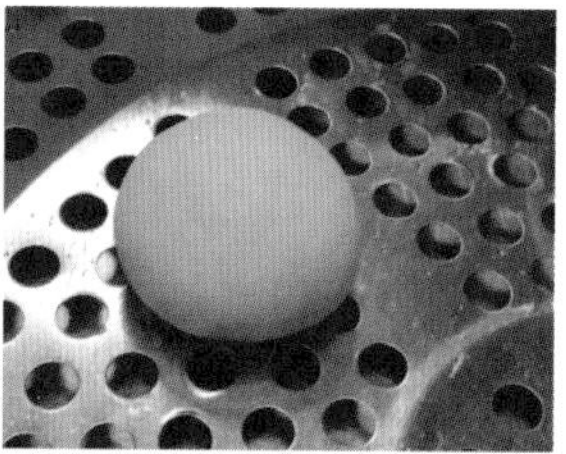

（6）熟制

将发酵好的光头包生坯放入有蒸汽的蒸锅中，中火蒸 9 分钟后改大火蒸 3 分钟，成品制作完成。

3. 成品要求

（1）包子表面光滑不起皮，不褶皱。

（2）包子底部不露馅，馅心应在包子中间。

（3）包子饱满，膨松不塌陷。

【大师点拨】

（1）手揉面面团要求“三光”——手光、面案光、面团光。

（2）搓条、下剂要长短大小一致。

（3）擀皮时应擀光滑处，中间厚四边薄，包完收口向下放置。

（4）掌握好发酵时间，时间过短包子会破裂且硬实，时间过长包子表面易起皮或塌陷。

【举一反三】

根据个人喜好，可换成其他口味的馅料，制作奶黄光头包、流沙光头包等。

可添加蔬果汁或天然色粉，如竹炭粉、红曲粉来变化面团色彩，制成黑金流沙包等。

可以在光头包成型基础上进行造型变化，如熊猫包、老虎包等。

任务四 水晶秋叶包

水晶秋叶包为地方面食，属于江苏小吃。它形似秋叶，表皮膨松，馅心清香。水晶糖肉是用肥肉丁与白砂糖制馅，馅心晶莹透亮，肥而不腻，香甜可口。

【任务情境】

快过春节了，小李为了做鸡仔饼买了很多肥猪肉做原料，怎知不小心配方计算错误，多买了5斤。这么多肥肉可怎么办呀？小李正发愁着。这时面点房的老师傅给他出了个主意："可以制作水晶秋叶包呀！"，于是小李决定将多余的肥肉制成水晶糖肉，包成水晶秋叶包。让我们跟他一起学习吧。

【任务目标】

知识目标：能说出食用油脂的种类、特点、作用。

技能目标：（1）能够掌握水晶秋叶包的捏包手法。

（2）能够掌握水晶糖肉馅的制作方法。

（3）能够按照水晶秋叶包的制作流程在规定时间内完成制作。

情感目标：培养合作意识和人际交往能力。

【任务实施】

1. 水晶秋叶包的原料与工具

原料：

A：面粉 500 克，酵母 5 克，泡打粉 5 克

B：温水 230 克，白砂糖 30 克

C：猪肥肉粒 150 克，白砂糖 150 克

工具：刮板，菜刀，不锈钢盆，面粉筛，擀面杖，蒸锅

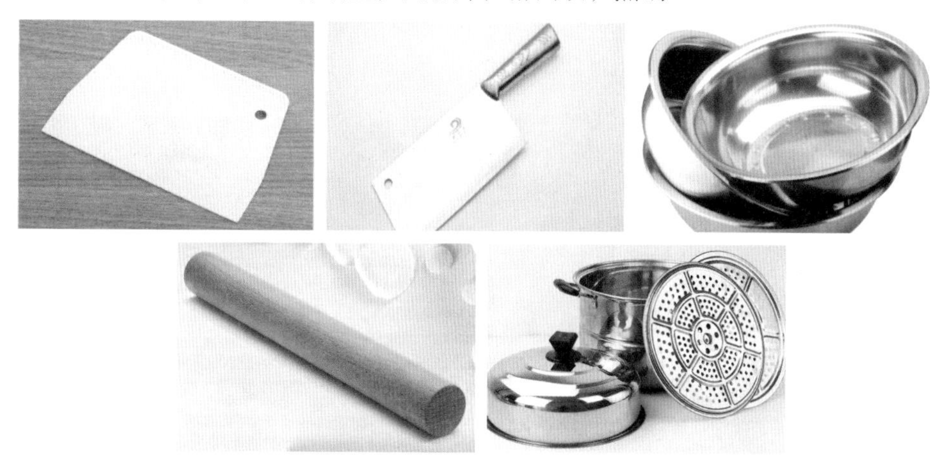

2. 制作过程

（1）制馅

将肥肉粒洗净后放入热水锅中浸熟，再泡入冷水，沥干水分后和白砂糖拌匀，腌制 48 小时。

（2）和面

面粉与泡打粉过筛、开窝，中间放入酵母。用温水将白砂糖溶解，加入面粉窝中溶解酵母，双手揉成光滑的面团。

（3）制皮

将面团搓成条，下剂，擀皮。

（4）成型

面皮中放入水晶肉馅，左手托住面皮，右手折 5~6 褶后将右侧面皮塞进 2 厘米，将其捏紧，在下边捏一摺，在上面捏一摺，两边轮流对捏出花纹，一直捏至面皮末梢，用手捻在一起。

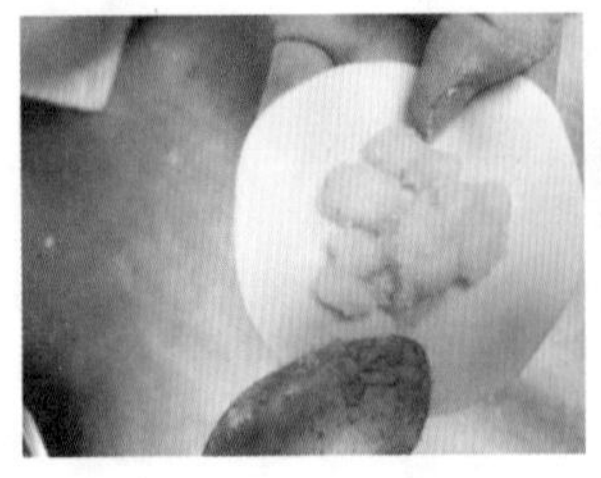

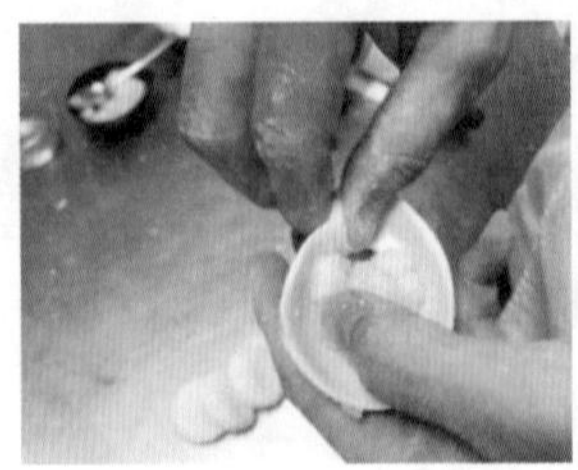

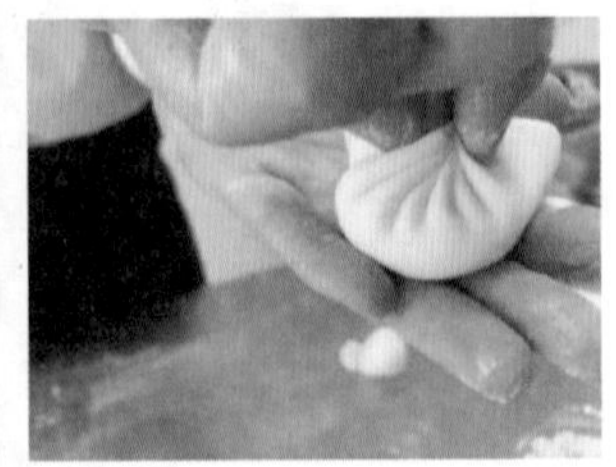

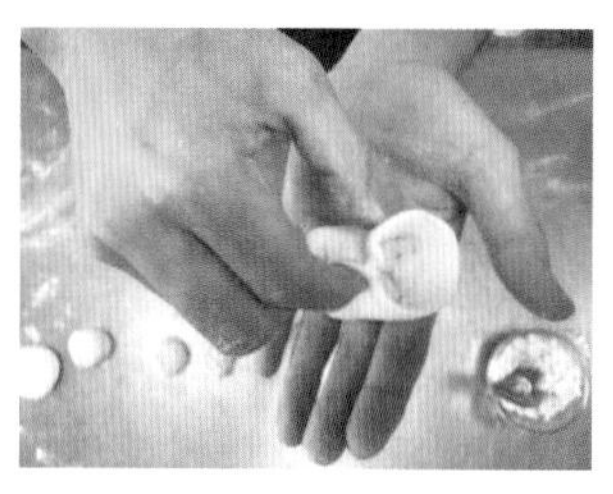
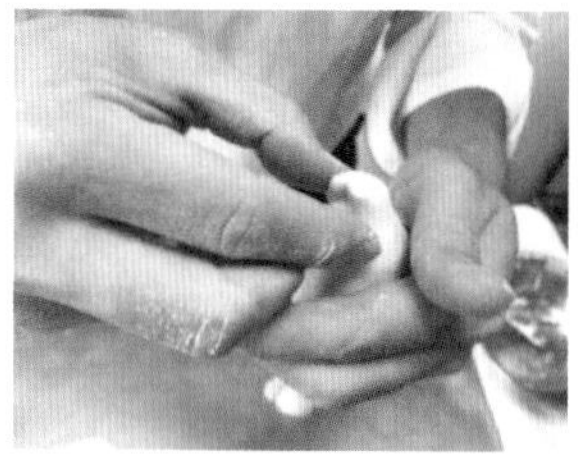
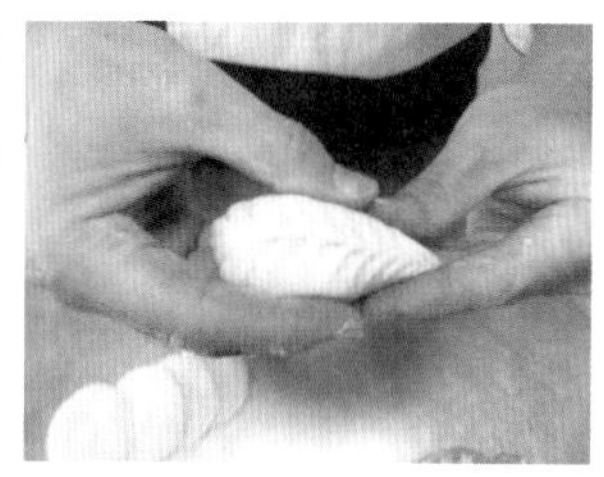

（5）发酵

放入温度 35~40℃、湿度 80%~90% 的发酵箱中发酵 20~25 分钟。

（6）制熟

当蒸锅中水烧开，放入蒸锅中大火蒸 12 分钟，出锅即可。

3. 成品要求

（1）形似秋叶，包子表面褶皱清晰。

（2）膨松柔软，馅心甜而不腻。

【大师点拨】

（1）水晶肉馅腌制时间要充足，否则馅不透亮呈白色。

（2）手揉面面团要求“三光”——手光、面案光、面团光。

（3）搓条、下剂要大小均匀。

（4）擀成的面皮要厚薄均匀。

（5）秋叶包成型时需捏对齐。

（6）掌握好发酵的时间，时间过短蒸制后面团发不起易硬实，时间过长面团发过头蒸制后易塌陷。

【举一反三】

从口味的角度变化，可将水晶馅换成鲜肉馅或素菜馅，如雪菜冬笋秋叶包。

从色彩的角度变化，可添加蔬果汁如菠菜汁，制成颜色鲜艳的秋叶包。

任务五　鲜肉提褶包

包子造型各异，种类花样极多。根据发酵程度分为大包、小包；根据形状分为提褶包、斜褶包、花式包、无缝包、象形包等，其中提褶包最为常见。

享誉中外的名包有：天津狗不理包子、镇江蟹黄汤包、西安灌汤包等。都是在提褶包的基础上发展和创新的名包，成为中华一绝。

【任务情境】

中职学生技能选手选拔赛即将在校内举行，对面点技术感兴趣的同学都可以报名参加。小张兴高采烈地拿到了比赛宣传单，可一看比赛要求就犯难了，因为比赛要求制作鲜肉提褶包，并且提褶包纹路必须达到18褶以上才算合格。小张能否制作出提褶包并顺利通过选拔呢？让我们跟着他一起练习吧。

【任务目标】

知识目标：能说出包子的分类及种类特点。

技能目标：（1）能够熟练利用面粉、酵母加水调制软硬适度的膨松面团。

（2）能够掌握包子的提褶成型技术。

（3）能够掌握鲜肉馅的制作方法。

（4）能够按照鲜肉提褶包制作流程在规定时间内完成鲜肉提褶包的制作。

情感目标：培养学生爱岗敬业、吃苦耐劳、积极进取的精神。

【任务实施】

1. 鲜肉提褶包的原料与工具

原料：

A：面粉 300 克，酵母 3 克，泡打粉 3 克

B：温水 130 克，白砂糖 15 克

C：肉馅：碎肉（半肥瘦）200 克，葱花 10 克，马蹄碎（净）50 克，姜末 5 克，盐 4 克，鸡精 4 克，胡椒粉 1 克，蚝油 10 克，生抽 10 克，花生油 15 克，生粉 20 克，水 50 克

工具：刮板，菜刀，不锈钢盆，面粉筛，擀面杖，蒸锅

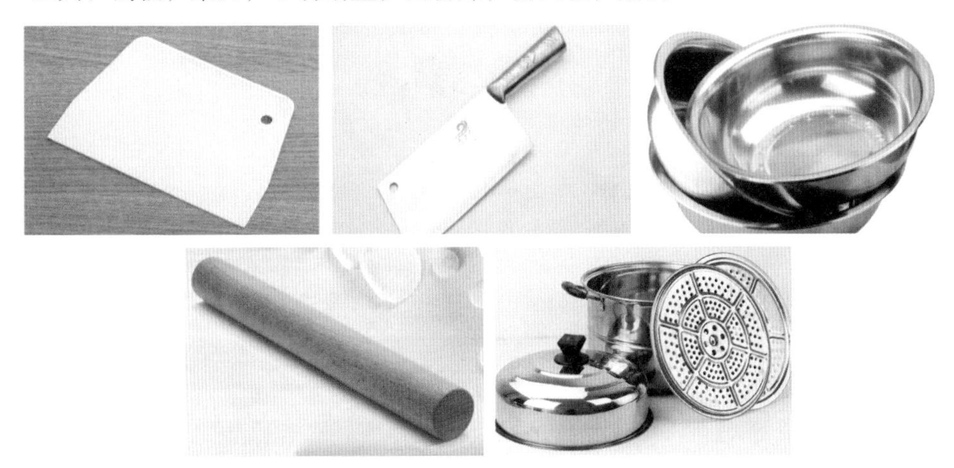

2. 制作过程

（1）和面

面粉与泡打粉过筛、开窝，中间放入酵母。用温水将白砂糖溶解，倒入面粉窝中溶解酵母，双手揉成光滑的面团。

（2）制馅

在碎肉中加入姜末、盐、鸡精、胡椒粉、蚝油、生抽、淀粉水、花生油搅打至起胶，再加入葱花和马蹄碎拌匀。

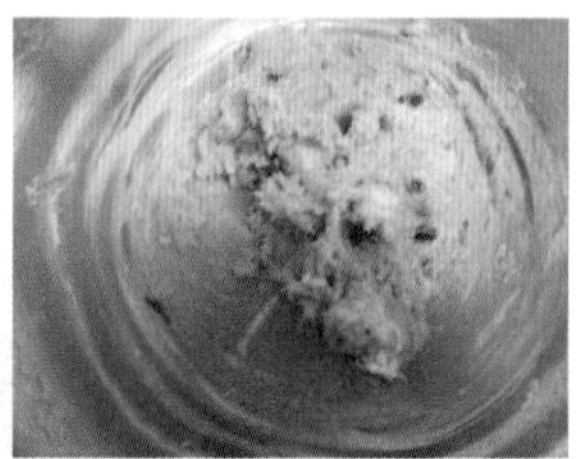

（3）制皮

面团搓条，下剂，每个剂子约 30~35 克，将剂子擀成中间厚边缘薄的面皮。

（4）成型

面皮中间放入馅，左手托起面皮使其呈碗状，用右手拇指、食指捏住面皮边缘并提起，从右至左捏褶，用提、褶的方法使之成型。

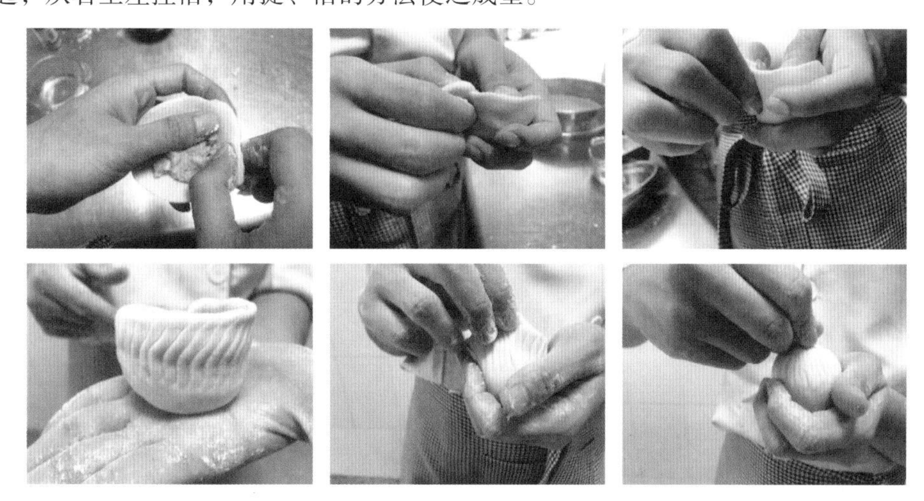

（5）发酵

将包子放入温度35~40℃，湿度70%的发酵箱中发酵20分钟。

（6）制熟

待蒸锅内的水沸腾后放入包子，蒸15分钟，熟后取出。

3. 鲜肉提褶包的成品要求

（1）包子表面褶纹清晰，15~20道褶为宜。

（2）包子面皮光滑且松软，不硬实。

（3）包子馅料多汁，肉质滑嫩，口感不柴。

【大师点拨】

（1）包子面团要揉至光滑细腻，否则在提褶时易断裂。

（2）褶子不宜过多或太少。

（3）注意掌握发酵时间。

【举一反三】

根据个人喜好制作不同馅料的提褶包，如萝卜丝猪肉包等。

从养生、色彩的角度可添加胡萝卜汁、黑米汁等制作营养丰富、色彩美观的多彩提褶包。

任务六　花色馒头

花色馒头是一种中国传统面食，形态具有观赏性。其制作方法与传统馒头稍有不同，需要在和面时把面和得比较硬，这样在制作时可使馒头保持固定形状。

【任务情境】

随着时代的发展，中式面点的制作也在不断地进步和变化中。这天学校要组织校园开放日活动，需要每个班级制作美食展台，展台中需要有一道面食。小芳想：普通的包子馒头达不到吸引眼球的效果，要做一些不一样的！于是她想到了花色馒头，让我们跟着她一起制作可爱的南瓜馒头、胡萝卜馒头吧。

【任务目标】

知识目标：能说出影响面团发酵的其他因素。

技能目标：（1）能够采用压面机调制软硬适合的膨松面团。

（2）能够掌握花色造型的制作方法。

（3）能够掌握醒发面团的时间及蒸制的火候。

（4）能够按照花色馒头制作流程在规定时间完成花色馒头的制作。

情感目标：培养学生服务意识和创新意识。

【任务实施】

1. 花色馒头的原料与工具

原料：

A：低筋面粉 500 克，泡打粉 5 克，酵母 5 克，莲蓉馅 100 克

B：猪油 10 克

C：花色面团原料如下：

白色：水 220 克，白砂糖 30 克

菠菜汁（绿色）：菠菜叶 150 克，水 120 克，白砂糖 30 克

南瓜汁（黄色）：南瓜肉（蒸熟）200 克，水 30~50 克，白砂糖 30 克

紫薯（紫色）：紫薯（蒸熟）150 克，水 100 克，白砂糖 40 克

胡萝卜汁（橙黄色）：鲜榨胡萝卜汁 220 克，白砂糖 40 克

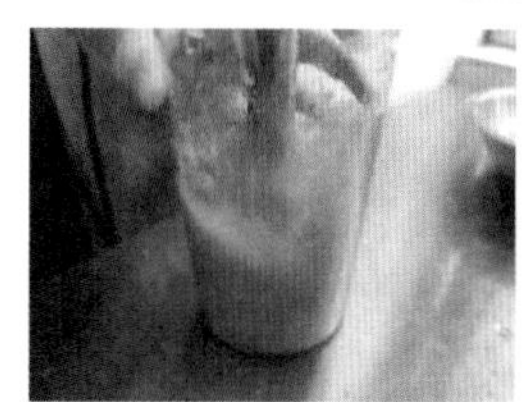

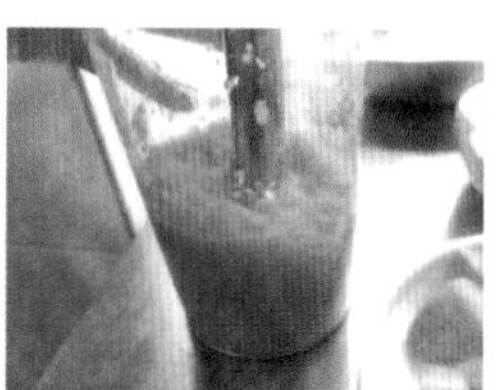

工具：刮板，菜刀，不锈钢盆，榨汁机，擀面杖，蒸锅，牙签

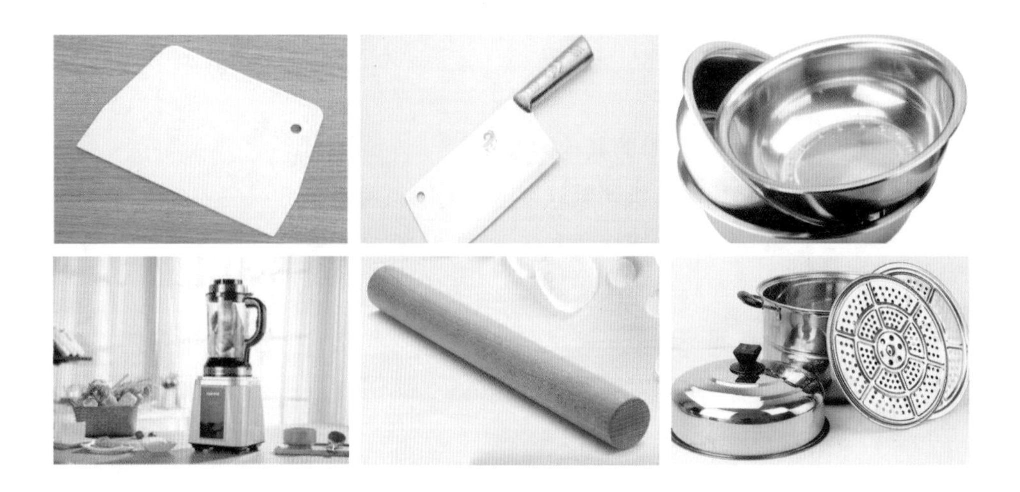

2. 制作过程：

（1）和面

将所需颜色的蔬果汁加入面粉中拌匀，揉成光滑的面团。

（2）下剂

将面团搓成条状，揪成数个大小均匀的剂子。

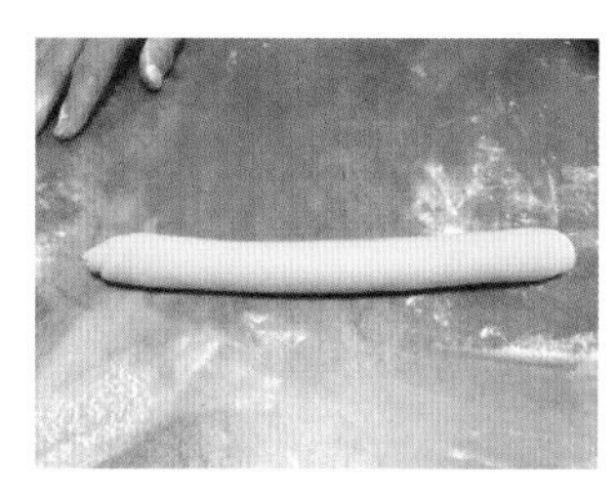

（3）成型

南瓜馒头：利用刮板在包好馅心的面坯上均匀地压出一道道粗细均匀、间隔一致的纹路，象形南瓜馒头生坯制作完成。

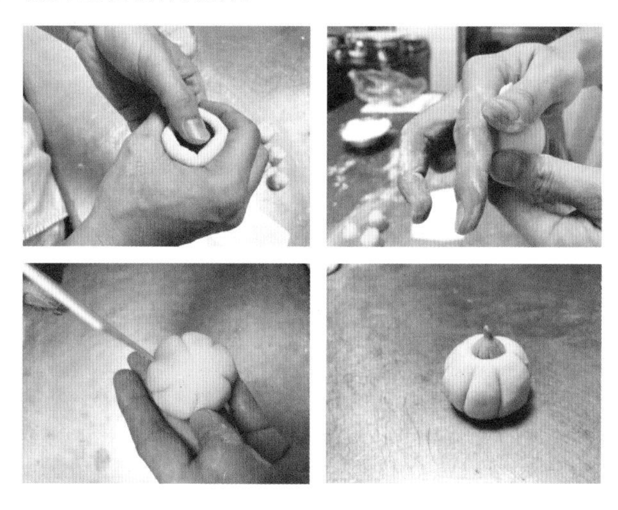

萝卜馒头：将包好馅心的面坯用双手揉搓成水滴形，利用牙签插入水滴形面坯的尖头中。将用面皮揉制成的细小长条作为萝卜的根须，再利用菠菜汁调成的绿色面皮捏出叶子，胡萝卜馒头生坯制作完成。

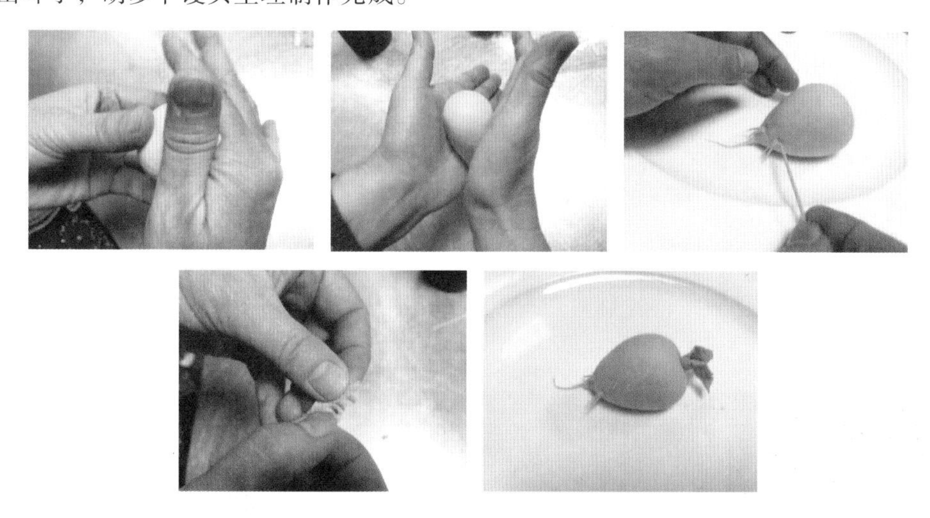

（4）发酵

在温度 35~40℃、湿度 70% 的发酵箱中发酵约 20 分钟。

（5）熟制

将发酵好的馒头放入汽足的蒸锅中蒸 12 分钟。

3. 花色馒头的成品要求

（1）颜色均匀，色泽艳丽，表面光滑富有弹性。

（2）质感膨松，口感柔软，形态逼真。

【大师点拨】

（1）馒头面团水分略少于包子面团，易定型和成型。

（2）注意发酵的时间。

（3）蒸制馒头时从小火开始蒸，蒸熟前 2~3 分钟再改用大火。

【举一反三】

可添加南瓜汁、菠菜汁、红曲粉、可可粉等制作各种象形馒头，如玉米馒头、土豆馒头等。

【知识链接】

现代饮食越来越注重食品营养与健康，利用天然配色食材加工面点，使面点既好看又有营养。常见天然配色食材都有哪些呢？

（1）黄色：南瓜、玉米、芒果。

（2）橙色：胡萝卜、木瓜、黄番茄。

（3）绿色：菠菜、西蓝花、番薯叶。

（4）紫色：紫薯、黑枸杞、紫甘蓝。

（5）红色：红曲粉。

（6）粉红色：甜菜根、火龙果。

（7）黑色：墨鱼汁、竹炭粉、黑米粉

（8）蓝色：蓝蝶豆花

任务七　叉烧包

叉烧包是广东地区具有代表性的传统名点之一，是粤式早茶“四大天王（虾饺、干蒸烧卖、叉烧包、蛋挞）”之一。叉烧包是因面皮内包入叉烧肉馅而得名。

【任务情境】

叉烧包的面皮是用北方常用的发酵面团经过改进而成的。包制时要捏制成雀笼形，因为发酵适当，蒸熟后包子顶部自然开裂，实际上是一种含叉烧肉馅的开花馒头。开花叉烧包通常直径约5厘米，一笼通常为三或四个。粤式点心种类繁多，开花叉烧包最得小花喜爱，于是她特意来到广州某酒家做学徒，学习制作开花叉烧包。

【任务目标】

知识目标： 能说出发酵面团的种类及特点。

技能目标：（1）能够掌握开花叉烧包的成型手法。

（2）能够按照开花叉烧包制作流程，在规定时间内完成开花叉烧包的制作。

情感目标： 培养学生努力探索新知识、新技能的能力。

【任务实施】

1. 开花叉烧包的原料与工具

原料：

A：老面种 500 克（面粉 325 克，水 175 克，干酵母 5 克）

B：水 50 克，食用小苏打 5 克，白砂糖 150 克，臭粉 2 克，猪油 20 克

C：面粉 150 克，泡打粉 8 克

叉烧馅：水 500 克，老抽 10 克，生抽 20 克，蚝油 50 克，盐 10 克，味精 5 克，花生油 50 克，麻油 5 克，白砂糖 100 克，玉米淀粉 40 克，面粉 30 克，叉烧肉丁 250 克，洋葱碎 50 克

工具：刮板，菜刀，不锈钢盆，擀面杖，蒸锅

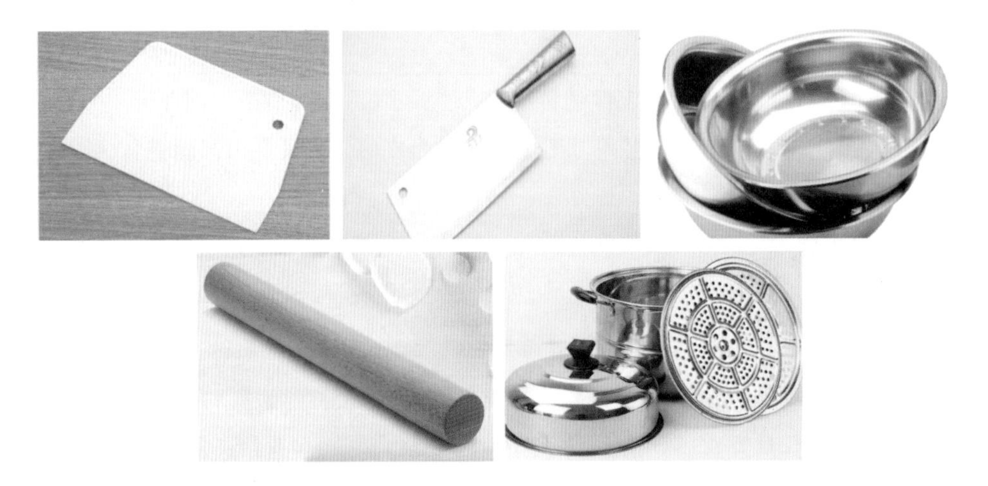

2. 制作过程

（1）制馅

①将锅烧热，放入少许油，炒香洋葱碎。倒入 250 克水，放入老抽、生抽、蚝油、盐、味精、花生油、麻油、白砂糖，煮沸时离火。

②先勾芡：将剩余250克水与玉米淀粉、面粉拌成稀粉浆，把稀粉浆注入沸水中，并不停地搅拌。之后将锅端回火位上，继续煮，边煮边搅拌，煮至沸腾出现大泡即可起锅。然后与叉烧肉丁粒一起搅拌，待冷却凝成膏状。

（2）和面

将B部分原料加入提前4小时做好的老面种中，和面至糖溶解，再加入过筛后的C部分材料，揉成面团。

（3）制皮

将面团搓成长条，下剂，把剂子擀成中间厚边缘薄的圆形面皮。

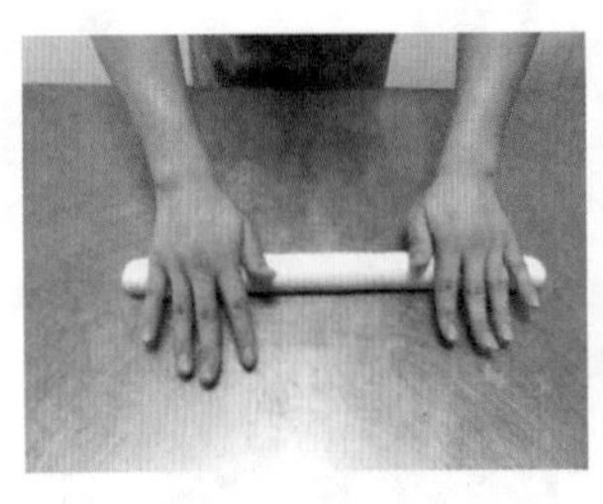
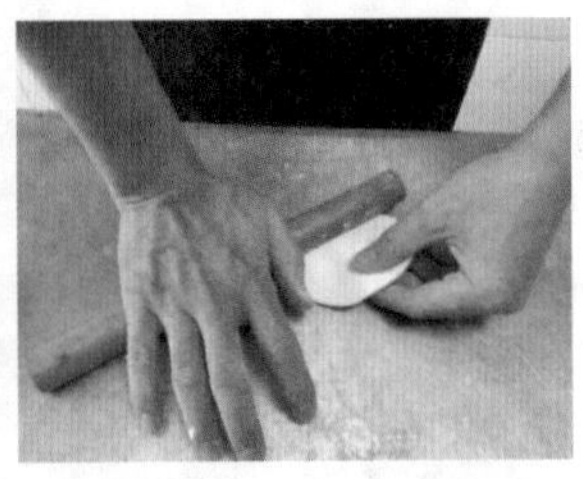

（4）成型

将叉烧馅放入面皮中间，将面皮边缘拢起，捏成大小相同的三个角，再将这三个角拢起并贴合在一起使其成型。

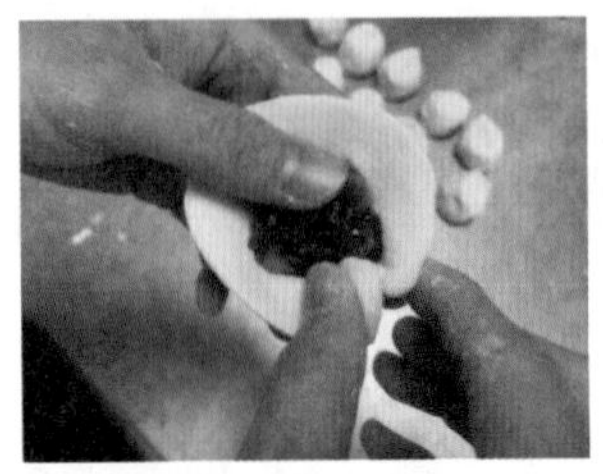
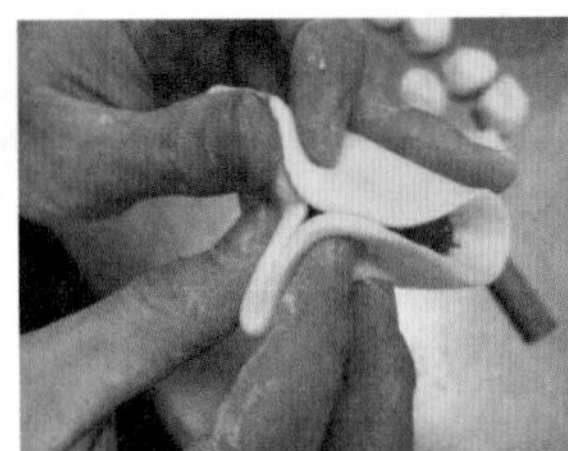
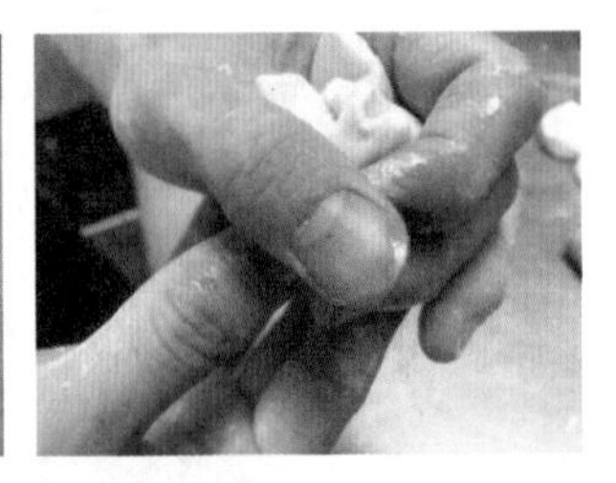

（5）发酵

放入湿度80%、温度35~40℃的发酵箱中发酵20~25分钟。

（6）制熟

放入有蒸汽的蒸锅中大火蒸15分钟，熟后即可开锅取出。

3. 开花叉烧包的成品要求

（1）制品外表色泽洁白，质地绵软有弹性，爆口隆起自然。

（2）馅心鲜香而不腻。

【大师点拨】

（1）叉烧馅勾芡时要注意掌握火候和勾芡的程度，要二次回锅让叉烧馅彻底熟透。

（2）叉烧包在前期发酵时放了酵母，在发酵完成后，再放入大量的泡打粉让其在蒸制过程中开花。

（3）蒸制开花叉烧包全程都要用大火蒸，使其达到更好的开花效果。

【举一反三】

根据个人喜好，调制面团时可添加胡萝卜汁、菠菜汁、南瓜汁、黑米汁等，制作不同颜色的开花叉烧包。也可变换馅料做成不同口味的开花包。

任务八　海绵蛋糕

在西方，蛋糕是一种具有代表性且日常的点心，深受人们喜爱。在我国，蛋糕也作为一种老少皆宜、四季应时的食品，走进了千家万户。

【任务情境】

12 岁的果果小朋友特别喜欢吃蛋糕，她妈妈平时就喜欢在家里制作各种点心，今天妈妈打算为果果烘焙海绵蛋糕。虽然经过多次尝试，但做出的蛋糕不是气孔粗大就是口感硬实或烤煳了。究竟怎样才能做出膨松香甜如海绵的蛋糕呢？让我们一起来帮她找找原因吧。

【任务目标】

知识目标：（1）能说出物理膨松面团的定义和特点。

（2）能说出物理膨松面团的原理。

（3）能说出影响物理膨松效果的因素。

技能目标：（1）能够利用面粉、鸡蛋、白砂糖、油调制膨松面团。

（2）能够掌握蒸制及烤制的技术要领。

（3）能够按照海绵蛋糕的制作流程在规定时间内完成海绵蛋糕的制作。

情感目标：培养学生环保节能和创新意识。

【任务实施】

1. 海绵蛋糕的原料与工具

原料：

A：鸡蛋 500 克，白砂糖 200 克，白醋或柠檬汁 3~5 毫升，SP 蛋糕油 25 克

B：面粉 250 克，牛奶 50 克

C：提子干（泡水）50 克

工具：打蛋机，软刮板，不锈钢盆，蒸锅

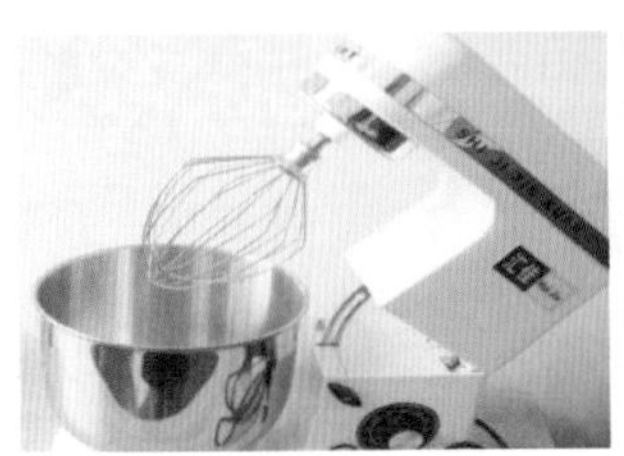

2. 制作过程：

（1）打发鸡蛋

将鸡蛋放入搅拌桶，加入白醋或柠檬汁、白砂糖和 SP 蛋糕油，用打蛋机快速挡位打发至白色乳沫状。

（2）调制面糊

放入面粉，用慢速挡位搅拌均匀，再加入牛奶搅匀。

（3）入模定型

放入模具（定型工具）。

（4）制熟

放入蒸锅中蒸 15 分钟。

3. 海绵蛋糕的成品要求

（1）海绵蛋糕结构组织松软，气孔小而细密。

（2）成品无塌陷，外观饱满，内无生心。

（3）蛋味甜味适中，轻微湿润。

【大师点拨】

（1）打发鸡蛋时注意打发的程度，打发不够成品不易起发且质地硬，打发过头在制熟时会膨胀过度易塌陷。

（2）在熟制蛋糕的过程中不建议取出或开盖，一旦遇冷收缩后蛋糕不再起发。

【举一反三】

口味上，可添加牛奶、提子、蔓越莓等制成奶香提子海绵蛋糕。

造型上，可在蛋糕表面使用蛋黄液或可可液划出大理石纹，制成大理石海绵蛋糕。

熟制方法上，可以将蒸制换成烤制，制成烤海绵蛋糕。

任务九 开口枣

开口枣又称“开口笑”，是用面粉和鸡蛋揉匀，用油炸制而成的小点心，因其经过油炸会绽出一个裂口，像是人咧嘴憨笑的样子，故此得名。

“开口笑”是老北京的传统中式小点心，是节日里讨口彩的必吃零食。在这点上，广东人也不含糊，过年时炸上一些，作为走亲访友的伴手礼或在家宴上点缀吉祥气氛的点心。

【任务情境】

某天，小强和妈妈在手机美食 APP 上找到了一道开口枣食谱，想要尝试制作，可是试做几次后成品仍然出现掉芝麻、散开、不膨松等问题，最终还是失败了。无计可施的小强只好向面点老师求助。怎样才能做出成功的开口枣呢？大家一起跟着老师学习吧。

【任务目标】

知识目标：（1）能说出化学膨松面团的定义、特点及适宜品种。

（2）熟悉化学膨松面团的膨松原理。

技能目标：（1）能够利用面粉、白砂糖、猪油、鸡蛋等原料调制化学膨松面团。

（2）能够掌握折叠手法调面方法。

（3）能够正确掌握炸制火候。

（4）能够按照开口枣制作流程在规定时间内完成开口枣的制作。

情感目标：培养学生的安全生产意识和积极进取的工作态度。

【任务实施】

1. 开口枣的原料与工具

原料：

A：面粉 500 克

B：白砂糖 150 克，水 150 克

C：食用小苏打 3 克，猪油 50 克，鸡蛋 1 个（约 50 克）

D：白芝麻 100 克

工具：捞沥，炸锅，刮板，不锈钢盆

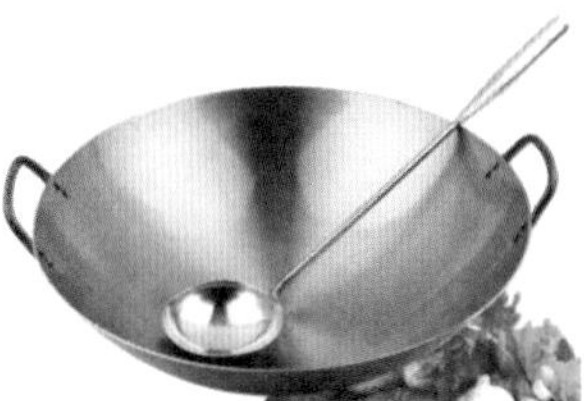

2. 制作过程

（1）和面

用 B 原料溶解白砂糖后，与 C 原料一起加入到 A 原料中，用叠式手法和面，直至揉成无干粉状态的面团。

（2）下剂

下剂并搓圆，每个剂子约 20 克。

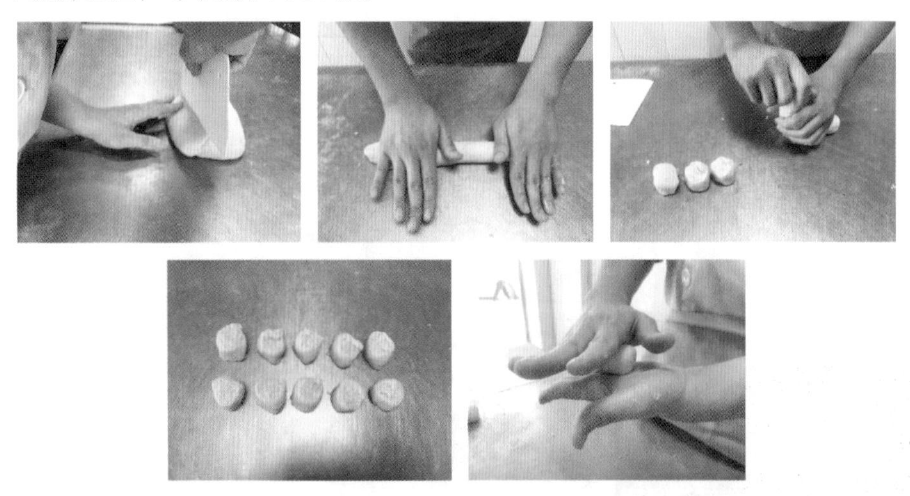

（3）成型

将剂子表面蘸水，裹上白芝麻。

（4）制熟

用三至四成热（100~120℃）的油温浸泡剂子至浮起，再加热油温至六成热（180℃），将剂子炸至成麦黄色即可捞出。

3. 开口枣的成品要求

色泽呈麦黄色，口感酥脆，开口两瓣或三瓣，无生心。

【大师点拨】

（1）和面时用叠式手法，尽量避免面团起筋。

（2）成型时先蘸水，再蘸芝麻，避免芝麻在炸制过程中脱落。

（3）掌握适当的油温，先低后高。油温过低成品易浸油松散，过高易外焦里不熟且不开口。

【举一反三】

调制化学膨松面团还可以制作甘露酥、桃酥。

任务十 油条

油条是一种古老的中式面食，为长条形中空的油炸食品，口感松脆有韧劲，是传统的中式早点之一。油条的叫法各地不一，东北和华北很多地区称油条为“馃子”；安徽一些地区称其为“油果子”；广州及周边地区称“油炸鬼”；潮汕地区等地称“油炸果”；浙江地区有“天罗筋”的叫法（天罗即丝瓜，老丝瓜干燥后剥去壳会留下丝瓜筋，其形状与油条极像，遂称油条为天罗筋）。

【任务情境】

小吃街上有一家专门卖油条的店铺，每天早上店门口都排满了人。小强纳闷为什么这家油条店生意那么好，便也去排队买了两根，品尝后大赞：“这油条实在是太松脆有韧劲了！”他不由感叹原来制作油条，学会创新创业，也能有一番作为！那么究竟该怎样制作油条呢？让我们一起来学习吧。

【任务目标】

知识目标： 能说出影响化学膨松效果的因素。

技能目标：（1）能够利用面粉、盐、枧水等调制成软硬适度的化学膨松面团。

（2）能够掌握油条的成型技术要领。

（3）能够按照油条制作流程在规定时间内完成油条的制作。

情感目标： 培养学生自觉遵守行业法规、规范，食品安全的意识。

【任务实施】

1. 油条的原料与工具

原料：

A．高筋面粉 250 克，低筋面粉 250 克，泡打粉 4 克

B．鸡蛋 1 个，盐 8 克，食用小苏打 4 克，调和油 15 克，臭粉 2 克，水 200 克

C．水 75 克

D．调和油 1500 克

工具：菜刀，面粉筛，炸锅，刮板，筷子

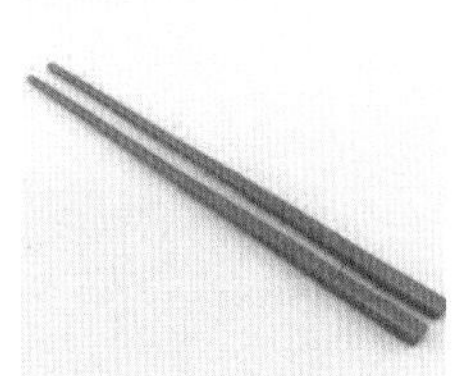

2. 制作过程

（1）和面

将面粉、泡打粉过筛、开窝。将 B 材料搓匀后与面粉混合搓成面团，然后加入 C 材料，用捣制及摔打手法将面团搓至光滑。

（2）醒面

将面团裹上保鲜膜，静置 2 小时。

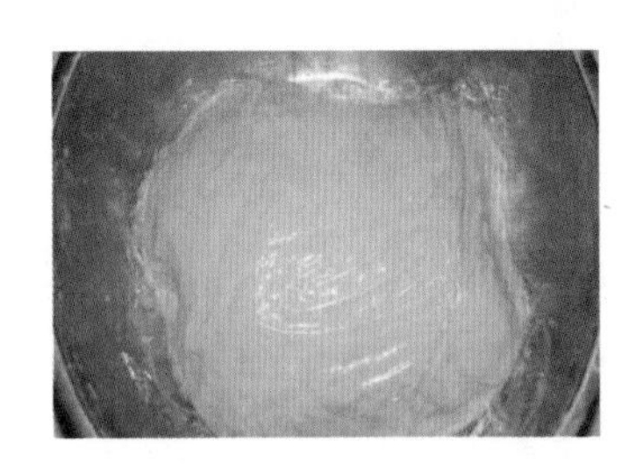

（3）制皮

将面团擀成宽 12 厘米，厚 0.7 厘米的长方形面片。撒上一层薄面粉以防粘连。

（4）成型

将面片切成数个宽 2 厘米，长 12 厘米的面坯，然后在两根小面条中间蘸少许水，将它们叠在一起。再用刀背或筷子轻压，然后将面坯拉长至 20 厘米。

（5）熟制

将面坯放入煎锅中炸制，油温为 180℃。炸的过程中不断翻转，将油条炸至颜色金黄，表面硬脆即可。

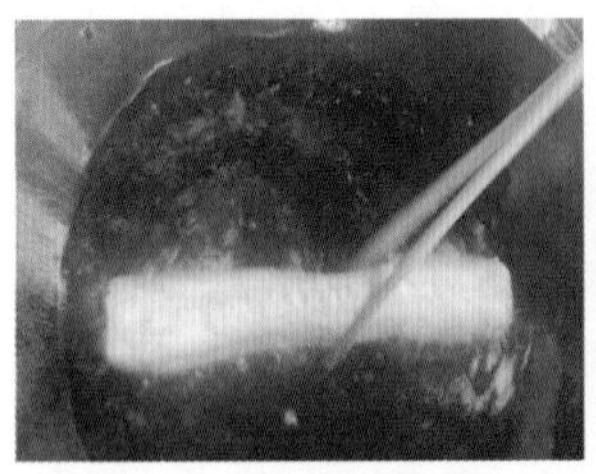
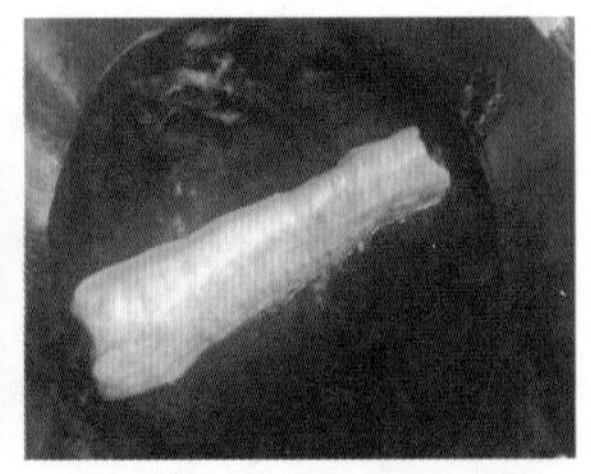

3. 油条的成品要求

成品色泽金黄，膨胀松身，内部呈丝瓜瓤状，外脆内软，甘香可口。

【大师点拨】

（1）油条和好面后需要足够的时间醒面，一般醒 2 小时以上，6~8 小时以内为宜。

（2）面团擀皮时一次擀成型，不宜折叠和反复擀皮。

（3）炸制油条时注意掌握油温和火候，油条下油锅后要不停翻动。

【举一反三】

根据个人喜好在面团中加入红糖。

模块五　油酥面团

【任务导读】

油酥性面团是指用粮食粉料与较多的油脂调制而成的面团。在面团调制过程中加入适当的油脂，采用适当的调制方法，可使面团内部结构由紧实变为松散，再使用适当的加热成熟方法使制品酥脆、松散，从而可起到明显改变制品形态、口感的效果。

任务一　核桃酥

核桃酥是以面粉、猪油、细砂糖为主料，添加鸡蛋、膨松剂，用“擦”的手法使猪油松发后，加入面粉叠匀并搓条下剂成型后经烘烤制成的汉族小吃。核桃酥口感酥脆，味道香甜，既可做茶点，也可作为伴手礼。

【任务情境】

小明是一家酒店面点房的师傅，他值班当天接到了一位客人的订单，客人要买几罐饼干，但注明不要用黄油，还要放入核桃作为辅料，小明马上想到了核桃酥，于是和客人进一步沟通后就为客人制作了核桃酥。

【任务目标】

知识目标：能说出混酥类制品的制作特点。

技能目标：（1）能独立制作核桃酥。

（2）掌握混酥类制品“烤”的操作。

情感目标：（1）采用分组实训方式，培养学生的团结协作精神。

（2）培养学生的卫生习惯和行业规范。

【任务实施】

1. 核桃酥的原料

面粉 500 克，白砂糖 300 克，猪油 290~300 克，鸡蛋 50 克，食用臭粉[1]15 克（或

1. 食用臭粉：即碳酸氢铵，是一种化学膨化剂，添加到食物中，受热会产生带有臭味的氢气，因此被叫做臭粉。主要用在需要体积发生蓬松的食物中，例如油条、桃酥、发糕等。

食用臭粉 10 克，食用小苏打 5 克），核桃仁 50 克，涂蛋液 50 克

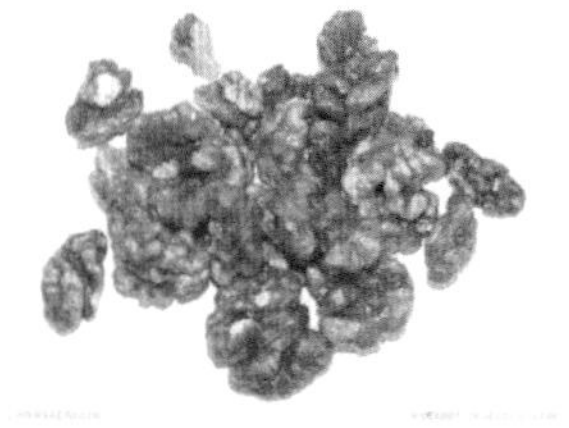
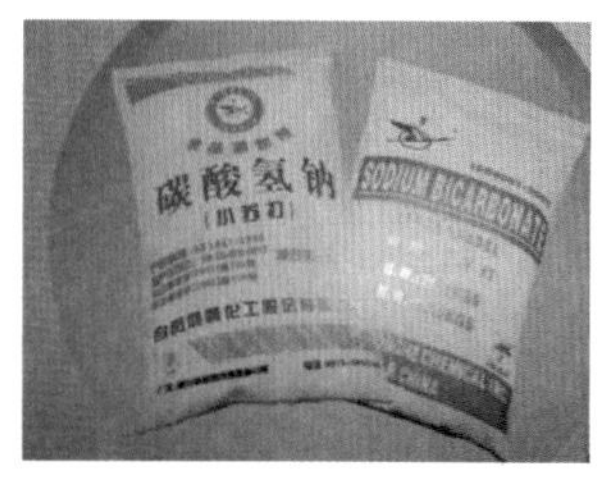

2. 核桃酥的制作过程

（1）面团调制

将面粉过筛、开窝，放入白砂糖、食用臭粉、鸡蛋拌匀。将白砂糖擦至黏稠，放入猪油再擦至猪油浮起呈白色，体积约为原来的 2 倍时，将拌匀的面粉拨入，轻轻复叠 2~3 次。

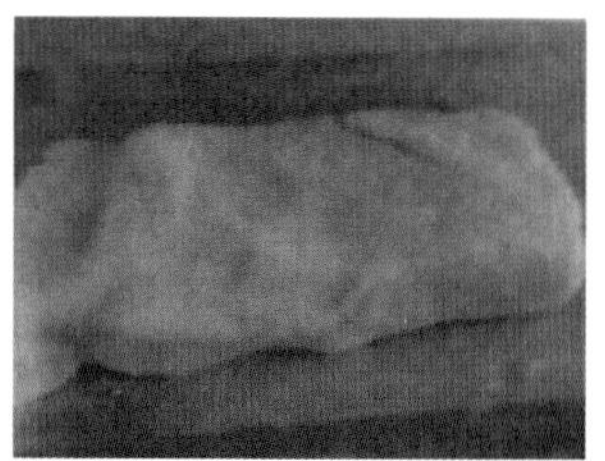
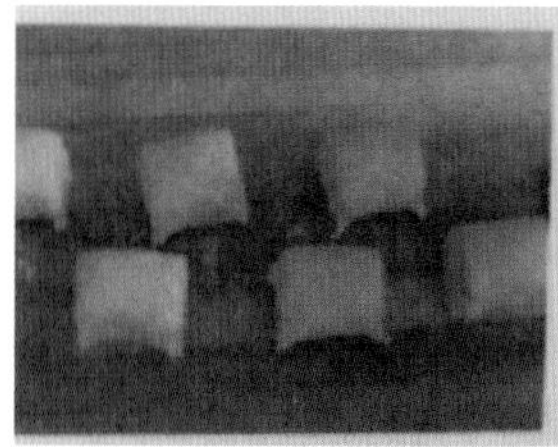
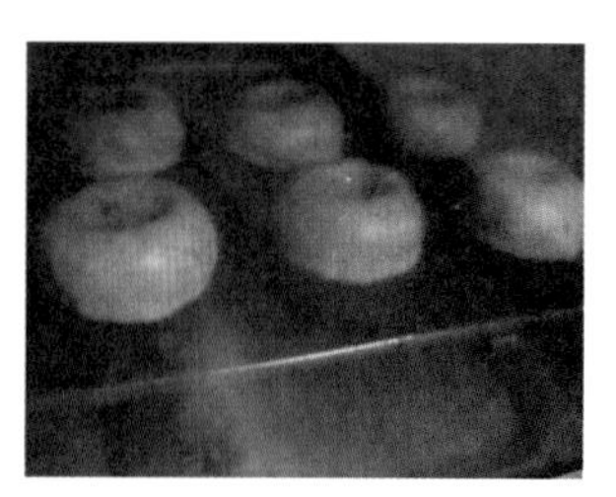

（2）成型

将面团揪成数个剂子，每个剂子约 45 克，把剂子搓圆，中间按一个小孔，摆入烤盘，涂上两次蛋液（第一次涂蛋液后要等蛋液干后再涂第二次），在小孔处放上桃仁。

（3）烘烤

将烤盘放入烤箱，先用 140℃的炉温烤至定型，再用 160℃的炉温烤至金黄色后取出。

3. 核桃酥的成品要求

色泽金黄鲜艳，大小均匀，外形完整，饼面有裂纹，入口甘香酥化。

【大师点拨】

核桃酥的操作关键：

（1）在擦猪油和白砂糖时要把猪油擦至浮起。

（2）加入面粉后采用“叠”的手法。

（3）烘烤时一定要先用低温烘烤至成型，再调高温度烘烤至金黄色。

【举一反三（创意引导）】

有的人不喜欢猪油的味道，我们可以把猪油换成黄油、植物油。

也可以把核桃换成腰果、巴达木等坚果，风味又会不同。

任务二 蛋黄酥

香酥的外皮，入口即化的馅料，沙质感极强的蛋黄，蛋黄酥的口感真是令人难以忘怀。蛋黄酥是用面粉、油、水调制成两块面团，采用小包酥的开酥工艺，经擀、卷、叠后，包入蛋黄和豆沙馅烤制而成。

【任务情境】

小明是一家饼屋的面点师傅。一天，他的中学同学小亮从外地来探望他，老同学相见格外欢喜，时光在推杯碰盏中悄悄滑过，不知不觉到了分别的日子。小明想亲自制作一款别致的点心作为伴手礼送给小亮，送什么呢？小明想到了蛋黄酥。

【任务目标】

知识目标：能说出小包酥工艺，了解酥层的形成。

技能目标：（1）能够利用面粉、油、水调制水油面和干油酥。

（2）能够按照蛋黄酥制作流程在规定的时间内完成蛋黄酥的制作。

情感目标：（1）采用分组实训方式，培养学生团结协作精神。

（2）培养学生的卫生习惯和行业规范。

【任务实施】

1. 蛋黄酥的原料

油面：面粉 200 克，猪油 70 克，白砂糖 10 克，水 90 克

酥面：面粉 140 克，猪油 75 克

馅心：咸蛋黄 11 个，豆沙馅 400 克，白酒适量

装饰原料：蛋黄液少许，黑芝麻 50 克

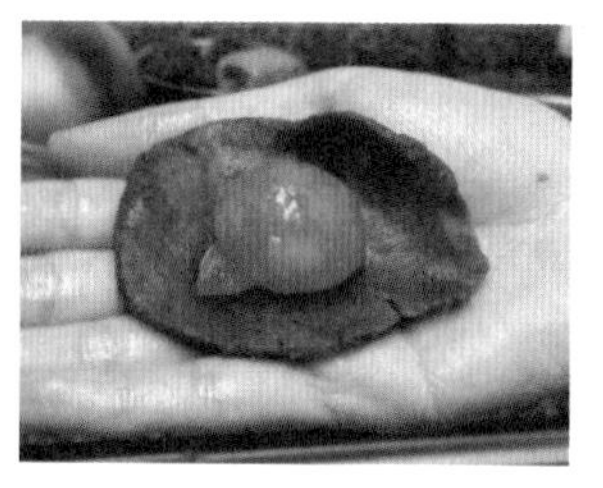

2. 蛋黄酥的制作过程

（1）和面

①调制油面：将面粉过筛、开窝，窝中加入白砂糖和猪油，分次加水，一起拌和均匀，将面揉匀揉透，然后盖上湿毛巾醒面。

②调制酥面：将面粉和猪油混合均匀，用手掌跟把混合好的面团擦匀擦透即成酥面。

（2）制馅

①在咸蛋黄表面喷上少许白酒，放在预热至 150℃的烤箱中烤制 5~10 分钟。

②将豆沙馅分成数个剂子，每个 15 克，然后将剂子搓圆后包入蛋黄。

（3）成型

①分别把油面和酥面分成数个剂子，每个 15 克。用油面包住酥面，收严剂口，包成球形。将球形按扁，用擀面杖擀成椭圆形面片，将面片卷成圆筒，醒面 10 分钟。

②将剂子平放，用擀面杖擀成圆片，包入豆沙蛋黄馅，用虎口将面皮包紧后逐渐收口，底部封严，不要露馅。表面刷上两次蛋黄液，再撒上黑芝麻做装饰，即为生坯。

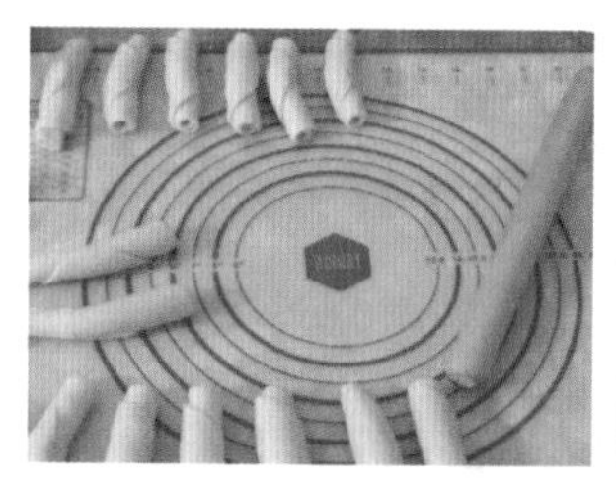

（4）烤制成熟

将生坯码入干净的烤盘中，放入预热至200℃的烤箱中烤20分钟，烤至金黄色即可。

3. 蛋黄酥的成品要求

层次丰富，呈球状，不塌，酥松香甜。

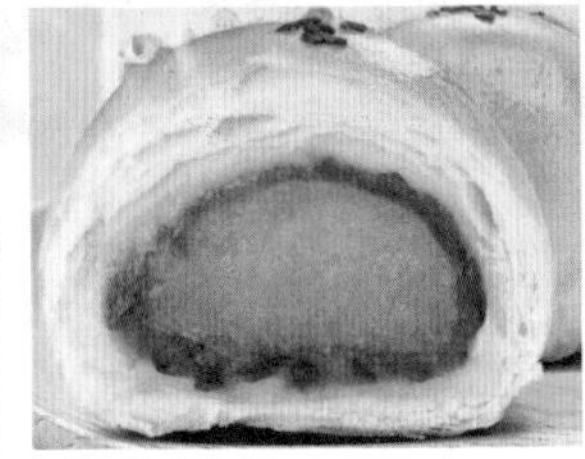

【大师点拨】

蛋黄酥的操作关键：

（1）在制作油面和酥面时，两种面团的软硬度要一致。

（2）在擀制的过程中力度要均匀。

（3）用豆沙馅包蛋黄时要把蛋黄包在正中间。

【举一反三（创意引导）】

1. 把豆沙馅换成莲蓉馅就是另外一种口味的蛋黄酥。
2. 用小包酥的开酥方法制作其他品种的酥点，如老婆饼等。

任务三　眉毛酥

眉毛酥属于水油面皮层酥制品中的明酥卷酥产品。眉毛酥形似秀眉，层次分明，酥松香甜，封口处捏出铰边花纹。采用卷酥的开酥技术，成型后经油炸或烘烤而成。

【任务情境】

小亮是广州一家星级酒店的面点主管，因勤劳敬业、技术突出被派往扬州进修。小亮早就听说扬州的中式面点全国闻名，他很珍惜这次难得的学习机会。他专注学习扬州面点技术，并注重了解中式面点在博大精深的中国烹饪中的地位。有一天，师傅要教他制作一款酥点，系中国四大名点之一，采用卷酥的开酥技术，形如眉毛，常用作宴席点心。小亮立刻想到了眉毛酥。

【任务目标】

知识目标：理解圆酥的概念和特点。

技能目标：（1）掌握水油面和干油酥的制作方法。

（2）掌握卷酥的起酥方法。

（3）掌握眉毛酥的炸制方法。

情感目标：感受中国面点技术的博大精深，培养学生热爱中式面点，传承中国传统烹饪文化的情怀。

【任务实施】

1. 眉毛酥的原料与工具

原料：面粉500克，猪油170克，水135克，豆沙馅500克，色拉油适量，鸡蛋液100克，糯米纸1张

工具：通心槌，擀面杖，刮板，毛刷，不锈钢盆，炸锅

2. 制作过程

（1）水皮和油心的准备

将面粉 300 克，猪油 70 克，水 135 克混合，揉成水油面团。将剩余的 200 克面粉与 100 克猪油拌和后擦制成油心。

（2）眉毛酥的制作过程

①包酥。用通心槌将面团顺势擀成长方形，叠四折，再次擀成厚约 0.3 厘米的长方形薄片，斜切一刀，刷上蛋液，卷成直径约 5 厘米的圆筒。

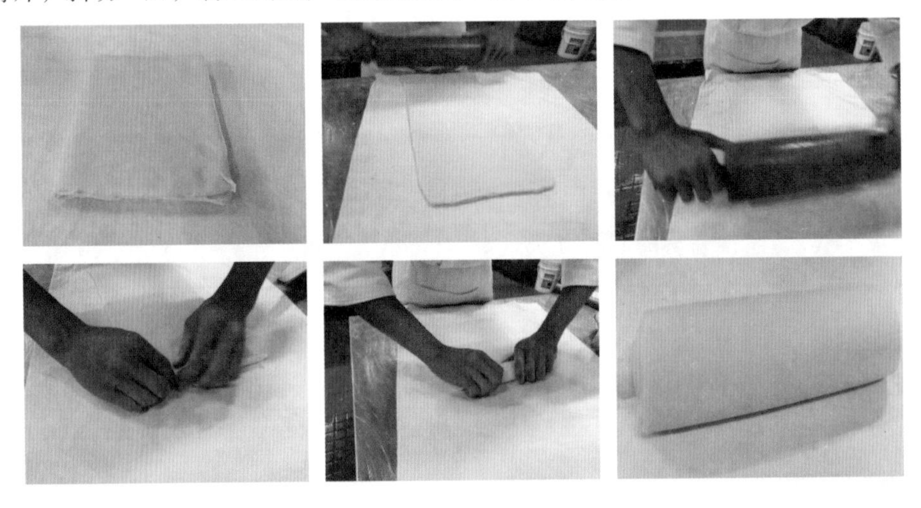

②将圆筒切成厚约 0.5 厘米的圆片，刀口截面向上，刷上蛋液，贴上一层糯米纸。

③擀酥。用擀面杖轻轻地将面片擀成数个直径约 6 厘米的眉毛酥坯皮，翻面，每个坯皮内放入约 10 克豆沙馅，然后对折、对齐，每个角塞进一部分，将边缘捏紧，再自内向外捏出绞丝纹花边，在花边处刷蛋液，即成眉毛酥生坯。

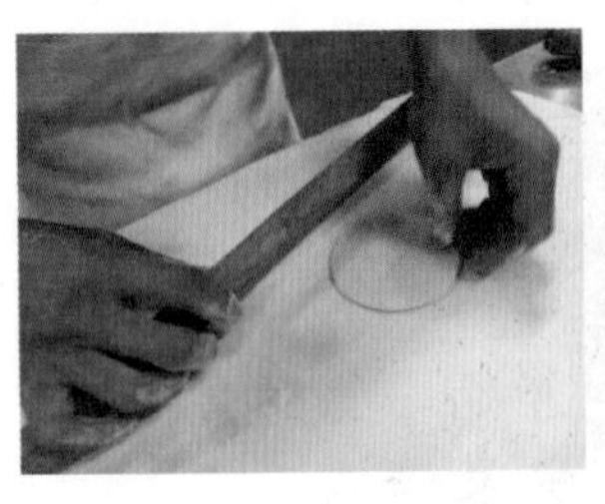
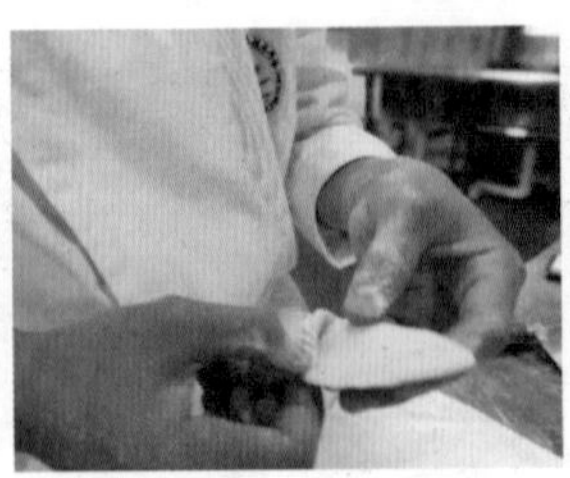
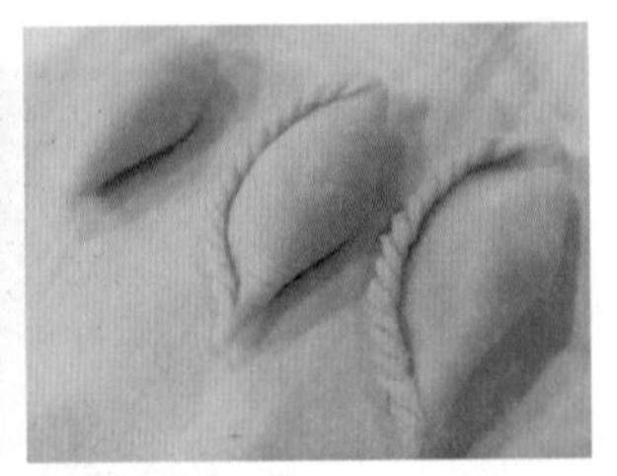

④锅中倒入色拉油，烧至油温约三成热时，将生坯一个个沿锅边放入。待锅内的油翻泡时将锅离火，用温油焐一下，等酥层开完再转大火炸制，直到制品颜色变成白中略带金黄色时捞出，沥干油分即可。

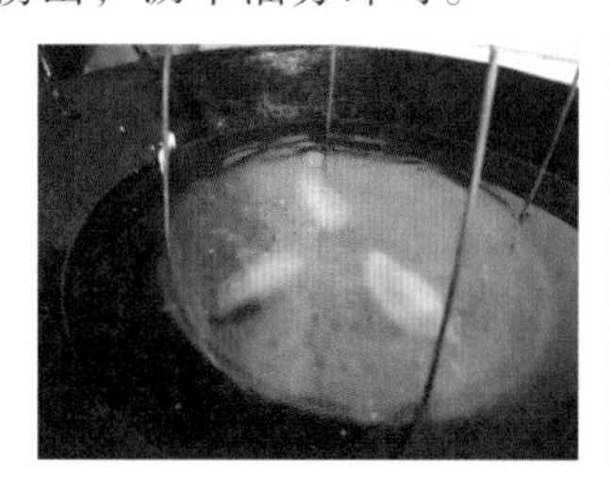
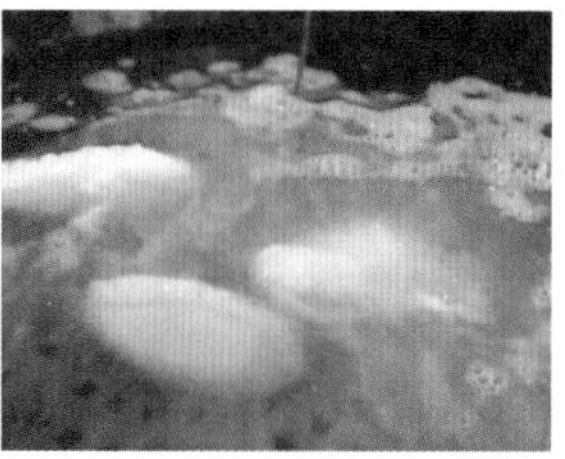

3. 眉毛酥的成品要求

色泽浅黄，形如眉毛，酥层清晰、整齐、美观，口感香酥松嫩。

【大师点拨】

（1）制作眉毛酥时卷酥要卷紧，筒形不能卷得太细，否则容易将酥层擀乱。

（2）坯皮不宜擀得太薄，太薄氽制时易断裂。

（3）馅心不要包得太多，包馅时动作要轻，防止层次断裂。

（4）氽制时要掌握好油温。油温低眉毛酥易碎，油温高则外焦里不熟，且层次不清晰。

【举一反三】

造型变化：采用圆酥的起酥方法可以制作酥盒，如苹果酥、南瓜酥等。

任务四 荷花酥

荷花酥是中国传统名点之一。采用叠酥的起酥方法，包馅成球形，剖酥六瓣，经炸制而成荷花形，造型大气美观。

【任务情境】

小明是一所职业学校烹饪专业的学生。他作为学校面点集训队的选手在不久前的全市学生职业技能大赛中获得了一等奖。比赛后不久，学校就要举行一年一度的技能赛了，老师要求他结合技能赛的要求，在展台上展示一款能体现自己技能水平的面点品种。该选哪个品种呢？酥点是最能体现面点选手综合技能水平的，既然要展示，就要制作造型美观的品种，小明决定制作荷花酥。

【任务目标】

知识目标：理解层酥及层酥类制品的概念和特点。

技能目标：（1）掌握荷花酥的成型手法和操作技巧。

（2）控制好荷花酥炸制过程中的油温。

情感目标：让学生了解博大精深的中式面点制作技术，培养学生从事中式面点师的职业意识。

【任务实施】

1. 荷花酥的原料与工具

原料：面粉 500 克，猪油 175 克，水 135 克，莲蓉馅适量，鸡蛋 2 个，色拉油适量

工具：通心槌，刮板，单面刀片，炸锅，自制油炸平漏网，圆形模具

2. 制作过程

（1）水皮和油心的准备

将面粉 300 克，猪油 50 克，水 135 克混合，揉成水油面团。将剩余的 200 克面粉和 125 克猪油拌和后擦制成油心。

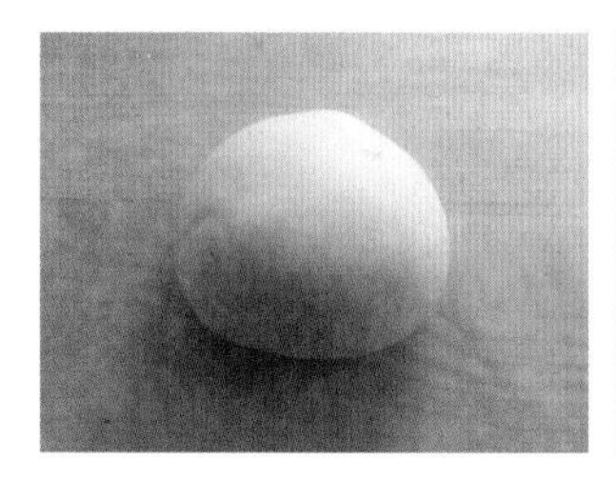

（2）开酥

将水油面团擀成中间厚边缘薄的面皮，包入油心，收口向上，再擀成长方形面皮，两头切方正，再擀成长方形，随后叠成日字形，再擀开，对折后擀成厚约 0.6 厘米的长方形面皮。用直径 8 厘米的圆形模具将酥皮刻出数个圆形酥皮。

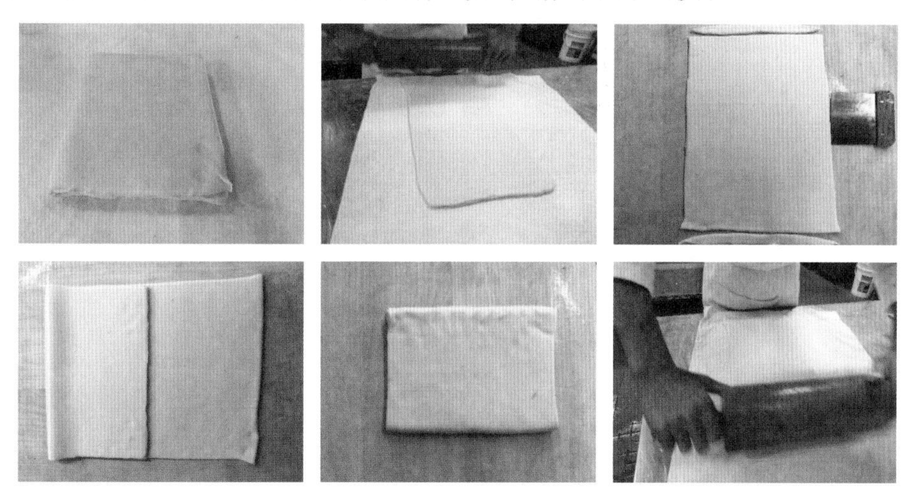

（3）成型

①将酥皮四周涂上蛋液，中间放入 10 克莲蓉馅，向上捏拢呈球形。

②将收口向下，用单面刀片将球体切成六等份，注意深浅度要一致，深度以切到馅心为宜。用双手掌跟将面坯下部略搓，使其酥层略向外露即成生坯。

（4）熟制

锅中倒入色拉油，升温至125℃。将生坯底部刷上蛋液后放入捞沥，将捞沥放入锅中，待油温升至155℃，此时酥纹绽开，色泽洁白，捞出后沥油。

3. 荷花酥的成品要求

色泽浅黄，酥层清晰，口感酥脆，形似荷花。

【大师点拨】

（1）叠酥动作连贯迅速，生坯呈球状，再搓成上部略大、下部略小的形态。

（2）炸制生坯时，在温油中静置的时间较短，炸制时升温要快，制品呈淡黄色。

（3）划荷花瓣时，只需划至剂子的一半位置即可，若划得过深炸制时花瓣易断。

【举一反三（创意引导）】

1. 造型变化：制作三瓣酥、四瓣酥。

2. 颜色变化：水油面皮可以揉成两种颜色，分别叠两次酥，然后再组合成型。

任务五　花色酥点一——叉烧酥

叉烧酥是起源于广东的传统汉族名点，相传是从西式点心借鉴而来的。由于是烤制而成，所以在质感上比其他广式点心更为干爽。切开后露出叉烧馅料，散发出阵阵叉烧香味。叉烧酥在口感上汇集了层酥点心的酥脆和叉烧芡的甜咸口感，形成了其特有的风味。

【任务情境】

小明和小亮是同一家酒店的点心师傅。小明对周而复始地炸制酥点有些厌烦，而小亮对每天反复制作叉烧包、秋叶包等包点也有些不满，但是他们暂时还不能换岗。如何在日复一日的工作中保持饱满的工作状态？唯有不断学习、沟通交流与创新。某天，他们完成工作任务后又聊起这事，小明问：酥点可以采用“烤”这种熟制工艺吗？小亮问：叉烧包的馅心可以用在酥点里吗？他俩沟通交流后，叉烧酥便应运而生。

【任务目标】

知识目标：能说出半明半暗酥的特点。

技能目标：利用大包酥起酥、熟制的方式制作叉烧酥。

情感目标：培养学生的卫生习惯和行业规范意识。

【任务实施】

1. 叉烧酥的原料与工具

原料：

水皮原料：面粉 600 克，猪油 75 克，鸡蛋 1 个，清水 230~260 克（以能揉搓成团为准）

油心原料：面粉 600 克，猪油 400 克，黄油 200 克

馅心原料：见“叉烧馅”制作方法。（见第 166 页）

装饰原料：芝麻适量

工具：通心槌，刮板，菜刀，毛刷，烤箱

2. 叉烧酥制作过程

（1）制作水皮和油心（同荷花酥做法）

（2）起酥方法

采用大包酥和叠酥的方法：将水油皮擀成长方形，将油心制成水油皮的二分之一大小，放在水油皮中间。将水油皮边缘提起，捏合收口，擀成长方形薄片，折叠两次成三层，再擀薄。

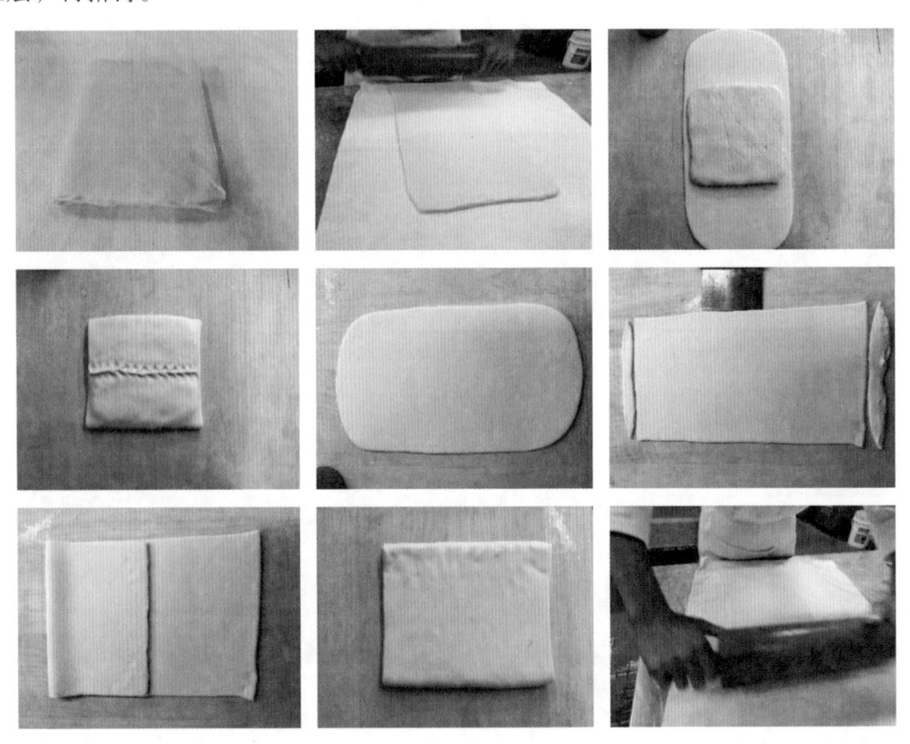

（3）包馅

将面皮切成6厘米 ×6厘米的正方形，包入15克馅料，对折，用蛋液封口，收口向下，扫上蛋液，待干后再扫一次蛋液，可撒少许芝麻做点缀。

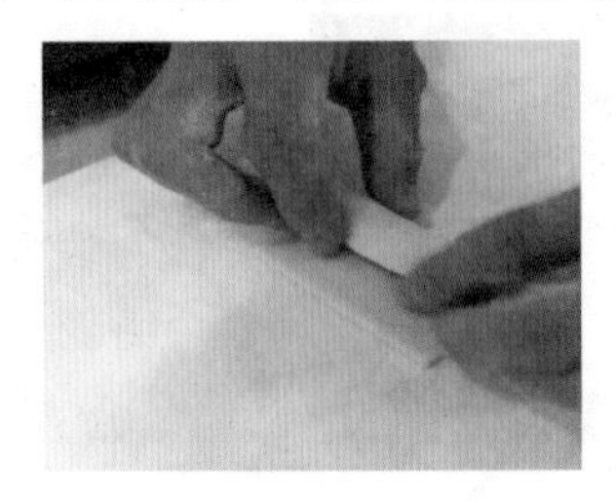

（4）烤制

烤箱设置底火130℃，面火190℃，烤3分钟，随后转160℃烤至酥皮呈金黄色即可。

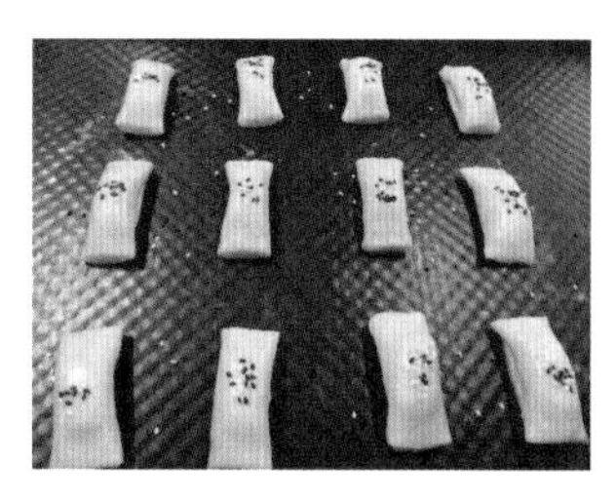 

3. 叉烧酥的成品要求

色泽金黄，酥皮层次分明，无露馅，膨胀均匀，口感香酥。

【大师点拨】

（1）开酥时，力度要均匀，否则酥皮会因力度不均而导致胀发不均。

（2）酥皮厚薄适度。如果酥皮擀得太薄，会出现透馅的现象。

（3）掌握好皮馅比例。如果馅料包得太多，会出现露馅、造型收折不均、一边宽一边窄的情况。

（4）收口要平整，否则容易导致馅料流出，造成黏底。

【举一反三（创意引导）】

馅心变化：可以换成甜馅，如红豆酥等。

任务六　花色酥点二——糖果酥

糖果酥属于象形明酥中的直酥点心。直酥制品有很多，各种规则和造型都可以用直酥形式表现出来。糖果酥因为形似糖果而得名。

【任务情境】

小明即将首次代表学校参加全区职业院校学生技能比赛，比赛规定，选手要制作一款酥点。指导老师考虑到小明第一次参加技能比赛，因此没有安排高难度的作品，只要求他高质量完成作品即可。指导老师根据小明的技术特点为他设计了一款明酥中的直酥作品——糖果酥。

【任务目标】

知识目标：能说出明酥（直酥）质量好坏的鉴别。

技能目标：（1）掌握直酥的起酥方法。

（2）掌握糖果酥的成型手法。

（3）掌握直酥制品的炸制油温控制。

情感目标：通过学习丰富的开酥技法，感受中式面点技术的博大精深，树立传承和创新中式面点技艺的情怀。

【任务实施】

1. 糖果酥的原料与工具

原料：

水油面配方：中筋面粉 280 克，猪油 40 克，水 140 克

干油酥配方：低筋面粉 250 克，猪油 130 克

其他原料：鸡蛋 1 个，细海苔适量

馅心准备：豆沙馅或莲蓉馅

工具：刮板，通心槌，毛刷，自制油炸平漏网，炸锅

2. 制作过程

（1）开酥、擀制、叠制、制皮。将水油面皮擀成长方形，将干油酥放置在水油面皮的1/2处，对折包起，四周用手捏紧。用通心槌擀成长方形薄面片，折叠成三层，再次擀成长方形，依次再折叠一次，继续擀成长方形薄面片。将长方形薄面片切成六块小长方形面片，叠起，用斜刀切成薄片，酥层向上。

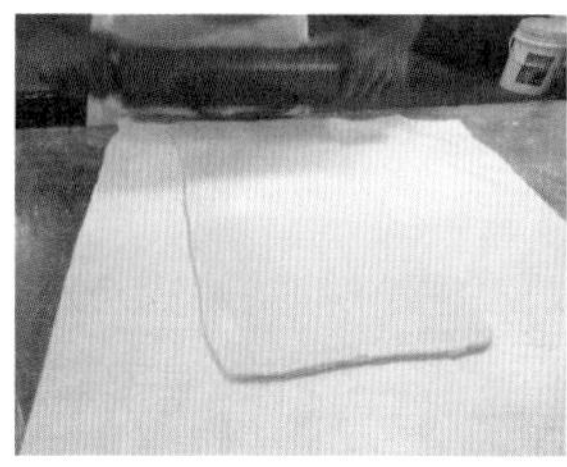
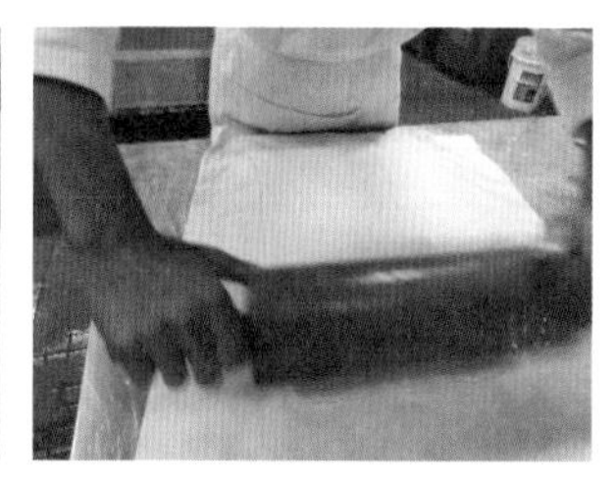

（2）上馅成型。将每个薄面片擀大一些，刷上薄薄一层蛋液，包入馅心，顺长边卷成长筒形，两头收拢，使得酥层齐正，呈糖果形。

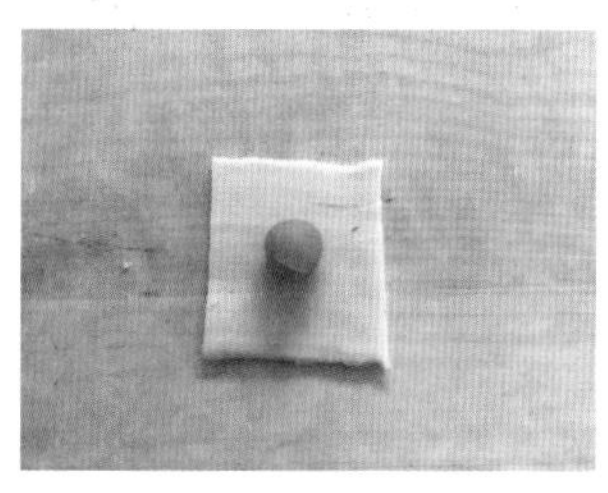
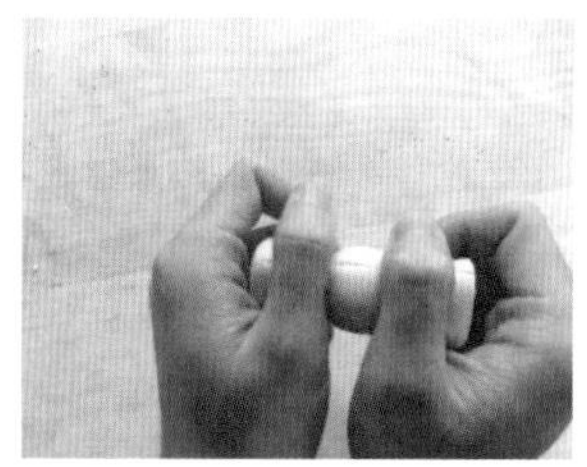

（3）两头缠上细海苔，用蛋液粘好。锅中倒油，待油温升至100~110℃后改成小火，将糖果酥生坯放在自制油炸平漏勺上，入锅炸至酥层模糊，之后升温，出酥层，待油温升至150℃，油酥制品变成淡黄色后捞起，沥油装盘即可。

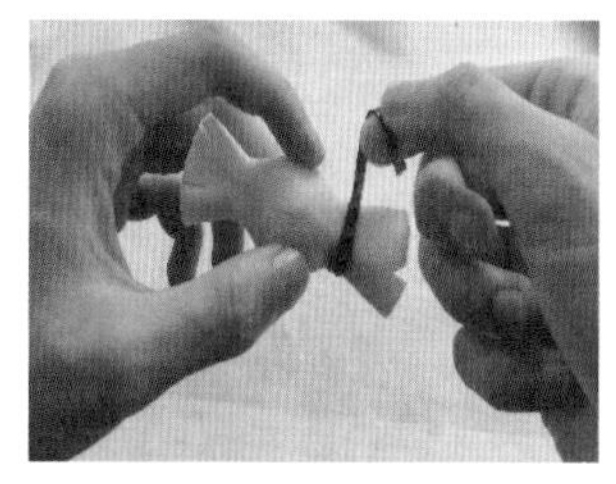
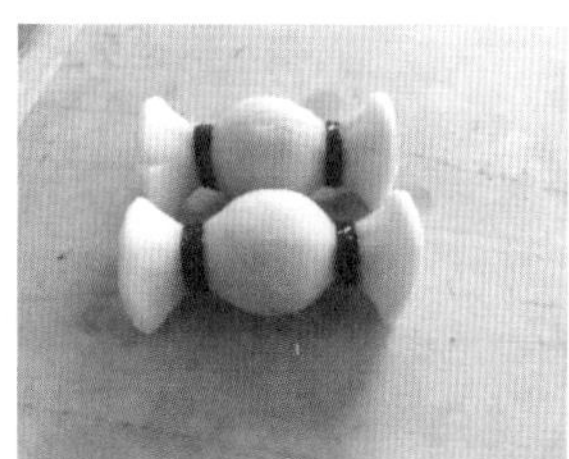
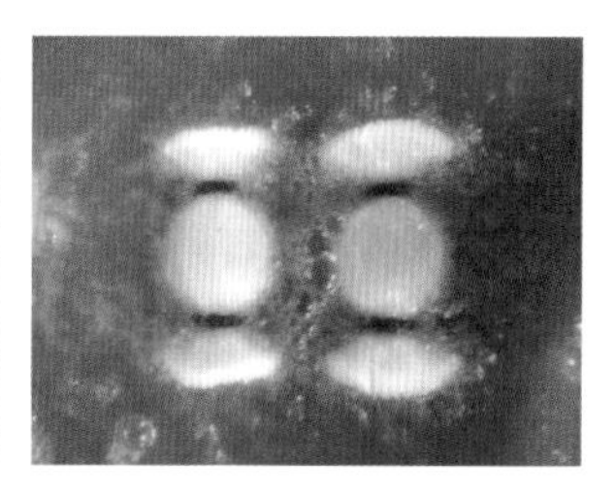

3. 糖果酥的成品要求

酥层清晰，形似糖果，口感酥松，味道香甜。

【大师点拨】

（1）刷蛋液时注意不要刷在酥层处。

（2）起酥时要排出空气，可以用牙签戳破酥层以去除空气。

（3）刷蛋液时尽量少而均匀，在酥层连接处刷蛋清，底部可以刷蛋黄。

（4）炸制时注意掌控油温，不宜升温过快。

【举一反三（创意引导）】

造型变化：可以做布袋酥、花瓶酥、酒坛酥等。

布袋酥

酒坛酥

任务七 花色酥点三——花篮酥

花篮酥采用立式直酥造型，为上下捆绑海苔薄片的形式，馅心可用奶油、水果、果泥馅等。炸制花篮酥时利用不锈钢管作为辅助工具一起炸制，炸制过程中不锈钢管立于炸用油中，制成成品的酥层呈立式展现。

【任务情境】

中式面点的创新一直是面点行业的热点话题，也是餐饮业界相关技术人员不断追求的梦想。在近几年的烹饪行业“创新菜点大赛”中，涌现出一大批优秀的选手和作品。创意酥点就是在传统油酥的基础上改革相关技术、工艺、手法，通过自创小模具，联想更多的图案，从而制作出的创新明酥作品，花篮酥就是其中之一。

【任务目标】

知识目标：能说出立式直酥产品的制作特点。

技能目标：掌握花篮酥的成型技法。

情感目标：理解中式面点技法的多样性，培养学生传承和创新中式面点技术的意识。

【任务实施】

1. 花篮酥的原料与工具

原料：

水油面：中筋面粉 280 克，猪油 40 克，水 140 克

干油酥：低筋面粉 250 克，猪油 135 克

其他原料：植物油适量，栗子酱少许，食用花草适量，细海苔适量，莲蓉馅 20 克（每只），鸡蛋 1 个，山楂条若干，糯米纸适量

工具：刮板，通心槌，擀面杖，毛刷，炸锅，不锈钢管，自制平底漏勺

2. 制作方法

（1）和面、包酥。将低筋面粉 250 克和猪油 135 克擦成干油酥。将中筋面粉 280 克、猪油 40 克、水 140 克调成水油面团。在水油面团中包入干油酥，将包酥后的面团用通心槌擀成厚 0.3 厘米的长方形薄面片。

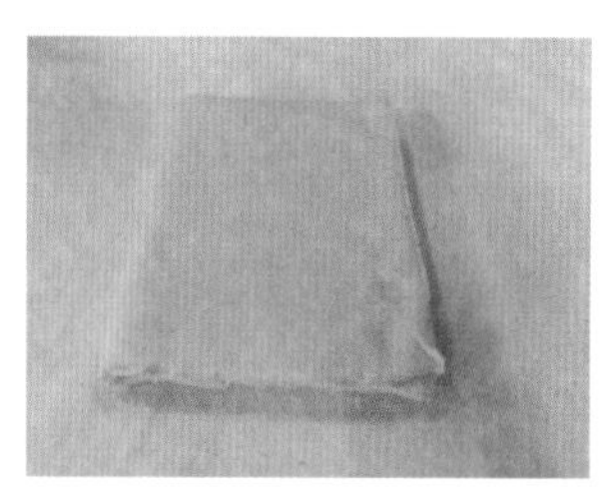

（2）叠酥。将面片两头切平整，叠三折，擀成厚 0.3 厘米的长方形薄片，再叠四折，擀成长方形薄片。用刀切成 6 块长方形面片，叠酥完成。

 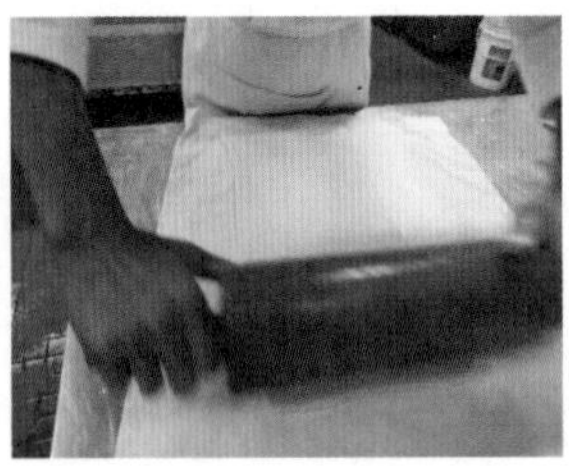

（3）擀皮。将油酥斜切成厚 0.8 厘米的薄片，将薄片用擀面杖擀薄擀大些，然后用刀修整成长 12 厘米，宽 4.5 厘米的长方形面片。

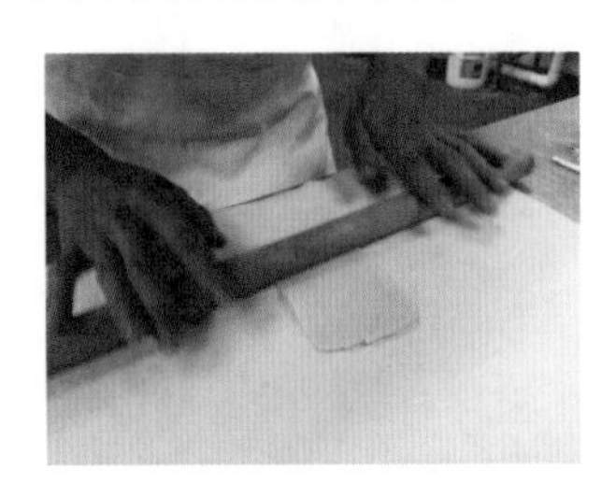

（4）卷酥。在酥皮上放上直径 2.5 厘米，长 6 厘米的不锈钢管，将酥皮卷起，黏合处涂上鸡蛋液。将刷上蛋液的细海苔条在卷好的酥皮两端绕两周，系紧，即为花坛酥生坯。

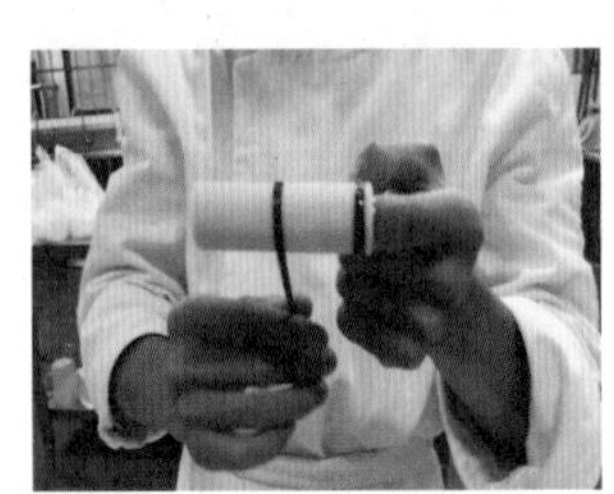 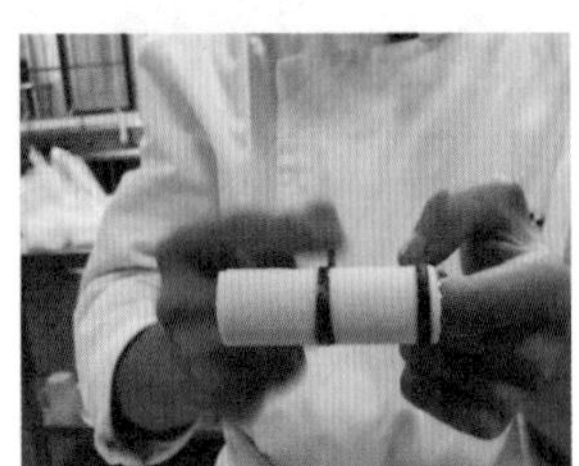

（5）炸制。将生坯放入自制油炸平漏网，锅中倒入植物油，升温至 110℃。下入油酥，充分炸出层次后，转中小火，再升温至 150℃，炸至色泽淡黄后出锅。脱出不锈钢管，在花坛酥表面挤上栗子酱，点缀上食用花草。

3. 花篮酥的成品要求

色泽淡黄，形似花篮，酥层清晰、整齐，口感酥香。

【大师点拨】

（1）开酥时，用力适当、均匀，正反面擀制次数相同。

（2）酥皮厚薄均匀一致，酥面整齐，纹路清晰的一面向外。

【举一反三】

1. 馅心变化：花篮酥可以制作成甜馅，也可以制作成咸馅，还可以做成水果馅。

2. 想一想，在掌握花坛酥基本技术的前提下，还可以拓展什么品种？

花坛酥

任务八　鸡仔饼

“鸡仔饼”是广东四大名饼之一，原名“小凤饼”。小凤饼形状似雏鸡，商标以“小鸡”为记，广州人俗称小鸡为“鸡仔”，故又称“鸡仔饼”。鸡仔饼属于油酥面团单酥浆皮类制品中麦芽糖浆皮类点心。本教材中的这款鸡仔饼，在体现广式传统特色点心的基础上，采用当地特有的食材，在配方、工艺上又进行了大胆创新。

【任务情境】

小明是广州一家饼屋的技术主管，近日他将前往北京探访他多年前的同窗。他打算带上既能体现自己的技艺，又能表达心意，同时还能体现广式点心制作特色的伴手礼。经过考虑，他决定制作鸡仔饼并包装成礼盒送给老同学。

【任务目标】

知识目标：（1）能说出单酥麦芽糖浆皮类点心的特点。

（2）能说出麦芽糖、南乳、山黄皮等原料的特性。

技能目标：（1）掌握鸡仔饼馅心的调制工艺。

（2）掌握鸡仔饼制作的工艺流程。

情感目标：了解地方特色点心的发展史，激发学生传承与创新地方特色点心的意识。

【任务实施】

1. 鸡仔饼的原料与工具

饼皮原料：

面粉 500 克，糖粉 160 克，麦芽糖 500 克，花生油 110 克，食用小苏打 3 克，枧水 10 克，鸡蛋 100 克

馅心原料：

肥肉 1500 克，白砂糖 3000 克，糕粉 1350 克，熟芝麻 500 克，南乳 8 块，三花酒 100 克，盐 70 克，山黄皮 300 克，大蒜 150 克，酱油 100 克，花生油 200 克，五香粉 20 克，胡椒粉 10 克，水约 1350 克

工具：烤箱，刮板，面粉筛，不锈钢盆，毛刷，炒锅，烤箱

2. 制作过程

（1）饼皮制作

面粉过筛、开窝，放入麦芽糖、食用小苏打、糖粉、鸡蛋混合均匀，然后加入花生油、枧水拌和并擦制成面团，醒面 30 分钟。

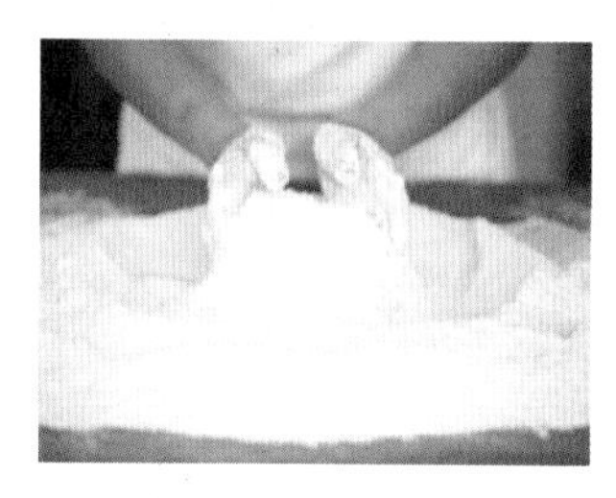
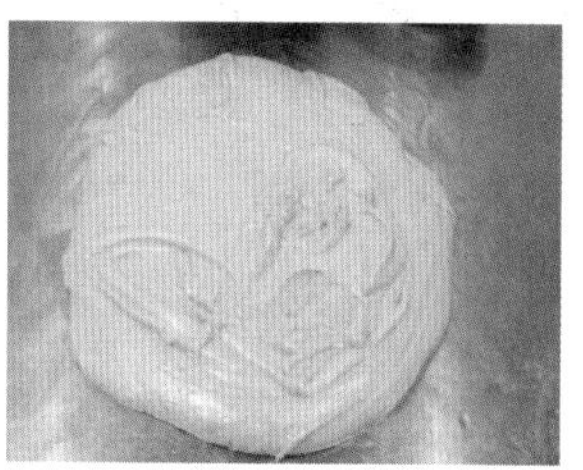

（2）馅心制作

①将肥肉切粒（直径约 3 毫米），用热水焯熟，晾凉，用三花酒腌制，备用。

②将山黄皮洗净，拧干水分后剁碎，按 1：1 的比例与白砂糖炒至糖完全溶解，且表面光滑，即为黄皮糖，出锅待用。

③大蒜剁蓉，备用。

④糕粉与花生油擦匀备用。

⑤将肥肉丁、熟芝麻、南乳、盐、黄皮糖、蒜蓉、酱油、五香粉、胡椒粉拌匀（若水分不够，可适当加水），最后加入糕粉拌匀，静置约 15 分钟即可使用。

（3）下剂、分馅、上馅、成型、涂蛋

按 30% 皮料与 70% 馅心的比例，将皮料与馅料分成大小均匀的粒，用手将饼皮压薄，放入馅心包捏并压扁成饼坯，涂两次蛋液即可。

（4）烘烤

放入烤箱，200~220℃烘烤至饼皮呈棕红色。

3. 成品质量要求

色泽棕红，表面油润，大小均匀，饼皮松脆，馅料甜香。

【大师点拨】

（1）馅心调制过程中，拌入糕粉后静置时要注意判断馅心的软硬度，若偏硬可以淋适量水。软硬适度时应尽快分馅，尽快上馅包捏。

（2）上馅包捏并压扁成型时，应放在两手掌间压扁成直径4~5厘米的生坯，这样的生坯烤制出来其造型才会自然圆润。

【举一反三】

制作鸡仔饼时，如果没有麦芽糖浆只有转化糖浆时，是可以用转化糖浆来代替麦芽糖浆的。如果用转化糖浆代替麦芽糖浆，那么在配方和工艺上要做怎样的调整呢？

模块六　米及米粉类面团

【项目导读】

米及米粉类制品是指米或米粉中掺入水及其他调辅料进行调制，再经成型、熟制而成的制品。按其所用的米类不同，可划分为糯米、籼米、粳米、小米、黄米（黍子）等面团。

米粉面团的制品按其属性可分为糕类粉团、团类粉团、发酵粉团三大类。

糕类粉团是根据成品的性质分为松质糕和黏质糕两类。松质糕粉团简称松糕，是先成型后成熟的品种。黏质糕粉团是先成熟后成型的糕类粉团。

团类粉团制品又叫团子，大体上可分为生粉团、熟粉团。生粉团即先成型后成熟的粉团。其特色是可包入较多的馅心，皮薄、馅多、黏糯，吃口滑润；适做各式汤圆。熟粉团，即将糯米粉、粳米粉加以适当掺和，加入冷水拌和成粉粒蒸熟，然后倒入机器中打匀打透形成的块团；可做椰蓉糍等品种。

发酵粉团仅是指以籼米粉调制而成的粉团。它是用籼米粉加水、糖、膨松剂等辅料经过保温发酵而成的。其制品松软可口，体积膨大，内有蜂窝状组织，如著名的棉花糕、黄松糕、伦教糕等。

在模块五中，我们将学习米及米粉类制品的相关知识和技能，并完成相关的实操任务。遵守行业规范，养成良好的卫生习惯，提高安全生产与节约环保意识，并培养自主学习与探究的精神，能够吃苦耐劳、积极进取，懂得团队协作和与沟通。

任务一　香麻雪花糍

雪花糍是用糯米粉、澄粉、白砂糖等原料混合成粉团，包上香麻馅，经过蒸制成熟后，蘸上椰蓉而成的一道点心。雪花糍既有糯米的香味又有芝麻的香甜，还有椰子的清香，是两广一带的传统点心。

【任务情境】

这天小丽一个人在后厨值班，餐厅服务员匆匆忙忙跑来问她知不知道这样一道点心，并问她能否做出来？服务员描述，点餐的是一位来自广州的老太太。老太太不识字，说菜单上没有这道点心的图片。她是这样跟服务员形容这道点心的：白白净净，香香甜甜，带有椰子的清香，表皮好像裹着一层雪花。小丽听了服务员的描述，想了想，淡定地说，放心下单吧，我这就开始制作这道点心——香麻雪花糍。

【任务目标】

知识目标：能说出米及米粉面团的定义及特点。

技能目标：（1）能够根据不同品种调制适合的米粉面团。

（2）掌握雪花糍的包制方法。

（3）按规定时间完成雪花糍的制作。

情感目标：培养学生良好的职业素养。

【任务实施】

1. 雪花糍的原料与工具

原料：

皮料：糯米粉 100 克，澄粉（熟）45 克，椰子粉 15 克，糖粉 30 克，水 70 克，猪油 20 克，椰蓉 100 克

馅心：莲蓉 150 克

工具：蒸锅，不锈钢盆，保鲜膜

2. 雪花糍的制作过程

（1）调制粉浆。将糯米粉、澄粉、椰子粉、糖粉、猪油、水混合均匀，调成面糊，盖上保鲜膜，放入蒸锅大火蒸 25 分钟。

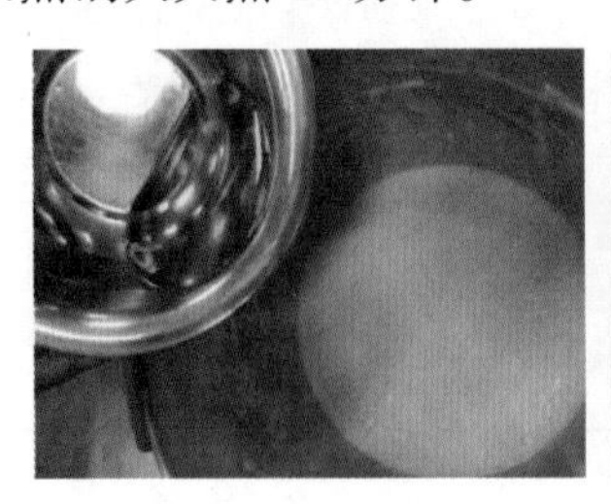
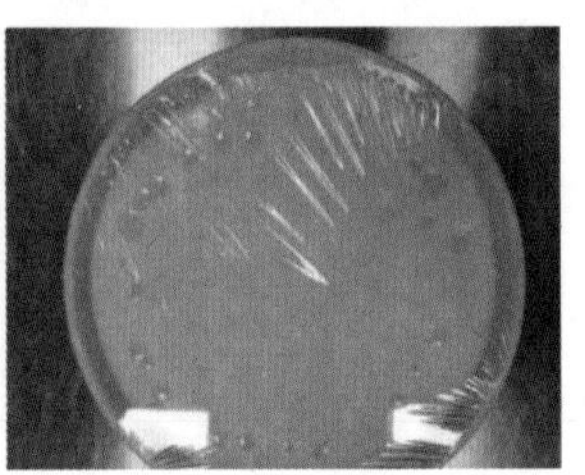

（2）制馅。将莲蓉分成数个剂子，每个约 12~15 克，搓圆备用。

（3）制皮。将蒸熟的面团揉至光滑质地，搓成条，分成数个大小约 25 克的剂子。包入馅心后搓圆，趁热滚蘸上椰蓉即可。

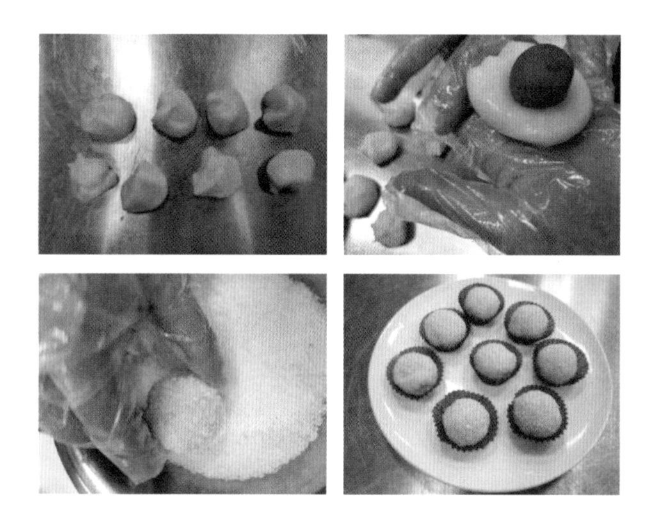

3. 雪花糍的成品要求

成品雪白饱满，香甜不腻。

【大师点拨】

雪花糍的制作关键

（1）面糊搅拌均匀，无颗粒，面糊要过筛。

（2）包制时收口紧实不露馅。

（3）出锅后趁热滚蘸上椰蓉，凉了则粘不上。

【举一反三】

1. 颜色变化

根据季节或口味变化，利用果蔬粉改变面皮的颜色和口感。

2. 馅心变化

莲蓉馅可以换成豆沙馅或其他口味。

任务二 珍珠咸水角

咸水角是用糯米粉、澄粉、白砂糖等原料混合成团，包上由猪肉、笋、香菇、韭黄等原料制成的馅料，经过炸制成熟的一道点心。因表面有像珍珠一样的小气泡，故又名珍珠咸水角，是广州一道有名的点心。

【任务情境】

在后厨单尾岗位实习的花花，今天跟师傅一起值班。师傅告诉她当晚有十桌寿宴，点心是寿桃拼咸水角，让花花负责制作。花花认真回忆咸水角的原料，开始准备起来。

【任务目标】

知识目标： 能说出咸水角的制作原料和工具。

技能目标：（1）能够根据不同面点品种调制适合的面团。

（2）掌握咸水角的成熟方法。

（3）按规定时间完成咸水角的制作。

情感目标： 培养学生良好的职业素养。

【任务实施】

1. 咸水角的原料与工具

原料：

皮料：糯米粉 500 克，澄粉 125 克，开水 175 克，糖粉 150 克，凉水 350 克，猪油 150 克馅心：猪前颊肉250克，虾米50克，三花酒3克，冬笋50克，香菇50克，盐1克，白砂糖1.5克，味精3克，生抽5克，生粉15克，五香粉1.5克，韭黄50克，花生油适量

工具：不锈钢盆，擀面杖，平底不粘锅

2. 咸水角的制作过程

（1）烫面。锅中煮水，将开水和澄粉混合均匀，趁热揉成光滑无颗粒的面团，制成熟澄粉。

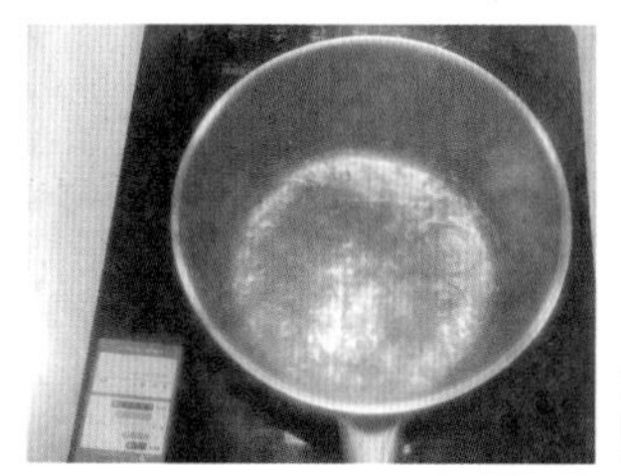

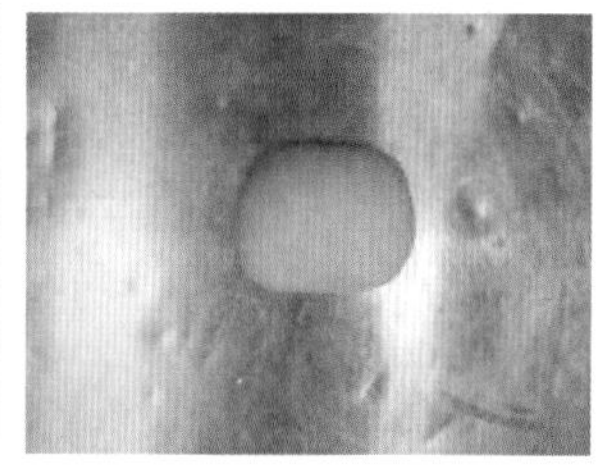

（2）和面。将糯米粉、熟澄粉、糖粉、猪油、凉水混合均匀，搋成光滑的面团。

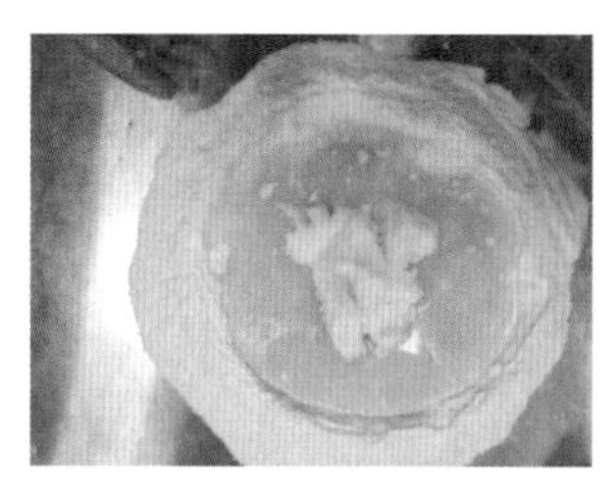
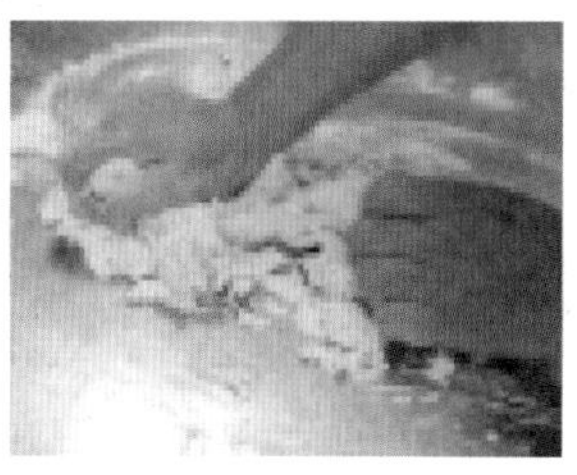

（3）制馅。将虾米洗净，猪肉剁碎，冬笋、香菇、韭黄切粒。热锅，入油炒香后加入猪肉炒散，放入香菇和冬笋粒，炒熟后放入三花酒、盐、白砂糖、味精、生抽、五香粉调味，加入生粉出锅，晾凉后拌入韭黄粒即可。

（4）制皮。将面团分成数个大小约 25 克的剂子，在每个剂子中填入 12~15 克馅心，包成橄榄形生坯。

（5）熟制。锅中倒油，油温升至 150℃时，避火放入生坯，炸至浮起并出现珍珠粒后，中火炸至表面呈金黄色，出锅装盘。

3. 咸水角的成品要求

色泽金黄，橄榄型，表皮有均匀小珍珠泡。外脆内软，馅心香浓，风味独特。

【大师点拨】

咸水角的制作关键

（1）造型佳，大小均匀。

（2）炸制温度适宜。油温低易粘连，油温高不起泡。

（3）馅心调制芡汁不宜太稠，否则不易造型。

【举一反三】

1. 造型变化

根据场景对咸水角的造型做改变，如小鸡、小鸭、老鼠、梨等。

2. 馅心变化

可适当改变馅心用料，改变其风味。

任务三　香麻炸软枣

麻枣是一道用糯米粉、澄粉、白砂糖等原料混合成粉团，包上香麻馅经炸制成熟的点心。

【任务情境】

进入腊月，年味慢慢地浓郁起来了。平时点单率较少的一些点心，随着过年逐渐加单了，比如这道充满芝麻香味，软糯香甜的点心——香麻炸软枣。想到过年不能休假回家，在点心部实习的小迪有些许失落，但是一想到能够把自己制作的美味点心送给那些回家团圆的客人，快乐与满足感让他充满了力量。

【任务目标】

知识目标：能说出香麻炸软枣的制作原料和工具。

技能目标：（1）能够根据不同品种调制适合的面团。

（2）掌握香麻炸软枣的炸制火候。

（3）按规定时间完成香麻炸软枣的制作。

情感目标：培养学生良好的职业素养。

【任务实施】

1. 香麻炸软枣的原料与工具

原料：

皮料：糯米粉 500 克，澄粉 125 克，开水 175 克，糖粉 150 克，凉水 350 克，猪油 150 克

馅心：莲蓉馅 500 克，花生油适量

装饰：白芝麻 150 克

工具：刮板，擀面杖，不锈钢盆，平底不粘锅

2. 香麻炸软枣的制作过程

（1）烫面。平底锅煮水，将开水和澄粉混合均匀，趁热揉成光滑无颗粒的面团，制成熟澄粉。

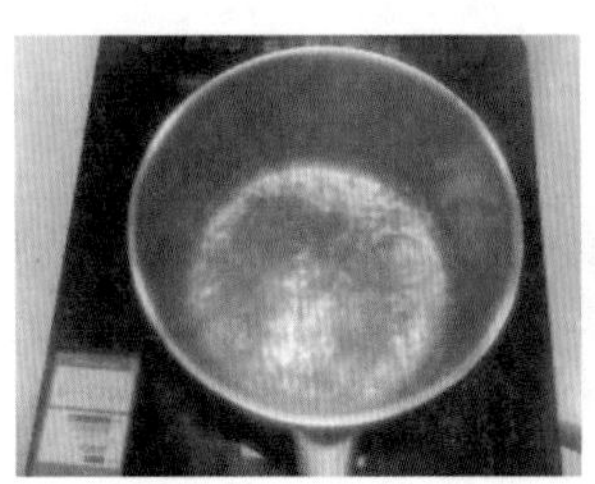

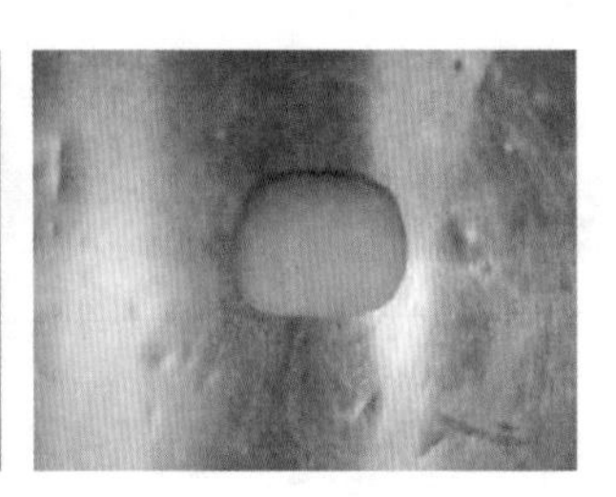

（2）和面。将糯米粉、熟澄粉、糖粉、猪油和凉水混合均匀，搋成光滑的面团。

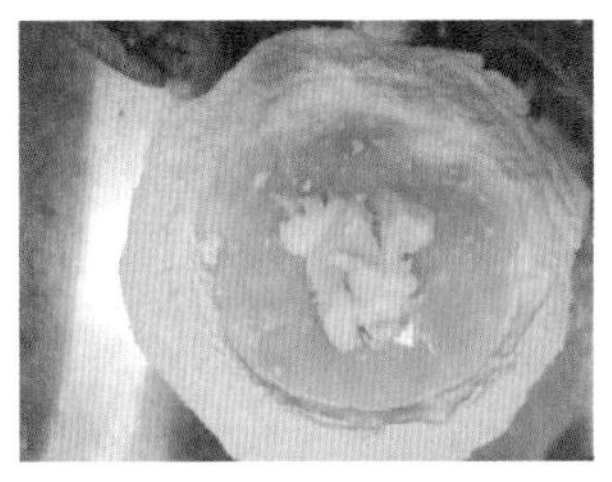 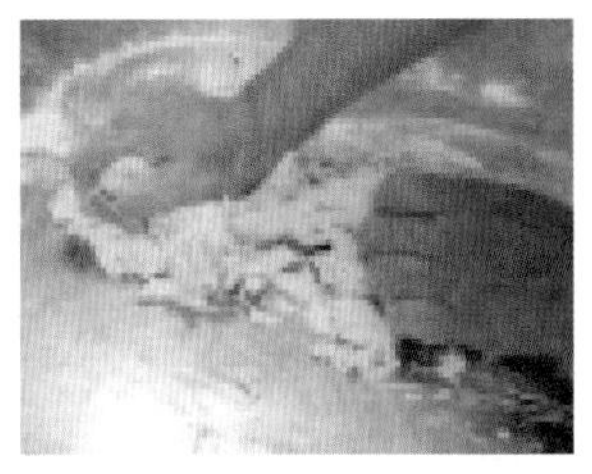 

（3）制馅。将莲蓉馅分成数个剂子，每个约 12 克，揉圆备用。

 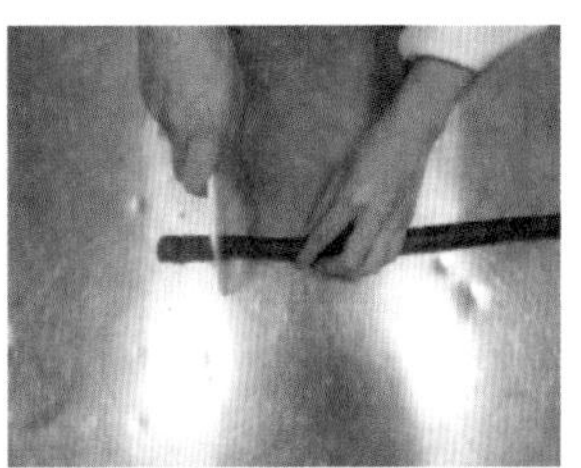

（4）制皮。将面团分成数个剂子，每个约 25 克，放入馅心，包成红枣形生坯，裹上白芝麻。

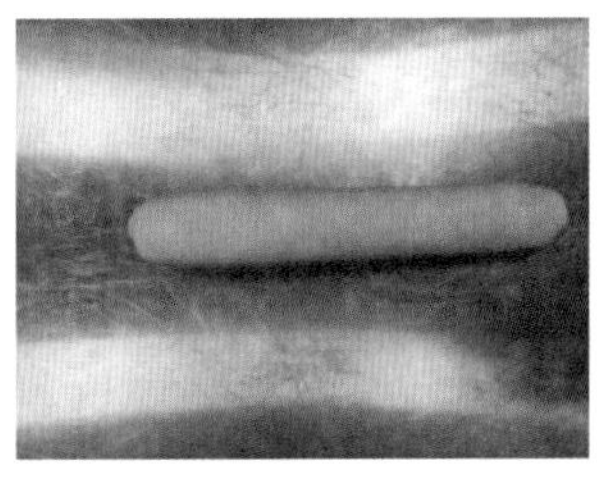 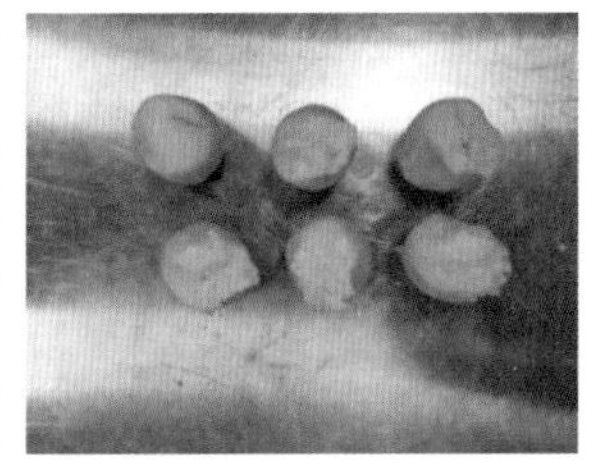

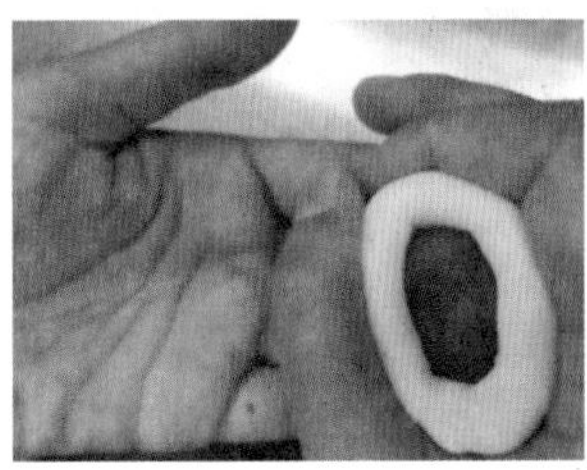 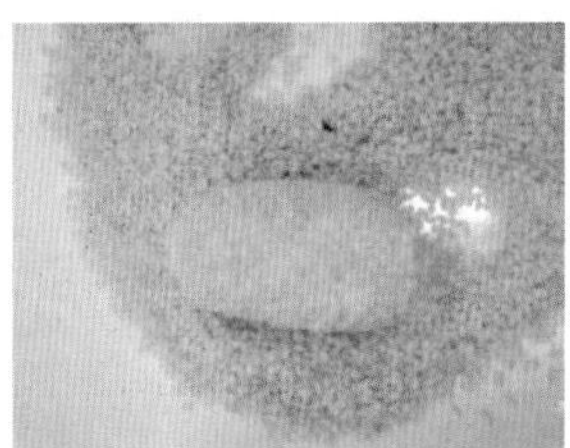

（5）熟制。锅中倒油，待油温升至 130~140℃时，将锅离火，放入生坯，炸至生坯浮起后再加温至 150℃继续炸，至表面呈浅金黄色后捞起。

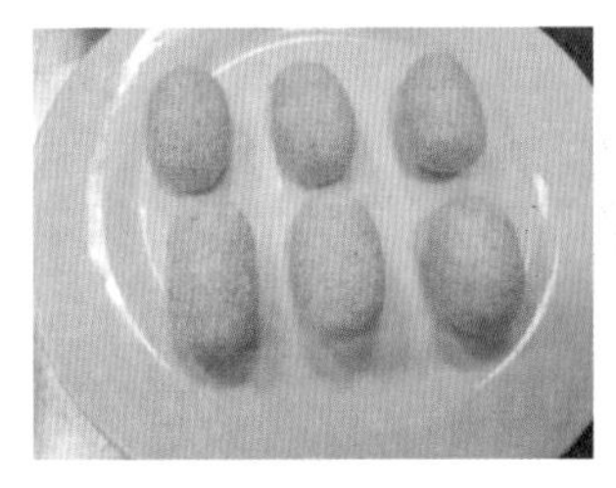 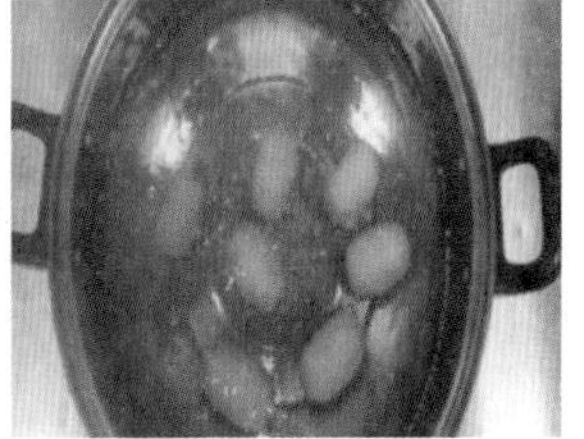

3. 香麻炸软枣的成品要求

成品为红枣形，芝麻分布均匀。颜色为浅金黄色，外皮硬脆内馅软韧。

【大师点拨】

香麻炸软枣的制作关键

（1）制作香麻软枣时，应掌握好面团的软硬度。面团过软，制品不饱满；面团过硬，制品产生裂口，容易露馅。

（2）包馅收口要紧，不宜多搓，以避免渗油影响裹芝麻。

（3）炸制时温度适宜，油温过低易渗油，油温过高不软糯、不起发。

【举一反三】

1. 颜色及造型变化

利用果蔬粉改变面皮的颜色，通过不同的成型（如葫芦形）变化造型。

2. 馅心变化

可适当改变馅心主辅料，改变其风味，如换成紫薯馅、奶黄馅等。

任务四　雨花石汤圆

【任务情境】

小楠到南京的酒店实习已经大半年了，刚刚成为中厨面点房的正式员工。今年元宵节，主管已经交代下来要主推汤圆，案板岗位上的小楠，当天至少要准备200人份的汤圆。让我们看看小楠如何制作吧。

【任务目标】

知识目标：能说出雨花石汤圆的制作原料和配比。

技能目标：（1）能够调制合适的面团。

（2）掌握雨花石汤圆的成型方法。

（3）在规定时间完成雨花石汤圆的制作。

情感目标：培养学生良好的职业素养。

【任务实施】

1. 雨花石汤圆的原料与工具

原料：

皮料：糯米粉250克，澄粉125克，糖粉50克，可可粉5克，抹茶粉5克，水240克，猪油20克

馅心：豆沙馅150克

工具：平底锅，不锈钢盆，擀面杖，刮板

2. 雨花石汤圆的制作过程

（1）烫面。平底锅煮水，将开水和澄粉混合均匀，趁热揉成光滑无颗粒的面团，制成熟澄粉。

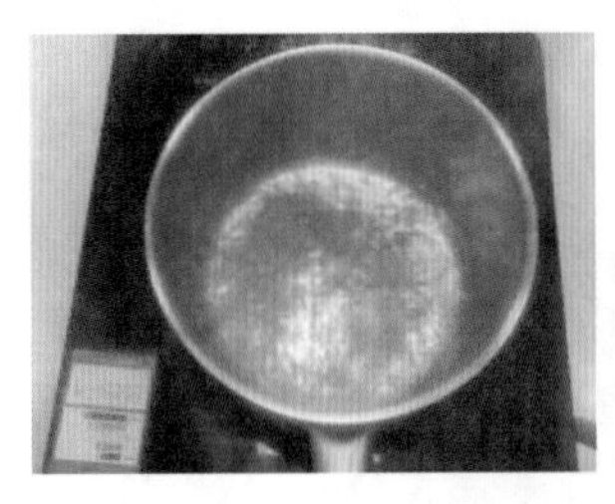  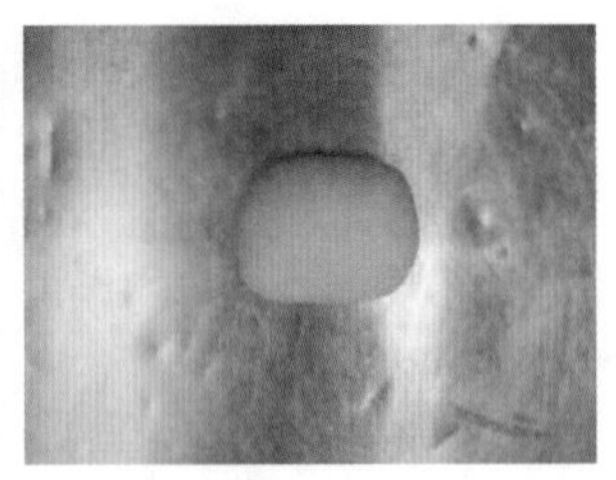

（2）和面。将糯米粉、猪油、水、熟澄面混合均匀，搋成光滑的面团。

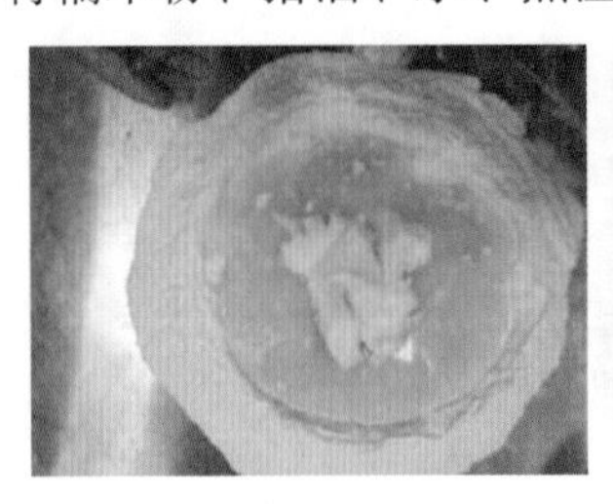 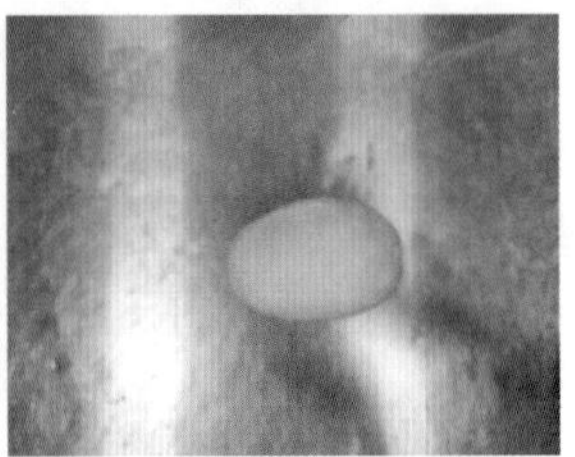

（3）取一小块面团与可可粉混合成可可色面团。另取一小块面团与抹茶粉混合成绿色面团。将三种颜色的面团分别擀开、叠起。

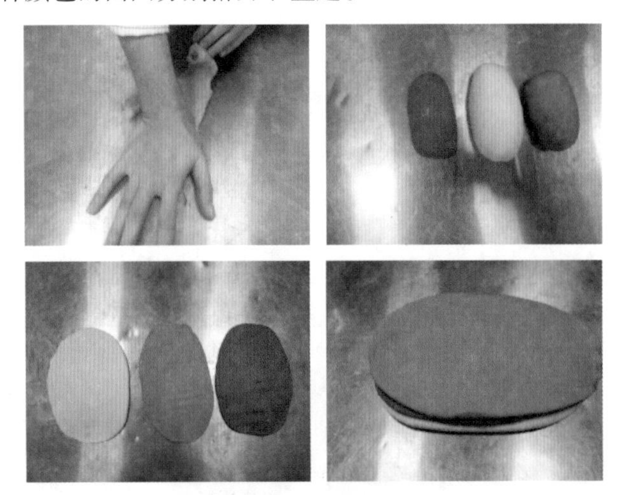

（4）将三色面团切开、叠起，再切成直径约 3 厘米的面片，揉成长条。

 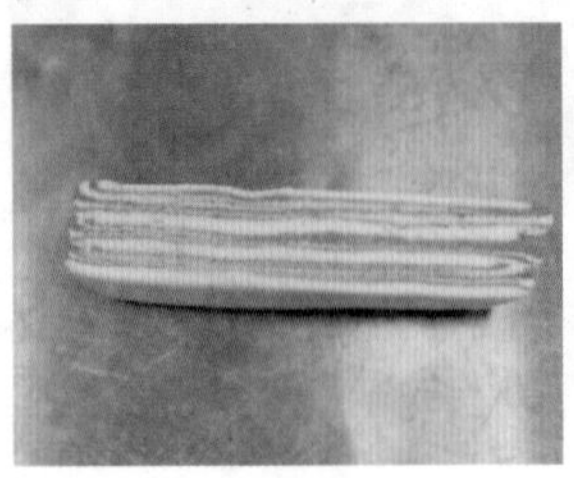 

（5）制馅。将馅心分成数个剂子，每个约 12 克，搓圆备用。

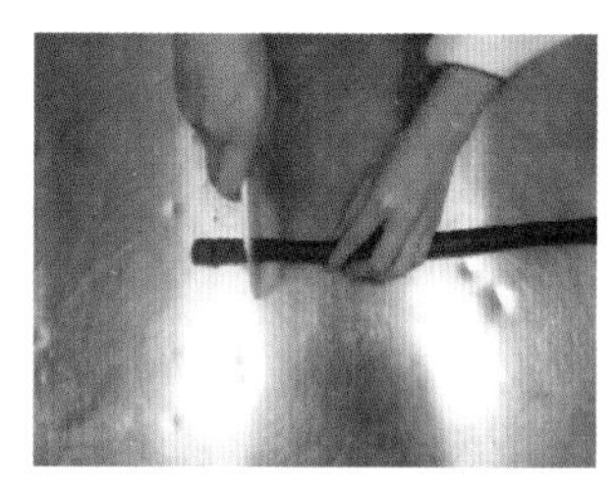

（6）制皮。将三色面团分成数个剂子，每个约 25 克，每个剂子中包入 12~15 克馅心，包成圆形。

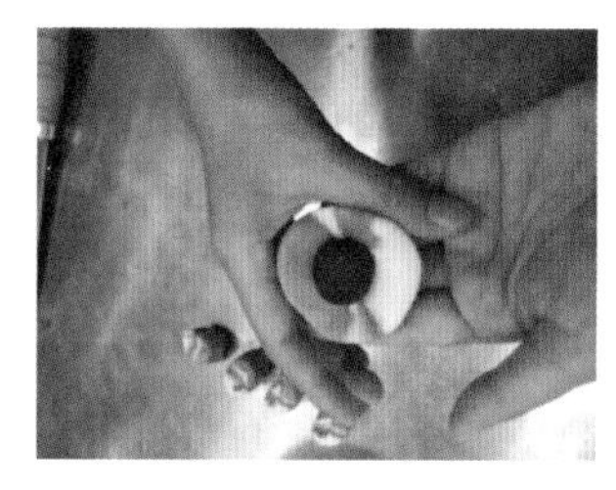
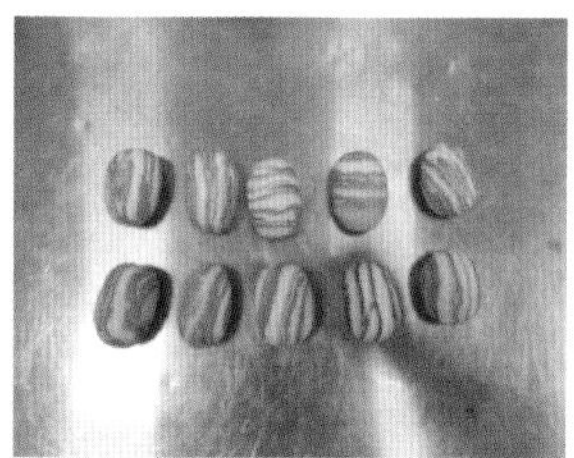

（7）煮熟。锅中加水烧开，放入雨花石汤圆生坯，煮至浮起，再略煮至熟透后捞起装盘。

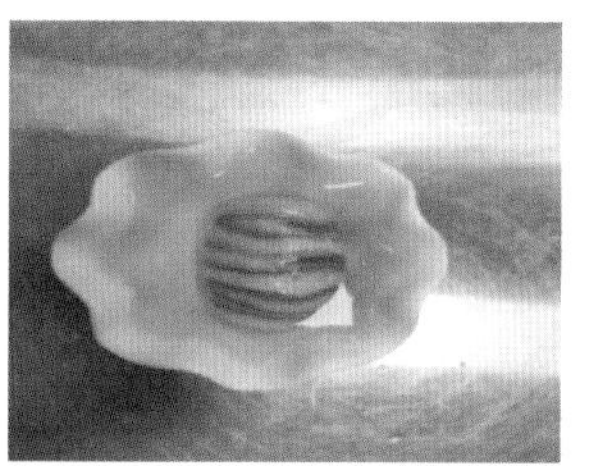

3. 雨花石汤圆的成品要求

大小均匀，表皮光滑，色彩花纹自然，形似雨花石。

【大师点拨】

雨花石汤圆的制作关键

（1）面团光滑，白色面团要比彩色面团多，白色面团和彩色面团的软硬度要一致。

（2）包馅时收口要紧，馅心比例适当。

（3）煮水量要足，开水下入生坯，不宜过多搅动，避免煮塌陷。

【举一反三】

1. 颜色变化

雨花石色彩变化无穷，可以使用多种色彩搭配，但要注意白色面团的比例。

2. 馅心变化

汤圆和元宵的馅心可咸可甜，可根据口味做变化。

模块七　其他类面团

【项目导读】

其他类面团主要是指利用薯类（块茎类蔬菜）、淀粉类、豆类等原料与面粉、米粉等粮食类粉料调制而成的面团。这类面团的制法通常先将薯类原料改刀，经上笼蒸熟，去皮成泥，最后加入面粉、米粉等粉料调制成团。常用的薯类原料有土豆、红薯、芋头、山药、南瓜等，馅心常采用咸馅中的菜肉馅和甜馅中的蓉沙类馅心。用其他类面团制作的点心通常可做早茶茶点。

任务一　马蹄鲜虾饺

虾饺是广式点心的代表作品。马蹄鲜虾饺是以澄粉为皮，马蹄肉粒、鲜虾肉为馅，采用“拍”成皮、“捏”成型、“蒸”成熟的制作方式精制而成。成品面皮软韧有弹性，馅心鲜香可口。

【任务情境】

小明是广州一家四星级酒店中餐部面点班负责早茶点心制作的师傅。一天，酒店里来了一批特殊的客人，他们是来自江苏扬州一家茶社的淮扬点心师傅。扬州人素有早上喝茶吃点心的习惯，师傅们这次到广州专程来学习广式早茶的制作，并借鉴广式早茶的制作特点来发展淮扬点心。小明负责这次接待、培训工作，今天，他为扬州的点心师傅们带来一款广式早茶点心——马蹄鲜虾饺。

【任务目标】

知识目标：（1）掌握澄粉及澄粉面团的概念。

（2）理解澄粉面团的特点。

技能目标：（1）会调制澄粉面团。

（2）掌握马蹄鲜虾饺的成型手法。

（3）了解马蹄鲜虾饺馅的制作过程。

情感目标：（1）体验成功制作该产品的愉悦，加深对广式点心“食材多样”的理解。

（2）以小组为单位来完成实训任务，培养学生团结协作精神以及团队合作能力。

【任务实施】

1. 马蹄鲜虾饺的原料与工具

原料：

皮料：澄粉 500 克，生粉 180 克，开水 850 克

馅料：马蹄 150 克，猪肥肉 200 克，虾肉 1000 克

调味料：麻油 30 克，胡椒粉少许，生粉 15 克，白砂糖 30 克，味精 20 克，盐 12 克，猪油 30 克（后下）

工具：擀面杖，刮板，菜刀，蒸锅，毛巾，不锈钢盆

2. 制作过程

（1）新鲜马蹄洗净去皮，切细粒；肥猪肉洗净焯水，切细粒。

（2）将虾肉略用冰水冲洗，迅速用干净的毛巾吸干水分，然后用盐擦至起胶，再加入所有调味料稍擦，最后放入猪油拌匀，放入冰箱冷藏。

（3）将澄粉冲入开水至熟，稍凉后搓匀，再放入生粉搓匀，粉料不能太热，否则不易开皮。

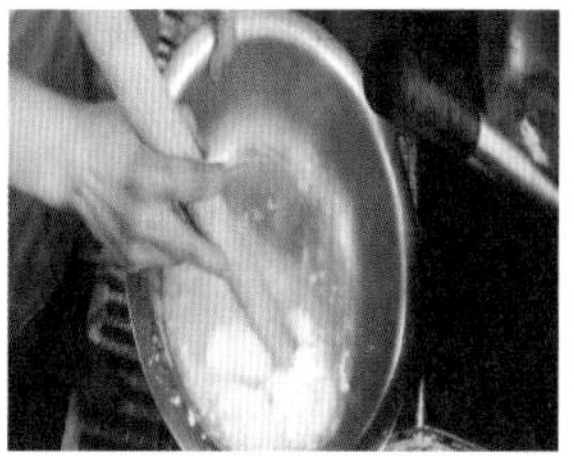

（4）将粉团搓条、下剂，用刀将剂子拍成直径 8 厘米，厚薄一致的圆皮。

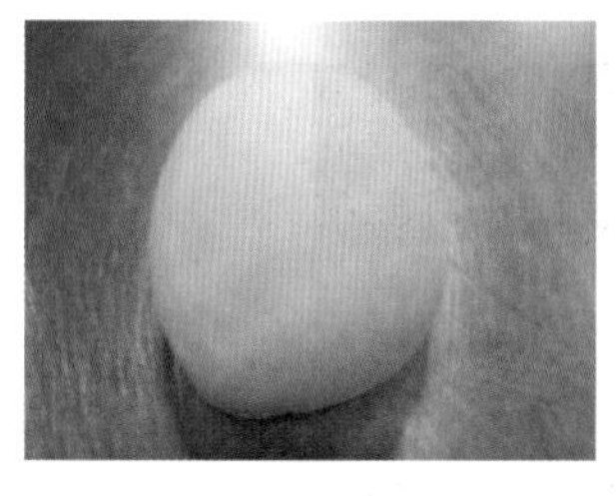
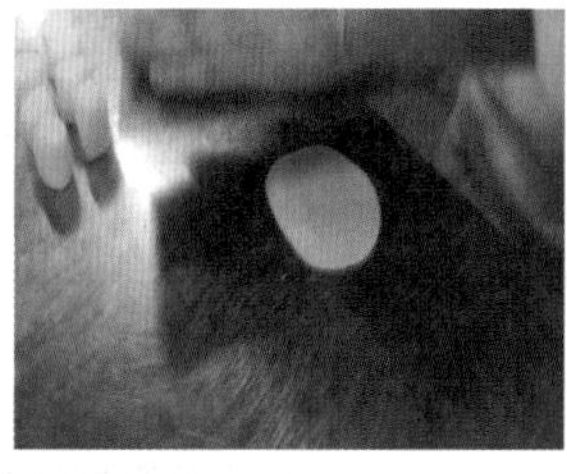
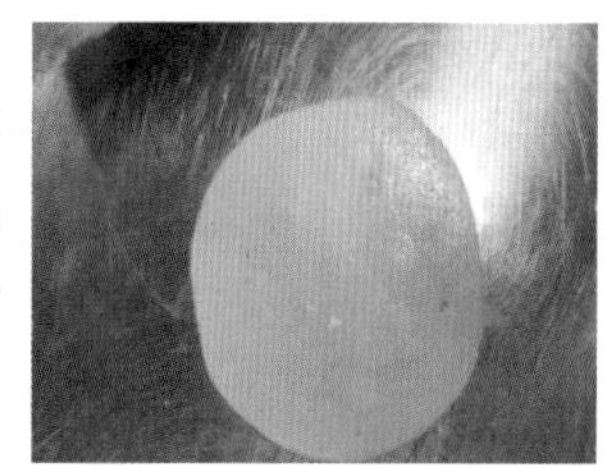

（5）在圆皮中包入 20 克馅料，捏成弯梳形，折 13 褶，放入抹好油的蒸托上，入蒸锅以大火蒸 5 分钟。蒸熟后稍放凉再进食，这样澄粉皮才会爽口、有韧度。

  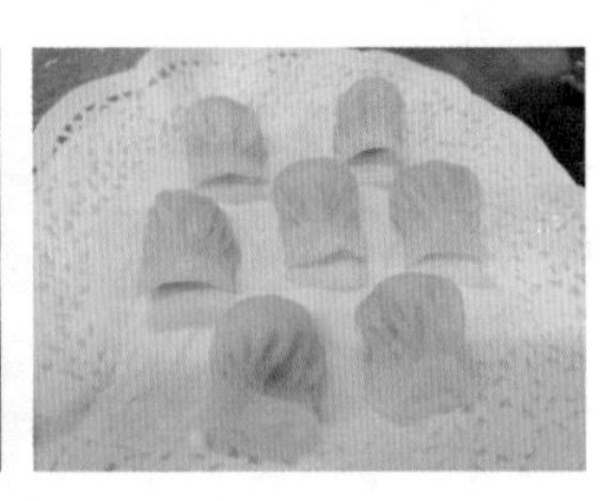

3. 成品质量要求

出形美观，形似弯梳，饺皮呈半透明色，馅心色泽嫣红且隐约可见，口感爽口滑嫩，味道浓郁鲜美。

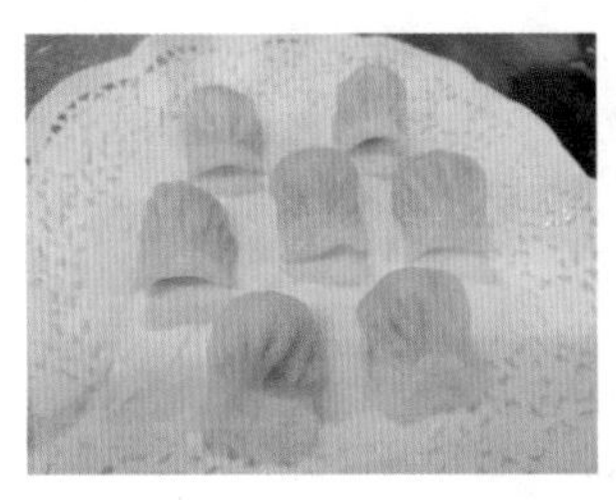 

【大师点拨】

（1）在用刀拍皮前，在抹好油的案台上再拍上一层薄薄的油。

（2）虾饺推捏成型时，右手大拇指保持固定位置不动，用左手食指把澄粉皮向右推，右手食指顺势折叠并与右手大拇指共同将澄粉皮捏紧。

（3）鲜虾不适合即时拆肉，因为虾肉会紧贴虾壳，剥壳时容易将虾肉剥烂。建议先把虾放入冰箱冷冻1~2小时，待虾壳和虾肉分离后较容易剥开。

【举一反三（创意引导）】

除了虾蛟，还有哪些广式点心是用澄面皮做坯皮的?

任务二　潮州粉粿

潮州粉粿是用淀粉包裹虾仁、猪肉等拌成馅料，做成角形蒸制而成。成品皮薄、馅软、呈半透明，肉眼看见角内的馅料，内馅鲜美甘香，是广东潮汕地区的传统点心。

【任务情境】

小明是潮州一家酒楼的早茶师傅。一天早晨，酒楼来了几位头发花白的老爷爷，一经询问，才得知他们是从台湾回乡的退伍老兵，小明在他们的脸上看到了“少小离家老大还，乡音未改鬓毛衰”的沧桑。不多说，小明即刻给他们呈上了一道“潮州粉粿”，以解他们的思乡之情。

【任务目标】

知识目标：能说出澄粉面团粉粿皮和虾饺皮的原料配比差异。

技能目标：（1）掌握粉粿馅心的制作。

（2）掌握潮州粉粿的成型手法。

情感目标：通过学习潮州粉粿了解澄粉皮的多种使用方法，激发学生对广式点心“坯皮多样”的理解。

【任务实施】

1. 潮州粉粿的原料与工具

皮料：生粉 250 克，澄粉 250 克，开水 700 克，猪油 15 克

馅料：凉薯 500 克，冬菇粒（湿）40 克，腩肉粒 150 克，虾米（湿）40 克，猪油 40 克，花生油 30 克，葱绿 11 克，葱白（炸香）11 克，韭菜粒 110 克，花生碎 40 克，香芹粒 40 克

调味料：白砂糖 20 克，精盐 7.5 克，味精 15 克，麻油 4 克，生抽 10 克，蚝油 5 克，胡椒粉少许，料酒适量

工具：擀面杖，刮板，蒸锅，不锈钢盆，煎笼

2. 制作过程

（1）粉粿皮制作

将生粉 100 克、澄粉、水调匀，变成“水胆”，再慢慢地“撞”入开水，快速搅成膏状。稍凉后加入剩余生粉搓匀，再加入猪油搓匀，即成粉团。

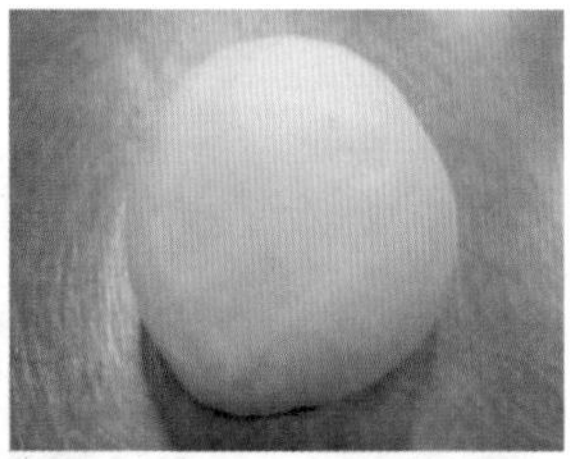

（2）馅料制作

将凉薯、腩肉、冬菇、虾米分别氽水，用猪油和花生油分别爆香葱绿和葱白至金黄色，去除葱渣，放入已氽水的材料炒香，下入料酒及调味料煮熟。将生粉加少许水调成芡汁，倒入锅中，成型前加入花生碎、韭菜粒和香芹粒。

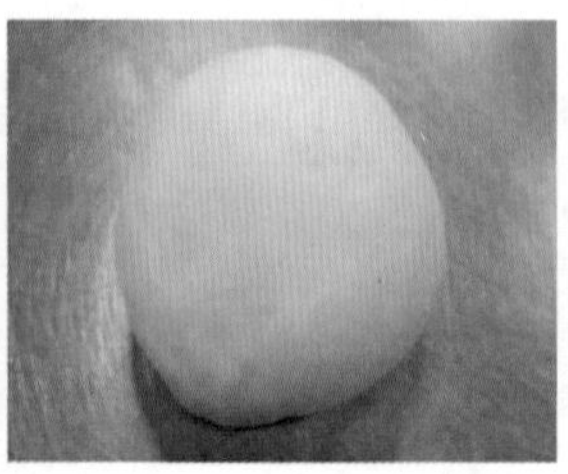

（3）成型、熟制

将粉团下剂，每个约 20 克，将剂子压薄后擀成直径约 9 厘米的圆皮，每个皮中包入 20 克馅心，推捏成鸡冠状，放入蒸笼以大火蒸 5 分钟即可。

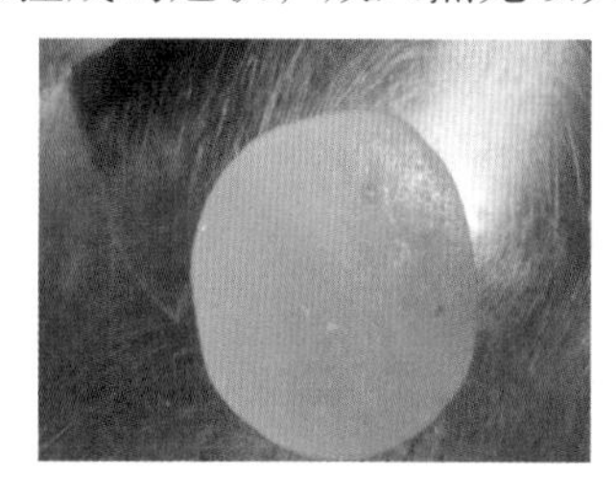

3. 成品质量要求

外形为鸡冠形，面皮晶莹透明，口感软滑且有韧性，馅料润滑，味道香而爽口。

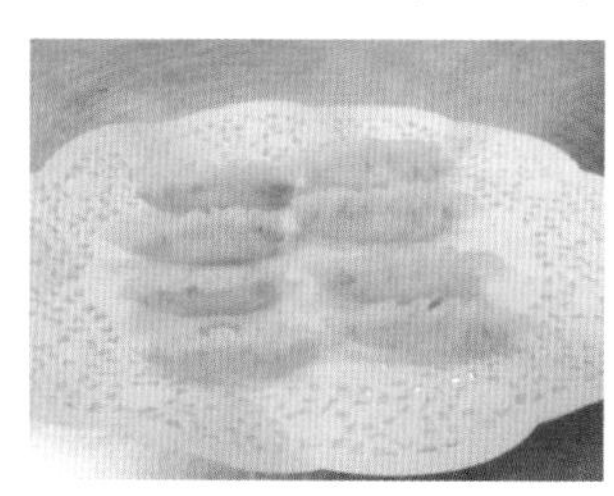

【大师点拨】

（1）成型时注意双手配合，且收口处要收紧，否则成品易裂口。

（2）控制好蒸制时间，蒸得太久接口会裂开。

【举一反三】

了解另一种粉粿品种——娥姐粉粿的制作方法与潮州粉粿的异同。

任务三　蜂巢芋头角

蜂巢芋头角是用芋泥作皮，将猪瘦肉、虾肉、冬菇等炒熟后作馅，包制成角形，下锅油炸而成。炸制后呈紫黄色，表层小眼密布，形状仿如蜂巢。食之外酥脆里软嫩，咸香适口。

【任务情境】

阿芳是一家酒店的面点师傅。一年一度的职工技能大赛马上就要举行了。作为参赛的面点选手，阿芳结合现代人健康饮食的理念，决定制作一款植物皮类品种的点心。植物皮类主要是由芋头、马铃薯、南瓜等富含淀粉类的原料为主料而制作的，主要品种有蜂巢芋头角、香煎薯饼、南瓜饼等。几经考虑，阿芳决定采用“蜂巢技术”制作蜂巢芋头角参赛。

【任务目标】

知识目标：能说出蜂巢芋头角的由来。

技能目标：掌握蜂巢芋头角的制作方法。

情感目标：体验成功制作蜂巢芋头角的喜悦，培养学生善用本地时令瓜果蔬菜制作点心的意识。

【任务实施】

1. 蜂巢芋头角的原料与工具

芋角皮原料：芋头（净肉）600 克，澄粉（烫熟）450 克，猪油 250 克，盐 7.5 克，味精 11 克，五香粉 2 克，臭粉 4 克，麻油 40 克

 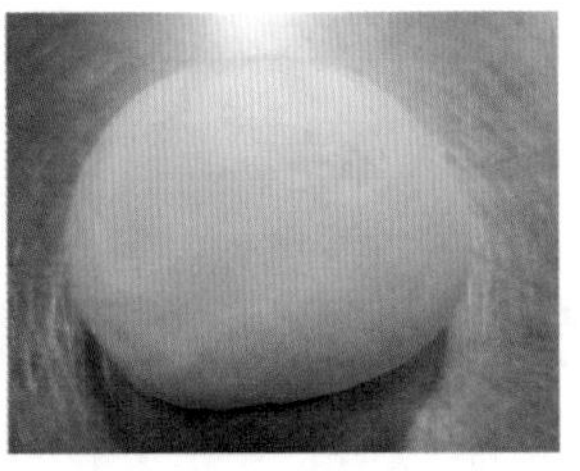

芋角馅原料：鸡肉粒 120 克，瘦肉碎 150 克，冬菇粒 120 克，大虾粒 150 克，叉烧粒 120 克

芋角馅调味料：花生油 40 克，蒜蓉 2 克，料酒 7.5 克，盐 7.5 克，白砂糖 20 克，味精 12 克，蚝油 11 克，鸡汤 150 克，鸡蛋 1 个（打匀，后下），麻油 2 克（后下），葱花 7.5 克（后下）

工具：煎锅，菜刀，不锈钢盆，蒸锅

2. 制作过程

（1）芋角皮

将芋头隔水蒸熟，用刀背碾成蓉。将熟澄粉与芋头蓉擦匀，放入冰箱稍冷冻，之后放入盐、味精、臭粉、五香粉拌匀，再倒入麻油，最后用猪油擦匀。

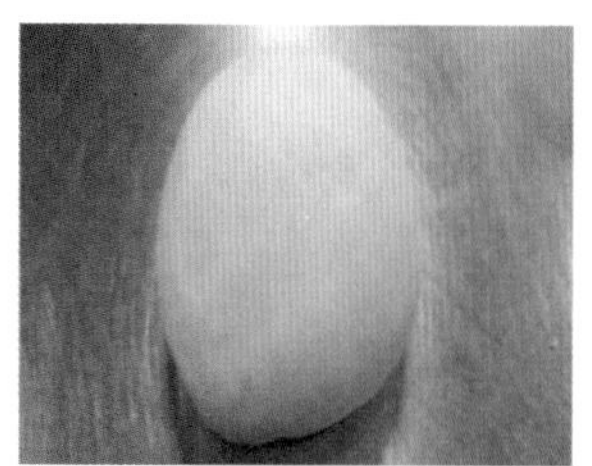

（2）芋角馅

把鸡肉粒、瘦肉碎、大虾粒分别用花生油炒熟。将冬菇粒和叉烧粒用开水滚煮 3 分钟后过冷水。起锅，用花生油爆香蒜蓉，再放入馅料，淋上料酒炒香。再倒入鸡汤、盐、白砂糖、味精、蚝油，倒入鸡蛋液，用锅铲推匀，再下麻油和葱花炒透，放凉备用。

（3）成型熟制

用芋角皮包馅，包成橄核形，用 220℃油温炸至金黄色。

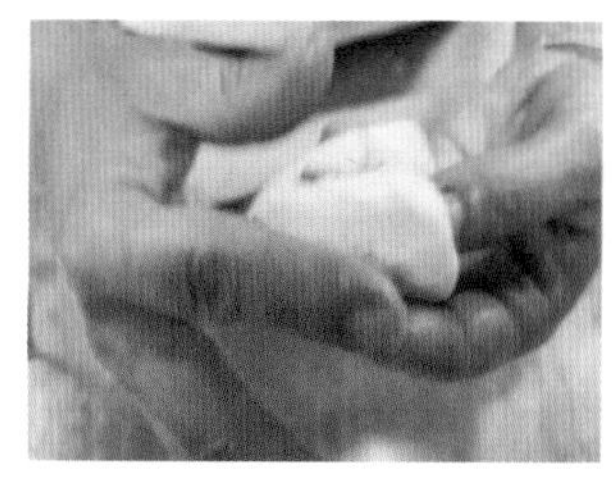

3. 成品质量要求

形似蜂巢，表面有蜂窝状细丝，食之外皮酥脆内馅湿润软香。

【大师点拨】

（1）生坯尽量制成即炸，不要静置时间过长，否则易返软，影响起发。

（2）选用粉质细腻、淀粉含量高的芋头。若粉质不好，应适量减少澄粉或多放油。

（3）油温要掌握好，油温低，色泽不明显，成品松散；油温过高，不易起蜂巢。

【举一反三（创意引导）】

有一种茶点叫“蜂巢蛋黄角”，也是起“蜂巢”的茶点。请查阅相关资料，了解蜂巢蛋黄角的制作方法，想一想为什么蜂巢蛋黄角也能起蜂巢？

任务四　象形雪梨果

象形雪梨果以土豆泥为主料，以咸味细粒熟馅为馅心，包捏成雪梨状，炸至成熟。

【任务情境】

小明是一家粤式茶楼的点心师傅。茶楼后厨规定，点心师傅要定期推出茶点新品种。小明从业七年，他擅长利用各种杂粮原料制作象形点心。经过多番思考，他决定用土豆泥面团制皮，以咸味为馅，制成形如雪梨的茶点。同时，他一改以往用杂粮粉制作雪梨表皮斑点的方法，改用面包糠装饰表皮。

【任务目标】

知识目标：能说出关于土豆的基本知识。

技能目标：掌握象形雪梨果的成型手法。

情感目标：通过学习利用其他类面团制作象形点心，进一步理解中式面点技艺的多样性，激发学生热爱中国烹饪技术的情感。

【任务实施】

1. 象形雪梨果的原料与工具

坯皮原料：澄面（熟）150 克，土豆泥 150 克

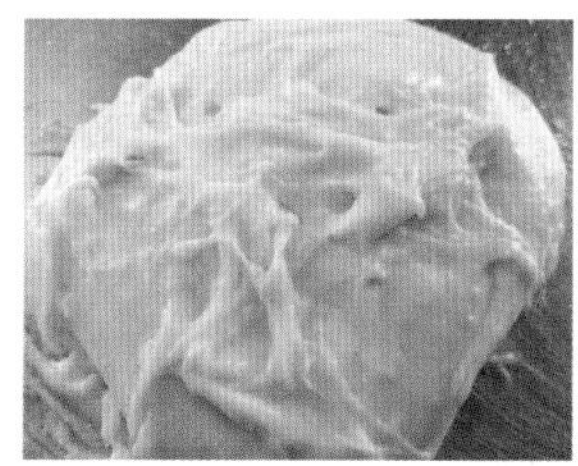

馅料：细粒熟馅（自选）500 克

辅料及调味料：面包糠少许，香菇（切条），鸡蛋 1 个，盐 3 克、味精 2 克、猪油 20 克

工具：不锈钢盆，刮板，蒸托，煎锅

2. 制作过程

（1）调制面团

将土豆泥掺入烫好的熟澄面中，再掺入猪油、盐、味精，擦匀。

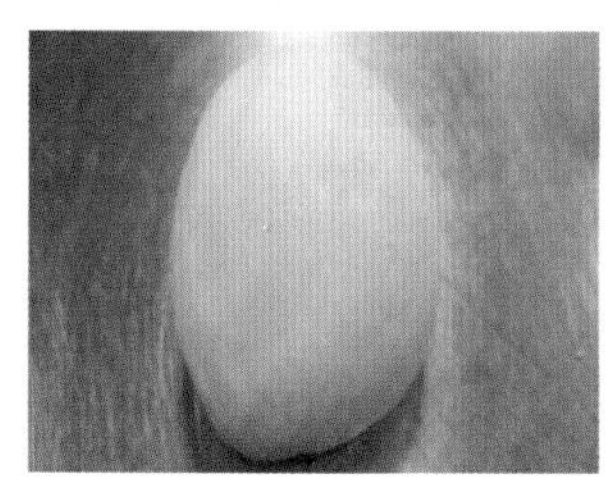

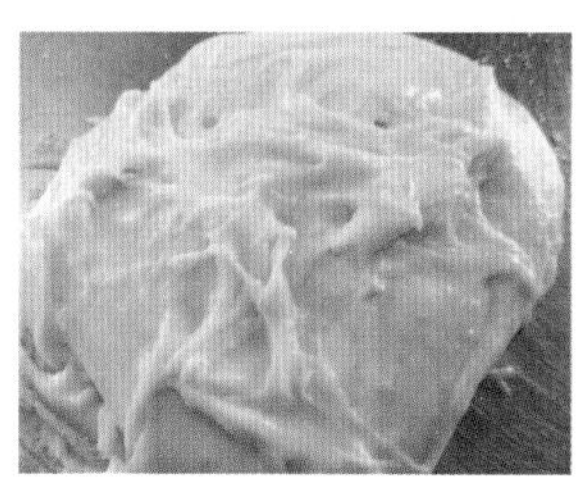

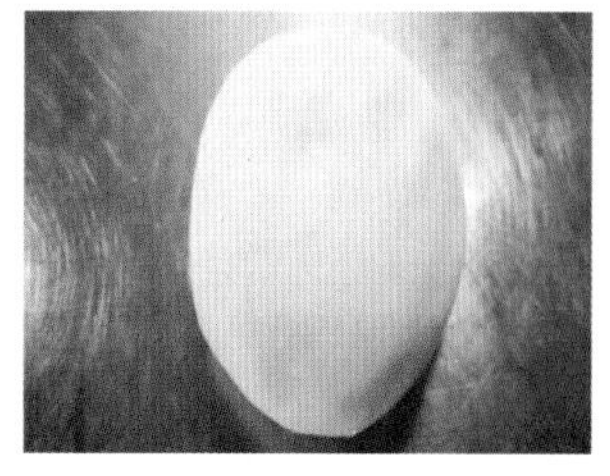

（2）包捏成型

将面团切成数个剂子，每个约25克，包入细粒熟馅15克。先包成圆团，再捏成梨形，顶部插入香菇条，表面蘸上鸡蛋液，滚蘸上面包糠，再用手揉搓光洁，即成象形雪梨果生坯。

（3）熟制

将生坯放入110℃温油的锅中炸至金黄色且熟即可。

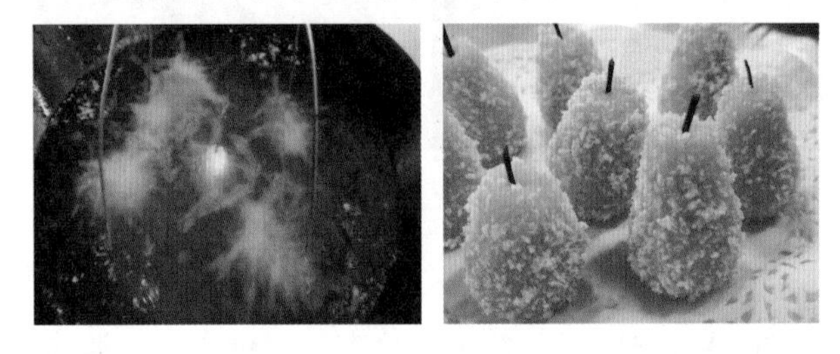

3. 成品质量要求

表皮呈淡黄色，形态一致，大小均匀，口感香、脆、松。

【大师点拨】

（1）土豆须蒸熟、蒸透。

（2）压泥时要压细腻。必要时用纱布或致密的网格过滤。

（3）面团要软硬适中，不宜过硬。

【举一反三（创意引导）】

1. 馅心除了用细粒熟馅，还可以选用什么馅心？
2. 如果不蘸面包糠，可以换成其他原料吗？

任务五　清香南瓜饼

清香南瓜饼是以南瓜为主要原料，将其制成南瓜蓉后与糯米粉、白砂糖、猪油等调制成南瓜饼粉团，包入馅心（也可不包馅）制成饼后炸制（亦可煎、可蒸）而成，常作为小吃，也可作为席点供应。

【任务情境】

小明是一家酒店的面点师傅，他很擅长利用本地食材制作客人喜爱的面点品种，如南瓜大馒头等。经过多次试做，小明决定采用南瓜、糯米为主料制成杂粮类面团，采用炸的方法熟制。这种点心既可以作为主食，也可以作为茶点推荐给客人。由此，“清香南瓜饼”应运而生。

【任务目标】

知识目标：掌握以瓜果蔬菜为原料的米粉类面团的制作方法。
技能目标：（1）掌握南瓜饼面团的调制。
（2）掌握炸制技巧。
情感目标：培养学生善用时令瓜果蔬菜制作中式点心的意识。

【任务实施】

1. 南瓜饼的原料与工具

原料：南瓜泥（蒸熟）500 克，糯米粉 400~500 克，澄粉（熟）100~150 克，白砂糖 150 克，猪油 30 克，莲蓉适量

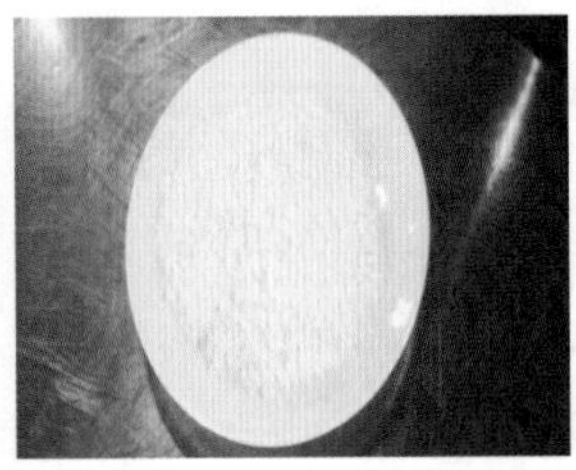

工具：刮板，煎锅

2. 制作过程

（1)在南瓜泥中依次加入糯米粉、白砂糖、熟澄粉、猪油擦至纯滑，即成南瓜蓉面团。

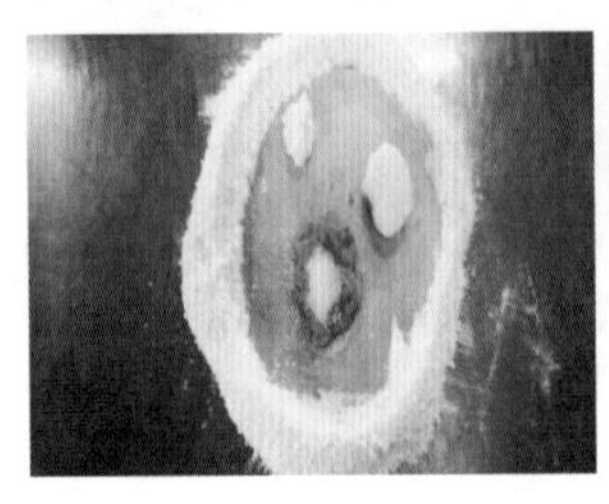

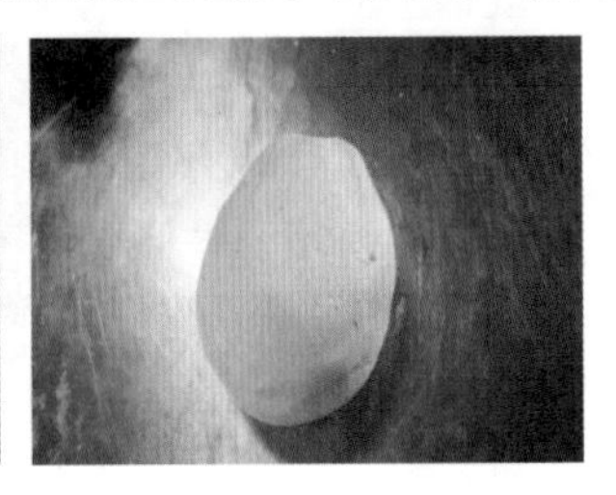

（2）将面团均匀出剂，包入馅心，捏成饼坯待用。

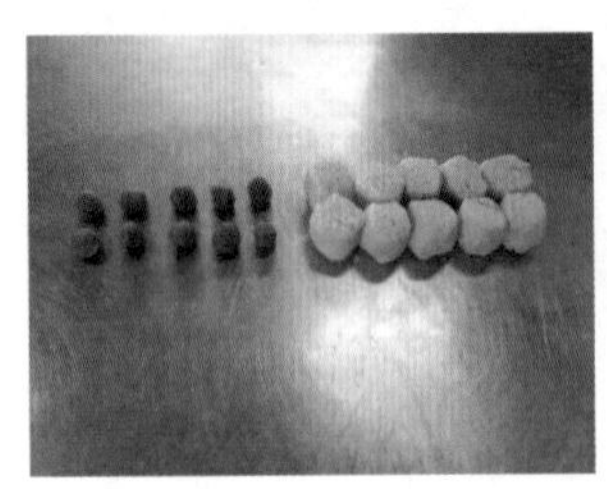
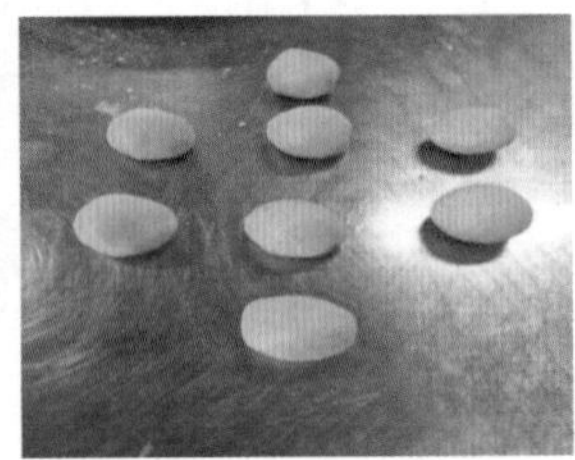
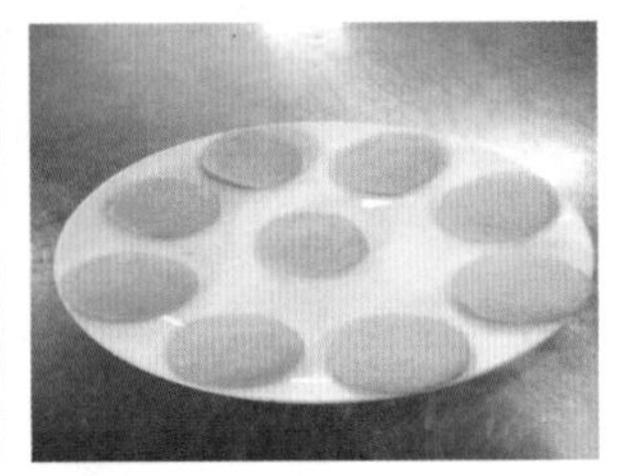

（3）将饼坯放入约 140℃的热油中炸至金黄色且熟即可。

（4）将炸熟的制品摆入盘内，加以点缀即可上席。

3. 成品质量要求

色泽金黄，外酥脆，里软糯，味香甜。

【大师点拨】

（1）选择老南瓜作原料，水分少，色泽黄。

（2）面团要搓擦均匀，否则上馅时面团易干裂。

（3）选用水磨糯米粉，粉质细腻、爽滑。

（4）要根据南瓜泥的含水量来调整糯米粉的添加量。

【举一反三（创意引导）】

（1）除了用炸的方法制作清香南瓜饼，想一想还可以用什么熟制方法来制作？

（2）学习制作了清香南瓜饼，大家还可以试做香煎土豆饼等。

任务六　象形胡萝卜角

象形胡萝卜角是采用胡萝卜汁为原料，与糯米粉搓擦成面团后包入馅心，并搓成胡萝卜造型，采用炸制的方式制成的广式象形点心。通过学习该面点的制作，同学们可以学会以果蔬汁为主要原料调制糯米面团制作象形点心的基本工艺流程。

【任务情境】

小明在一家酒楼工作，周末时经常有家长带孩子来喝早茶。小明是个有心人，他想开发一款适合小朋友吃的点心，他随即想到了用胡萝卜汁为原料，以胡萝卜为基本造型制作一款象形点心，一则胡萝卜含有大量的维生素A，有利于小朋友的视力健康；二则象形胡萝卜的色泽和可爱造型可以促进小朋友的食欲。果然，小明制作的“象形胡萝卜角”一经推出便深受小朋友的喜爱，为酒店招来不少回头客。

【任务目标】

知识目标：能说出胡萝卜的营养成分和常用的食用方法。

技能目标：（1）掌握象形胡萝卜角的成型手法。

（2）掌握“炸”制技巧。

情感目标：培养学生善用瓜果蔬菜汁制作中式点心的意识。

【任务实施】

1. 象形胡萝卜的原料与工具

原料：糯米粉500克，水250~300克，新鲜胡萝卜500克，芫荽（去叶留头部）16棵，莲蓉馅300克

工具：刮板，煎锅

2. 制作方法

（1）胡萝卜洗净、去皮、榨汁。

（2）把胡萝卜汁加入糯米粉中，搓擦均匀，再加水继续搓擦至表面光滑。

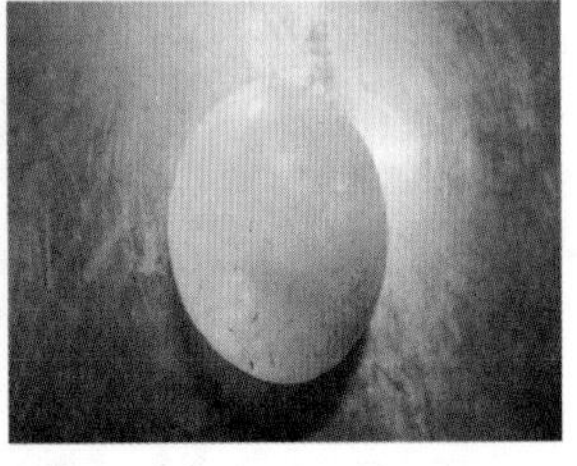

（3）把面团搓成条状，切剂，每个剂子30克。用手把剂子压扁，各包入莲蓉馅15~20克，轻轻搓成水滴形。

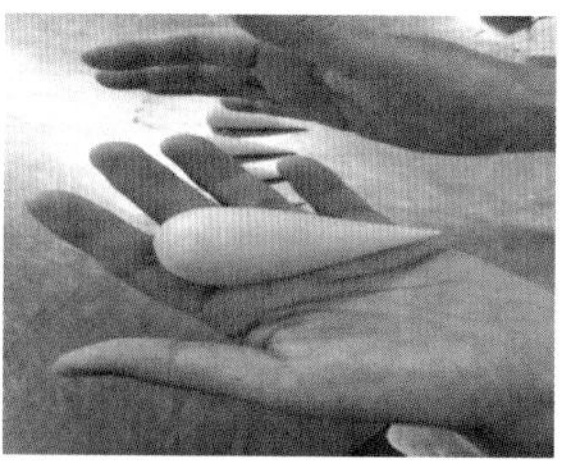

（4）将剂子放入约130℃的油锅中炸至金黄色，捞起稍凉后插上芫荽头即成。

3. 成品质量要求

形如胡萝卜，色泽金黄偏红，食之皮脆，馅香甜。

【大师点拨】

（1）炸制时油温不能太低。

（2）根据胡萝卜汁的容量适当调整糯米面团的加水量。

用制作胡萝卜角的方法可以制作象形茄子吗？想一想茄子的紫红色用什么食材可以做出来呢？

模块八　地方名点

【项目导读】

中国地大物博，因此地方特色点心品种繁多、口味独特。全国各地都有各种各样的风味名点，它们的特点是就地取材，能够突出反映当地的物质及社会生活风貌，所以说地方名点不仅是美食，更有地方饮食文化的沉淀，并且还是离乡游子们对家乡思念的寄托。不同地方的点心，在制作工艺上也具有地方特色。本模块中，我们选取部分中国各地具有代表性的地方名点，学习这些点心的相关知识与技能，并完成相关的实操任务。通过学习，了解不同地方名点的特性和制作工艺，并通过学习，养成良好的职业意识，培养自主学习与探究的精神。

任务一　浙江名点（小笼包）

【任务情境】

小笼包是著名的汉族传统面点，小笼包发展至今，在中国甚至世界各地都形成了当地的特色做法。但总体来说小笼包分为两种，一种是有汤汁的，即在馅心中加入皮冻，称为小笼汤包，皮面不发酵；第二种是没有汤汁的，即普通的小肉包，面皮没有小笼汤包薄，要用发酵面制作。

师傅给在面点部实习的小李下了任务单，让他根据工艺规范制作两份发酵面小笼包作为实习阶段的考核。如果你是小李，该怎么做呢？

【任务目标】

知识目标：能说出嫩酵面的概念。

技能目标：（1）掌握嫩酵面的调制方法。

（2）能够根据工艺规范制作小笼包。

（3）掌握小笼包的包制手法。

情感目标：（1）培养学生的卫生习惯和行业规范。

（2）树立专业自信心和职业责任心，养成良好的职业意识，为学生今后工作打下良好基础。

【任务实施】

1. 小笼包的原料与工具

原料：

皮料：面粉 500 克，酵母 5 克，泡打粉 6 克，白砂糖 25 克，温水 275 克

馅主料：虾仁 250 克，鲜肉 500 克，猪皮冻 200 克

馅铺料：盐 10 克，酱油 20 克，香油 20 克，味精 3 克，白砂糖 3 克，胡椒粉 1 克，花生油 50 克，料酒 10 克

工具：蒸笼，刮板，擀面杖，不锈钢盆，软刮刀

2. 制作过程

（1）虾仁肉馅的制作

先将鲜肉拌成鲜肉馅，放入调味料搅拌上劲。将鲜虾去壳去虾线，切成粒，拌入肉馅和猪皮冻。

（2）小笼包的制作

和面：将 300 克面粉与泡打粉一起过筛、开窝，放入白砂糖、酵母、温水擦至白砂糖溶化，然后将剩余面粉拨入，搅拌成雪花状，双手揉至光滑面团。在 30℃环境下醒面 1 小时。

成型：将醒好的面团搓成长条形，按规格出剂，用擀面杖擀圆、擀薄，包入馅心（采用提褶包法），收拢剂口，制成生坯。

熟制：将生坯放入已涂好油的蒸笼里，大火蒸 8~10 分钟即可。

3. 成品要求

皮薄馅大，汤汁多而清爽，味鲜而不油腻，色泽洁白，质地光滑、松软，富有弹性。

【大师点拨】

小笼包的操作关键：

（1）擀皮要擀成中间厚边缘薄。

（2）生坯要待蒸锅内的水煮沸后再上锅蒸。

【举一反三（创意引导）】

一、馅心变化

（一）三丁包

1. 制作三丁包的原料与工具

原料：发酵面团 500 克，猪肋条 200 克，鸡脯肉（熟）100 克，冬笋 100 克，虾籽 5 克，葱末 5 克，姜末 3 克，白砂糖 20 克，黄酒 20 克，盐 4 克，酱油 20 克，淀粉 5 克，鸡

汤160克，色拉油200克，猪油适量

工具：煎锅，菜刀，擀面杖，毛巾，蒸笼，不锈钢盆

2. 制作过程

（1）面团调制。将面粉倒在面案上与泡打粉拌匀，中间开窝，放入酵母、白砂糖，再分次加入微温水调成面团，盖上湿毛巾醒面15分钟。

（2）馅心调制。将鸡肉、猪肋条肉洗净后焯水，放入锅内，加水，加入葱末、姜末、黄酒，将其煮至七成熟，分别改刀成0.8厘米和0.7厘米的丁。将冬笋焯水，改刀成直径0.5厘米的丁。锅上火，放入猪油、葱末、姜末煸香，放入肉丁煸炒，再放入黄酒、虾籽、酱油、盐、白砂糖，倒入适量鸡汤，大火煮沸后转中小火煮至上色，入味后收汤，勾芡后装入盆中晾凉备用。

（3）生坯成型。将面团搓条，摘剂，按扁，擀制成直径8厘米，中间厚四周略薄的圆皮。包捏时，左手托皮，掌心略凹，馅料居于正中，用右手拇指和食指（中指紧顶住拇指边缘）自右向左捏出32个褶，使起褶后的皮边从中间通过，夹出一道包子的“嘴边”。每次捏褶时，拇指和食指略向外拉一拉，使包子形成“颈项”，最后收口成“鲫鱼嘴"，用右手三指将其捏拢即成生坯。

（4）熟制。将生坯放入刷好油的蒸笼中，大火沸水足汽蒸10~15分钟，蒸至不黏手、有弹性即可装盘。

3. 成品特点

皮薄馅大，鲜嫩香醇，口味鲜咸略甜，油而不腻。

4. 三丁包的操作关键

（1）调制面团的原料和各馅心原料的比例须规范称量。

（2）调制面团时，应用微温水调制，须将其揉匀、揉透。

（3）猪肋条煨至七成熟，鸡肉煨至八成熟，冬笋要焯水。

（4）切配馅心时，以鸡丁略大于肉丁和笋丁为宜。

（5）烹制馅心时，要先煸肉丁，再煸鸡丁和笋丁，勾芡时汤汁不宜太多。

（6）蒸制时应大火沸水足汽，须控制好加热时间。

（二）蟹黄汤包

1. 制作蟹黄汤包的原料与工具

原料：面粉 250 克，鸡肉 1250 克，猪皮 750 克，葱（打成结）25 克，葱花 10 克，酱油 25 克，姜块 10 克，姜末 10 克，姜丝 5 克，黄酒 15 克，虾籽 10 克，食用碱 10 克，盐 10 克，白砂糖 1.5 克，鸡精 10 克，白胡椒粉 10 克，香醋 2 克，湖蟹（活）400 克，色拉油 25 克

工具：煎锅，菜刀，擀面杖，馅挑，毛巾，蒸笼，不锈钢盆，绞肉机

2. 制作过程

（1）馅心调制。

①鸡肉用清水洗净后冷水下锅，大火烧开后撇去血水，捞出鸡肉，用热水洗净。

②将猪皮洗净，去掉残留的猪毛和油脂，漂洗干净。将猪皮、鸡肉一同放入锅中，倒入清水，放入葱结、姜块，大火烧开后改小火焖制 2 小时捞出。用绞肉机绞碎肉皮，制成猪皮茸。

③将煮鸡肉的水过滤到锅中，放入猪皮茸，大火烧开后改小火熬制 50 分钟，撇去浮沫，待汤汁约剩 3.5 千克时，依次放入虾籽、酱油、盐、白砂糖、黄酒进行调味。待汤浓稠时，调入鸡精、白胡椒粉，撒上葱花，2 分钟后起锅，趁热过滤。将汤汁倒在盘中，并不断搅拌，待汤汁冷却、凝固后捏碎即成皮冻。

④将螃蟹刷洗干净，用绳子捆绑好，大火蒸 20 分钟至熟，取出放凉，去壳取蟹肉、蟹黄备用。锅中倒入色拉油，烧至三成热，放入葱末、姜末炒香，再放入蟹肉和蟹黄，翻炒出蟹油，用黄酒、盐、白胡椒粉调味，撇去浮沫，淋上香醋，起锅装盘即可。

⑤将皮冻和制好的蟹黄放入盆中，向一个方向拌匀，制成蟹黄馅备用。

（2）面团调制：将盐、食用碱放入碗中，加清水 135 克调匀，制成混合水。将面粉放在面案上，逐次倒入混合水，揉成面团，搓成粗条，放在面案上，用湿毛巾盖好，醒面 20 分钟。

（3）生坯成型：将醒好的面条搓细，分成数个小面剂，每个约 25 克，再各擀成直径约 16 厘米，中间稍厚边缘略薄的圆形面皮。取 1 张面皮放在手心，五指收拢，包入蟹黄馅 100 克，将面皮对折，左手夹住，右手推捏收口成圆腰形汤包坯。

（4）熟制：将汤包坯置于笼屉中，置于沸水锅上，大火蒸制 7 分钟即熟。将盛装汤包的盘子用开水烫过、沥干水分，用右手五指把包子轻轻提起，左手拿盘随即放于包底，配醋姜丝，带吸管上桌。

3. 成品特点

稠而不黏，油而不腻，皮薄如纸，汤多味美。

4. 蟹黄汤包的操作关键

（1）和面时也要一边搅拌一边加水，让水和面充分接触，以增加面团的韧性。制皮时，要中间略厚边缘略薄。

（2）包子收口时要拧紧，否则蒸制时面皮回缩，包子易开口漏汤。

（3）蒸制时，蒸汽不能过猛，否则会冲破面皮，导致汤汁外漏，因此最好用老式蒸笼。如果用蒸箱，蒸汽量控制在中等即可。

（4）蟹黄汤包装盘前，要用开水将盘子烫一遍再沥干水分，这样既有保温作用，又能避免面皮与盘子粘在一起。

（5）食用时，须加少许姜丝、醋调和。

（三）素馅小笼包

1. 制作素馅小笼包的原料与工具

皮料：面粉 500 克，酵母 5 克，泡打粉 6~8 克，白砂糖 25 克，温水 275 克

馅主料：白菜 1000 克，鲜肉 500 克，猪皮冻 200 克，小葱 20 克

馅辅料：盐 10 克，酱油 20 克，香油 20 克，味精 3 克，白砂糖 3 克，胡椒粉 1 克，花生油 50 克，料酒 10 克

工具：蒸锅，刮板，擀面杖，面粉筛

2. 制作过程

白菜肉馅的制作：

（1）先将鲜肉拌成鲜肉馅。

（2）将白菜洗净，焯水，挤干水分，切碎，拌入肉馅即可。

小笼包的制作：

（1）和面。

将面粉与泡打粉一起过筛，放在案板上，中间开窝，放入白砂糖、酵母、温水搅拌至糖溶化，然后将面粉拨入拌成雪花状，揉至纯滑面团即可。

（2）成型。

将面团搓成长条形，按规格出剂，用擀面杖稍擀圆、擀薄，包入馅心（采用提褶包法），收拢剂口，制成生坯。

（3）熟制。

将生坯摆入已涂好油的蒸托里，放入蒸锅大火蒸 8~10 分钟即可。

3. 成品要求

皮薄馅大，馅心翠绿，汤汁多而清爽，味鲜而不油腻，色泽洁白，质地光滑、松软，富有弹性。

任务二 江苏点心（翡翠烧麦）

【任务情境】

小罗是某酒店的一名白案学徒，最近正在练习制作烧麦，在师傅的指导下，她终于可以独立完成并达到了标准。她选择了新鲜碧绿的菜心，并严格按照要求制馅。制烧麦皮时，无论是手法、过程还是成品，都有了质的飞跃，蒸制时间和火候也都符合要求。成品出锅后，名副其实，色泽鲜艳，造型美观。接下来，就让我们跟着小罗一起来学习如何制作皮薄如纸、色如翡翠、甜润清香的翡翠烧麦吧。

【任务目标】

知识目标： 能说出热水面团的调制方法。

技能目标：（1）掌握蔬菜焯水的时间。

（2）掌握烧麦皮的擀制手法。

（3）掌握翡翠烧麦馅心的制作及上馅方法。

（4）掌握沸水烫面的调制要领。

（5）掌握烧麦成型的手法。

情感目标：（1）在实训操练中落实“7S”工作理念，培养学生的职业素养。

（2）锻炼学生相互协作和沟通的能力，能与同组同学共同完成任务。

（3）提升学生的学习兴趣，培养创新意识，创作出自己喜欢的品种。

【任务实施】

1. 翡翠烧麦的原料与工具

原料：面粉 500 克，菠菜叶 1500 克，猪油（熟）300 克，盐 1 克，白砂糖 400 克，熟火腿末 80 克，沸水 250 克，冷水约 50 克

工具：蒸锅，软刮板，擀面杖，馅挑，布袋

2. 制作过程

（1）和面。

取 500 克面粉，加入沸水 250 克，烫成雪花面，摊开晾凉后加入约 50 克冷水，揉成面团备用。另准备适量菠菜汁，用同样的方法调制一个绿色的面团。

（2）制馅。

将菠菜叶洗净，焯水后放入冷水中凉透，斩成蓉，再用布袋装起，挤干水分。先用盐和菜泥拌和，再放入白砂糖、熟火腿末、猪油拌匀，即成馅心。

（3）制皮。

在面案上撒少许面粉，将两个面团擀开，用绿色的面团包入白色面团后搓成长条，揪成 50 个剂子，拍扁，用擀面杖擀成中间稍厚、边缘较薄、有褶纹并略凸起呈荷叶形的面皮。

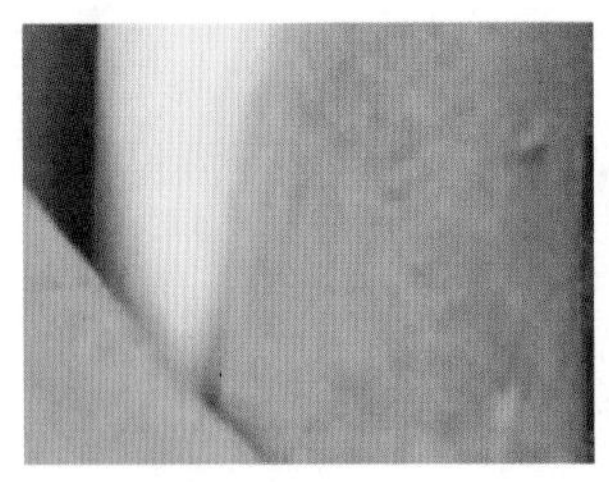 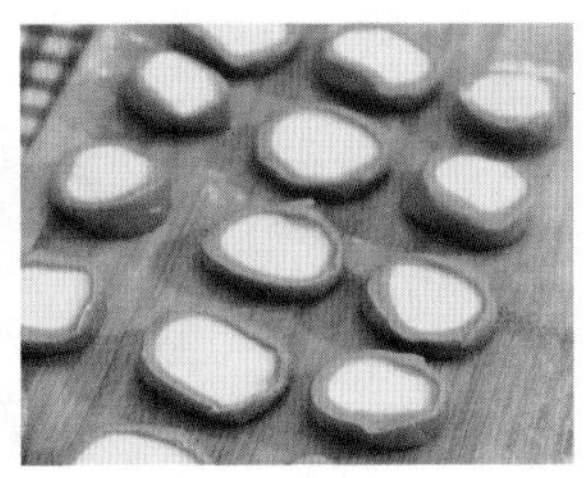

（4）成型。

左手托起面皮，用馅挑挑40克馅心放在面皮中间，随即五指合拢包住馅心，五指顶在烧麦坯的1/4处并捏住，包成石榴状，让馅心微露。再将烧麦在手心转动一下位置，用大拇指与食指捏住“颈口”，在烧麦坯口点缀少许火腿末。

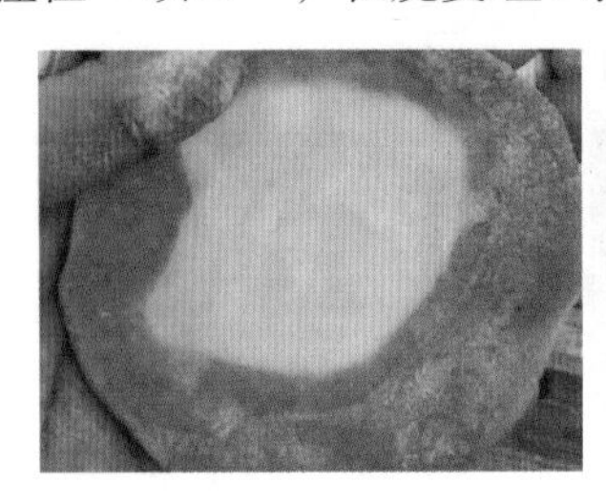 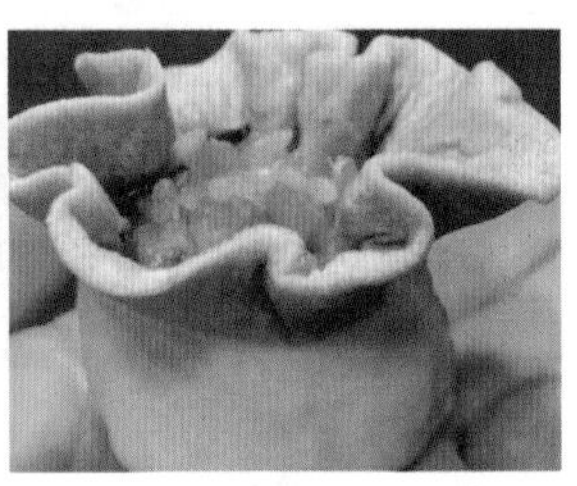

（5）成熟。

将包好的翡翠烧麦放入蒸锅内，盖上盖蒸5分钟即成。面皮不黏手时即熟，取出装盘。

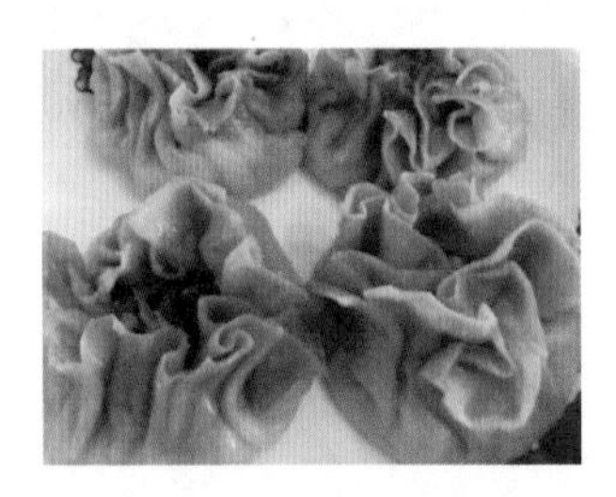

3. 翡翠烧麦的成品要求

皮薄馅绿，色如翡翠，糖油盈口，甜润清香。

【大师点拨】

翡翠烧麦的操作关键：

（1）烫青菜叶的沸水中要加入食用碱，以保持菜色碧绿。

（2）和面时要揉匀揉透，待面团表面光滑时醒面片刻。

（3）取一块面皮，包入适量的馅心，将烧麦放入虎口的位置，先握紧，再用手将面皮捏合，形成褶皱。

（4）烧麦口一定要捏紧，之后用手将烧麦皮的边缘再整理一下，形成敞开的花瓣，也像有穗的烧麦。

（5）烧麦生坯要用沸水旺火速蒸，蒸至面皮不黏手、表面有弹性时为佳。

【举一反三（创意引导）】

一、馅心变化（如干蒸烧麦）

1. 制作干蒸馅的原料

瘦肉 400 克，虾仁 200 克，生粉 3 克，枧水 5 克，肥肉 100 克，冬菇（丁）15 克，盐 8 克，白砂糖 10 克，味精 5 克，胡椒粉 1.5 克，生抽 6 克，蚝油 6 克，麻油 12.5 克，猪油 25 克，生粉 15 克

2. 干蒸馅的制作过程

（1）将瘦肉切成丁，与虾肉、生粉、枧水搅匀，腌制 1 个小时。

（2）将混合物冲水至瘦肉呈红白相间，虾肉硬身，捞起后用干毛巾吸干水分。

（3）将瘦肉和虾肉放入盆中，加入盐，顺一个方向拌打至起胶有黏性。

（4）加入肥肉丁、冬菇丁及调味料拌匀，最后放入麻油、生粉、猪油拌匀即可。

3. 制作干蒸皮的材料

高筋面粉 400 克，低筋面粉 100 克，鸡蛋 2 个，枧水 5 克，清水 150 克

4. 干蒸皮的制作过程

（1）将面粉过筛、开窝，放入所有材料，搓成纯滑面团。

（2）将面团过压面机至纯滑质地，用打皮技法将其打至纸张厚薄。

（3）用直径为 5 厘米的圆形印模盖出数张面皮，即为干蒸皮。

5. 干蒸烧麦的制作过程

（1）取一张烧麦皮，包入约 20 克干蒸馅。

（2）将烧卖放在左手虎口处，右手拿馅挑将其做成花瓶形状。

（3）放于已扫油的小蒸笼内，一笼放 4 个。

（4）大火蒸 8 分钟即可。

二、造型变化（牛肉烧麦）

1. 制作牛肉烧麦的原料

牛肉（粒）500 克，肥肉 100 克，生粉 1.5 克，枧水 5 克，盐 9 克，马蹄 100 克，芫荽 25 克，陈皮（湿）10 克，味精 5 克，白砂糖 20 克，生抽 10 克，胡椒粉 2 克，色拉油 50 克，马蹄粉 75 克，冰水 300 克，姜汁酒 15 克

2. 制作过程

（1）马蹄、芫荽切粒，陈皮浸泡沸水后剁蓉备用。

（2）将牛肉放入搅拌机，加入盐、生粉、枧水，打至起胶有黏性，放入冰箱冷藏 12 小时。

（3）将冷藏后的牛肉放入搅拌机，先将马蹄粉与 100 克冰水开成浆，一边搅拌一边慢慢倒入牛肉中。

（4）将剩余冰水分次加入，一边加一边搅拌，之后加入除色拉油外的其他材料，拌匀，最后倒入色拉油。

（5）继续放入冰箱冷藏 1 小时后拿出，用手做成圆球形。

（6）放于蒸笼内，以腐皮垫底，大火蒸 8 分钟即可。

任务三　京式名点（豌豆黄）

【任务情境】

小梁从职业学校毕业不久，现在某酒店餐饮点心部工作。某天，有位客人点了一道叫“豌豆黄”的点心。小梁毕业后还从未做过这道点心，他随即上网查询，发现豌豆黄有好几种做法，他分别研究后，最终选择了一种适中的制作方法。他将最后的成品送给顾客后，顾客非常满意。你知道豌豆黄该如何制作吗？

【任务目标】

知识目标：（1）能说出豆类面坯的概念。

（2）能说出豆类制作工艺方法。

（3）掌握豆类制作工艺的注意事项。

技能目标：（1）能够按照标准对豌豆黄进行配料。

（2）能够按照规范制作豌豆黄。

情感目标：（1）培养学生的卫生习惯和行业规范。

（2）树立专业自信心和职业责任心，养成良好的职业意识，为学生今后工作打下良好基础。

【任务实施】

1. 制作豌豆黄的原料与工具

原料：白豌豆 500 克，白砂糖 250 克，琼脂 10 克，碱水 10 克

工具：煎锅，手勺，软刮板，菜刀，纱布，模具

2. 豌豆黄的制作过程

（1）煮豌豆。将白豌豆稍磨去皮，用凉水浸泡 3 遍。起锅烧水，将去皮的豌豆放入锅内，加入碱水，将豌豆煮成粥，然后带原汤用纱布过筛。

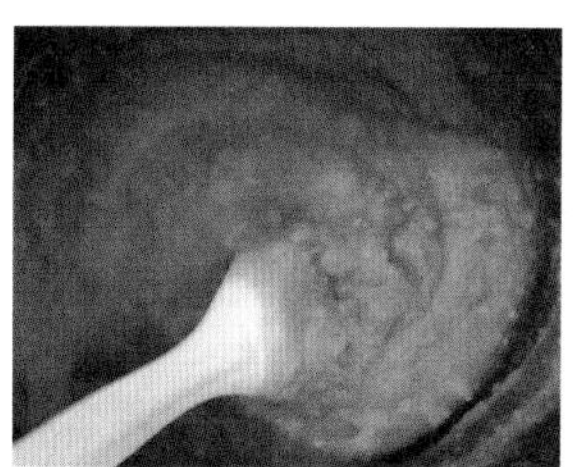

（2）炒制成熟。将过筛后的豌豆粥放入锅内，将琼脂溶于水，倒入锅中，加入白砂糖炒 30 分钟，要掌握火候，既不能太嫩也不能过火，太嫩不能凝固成块，过火凝固后会有裂纹。炒制过程中，须随时用手勺捞起做试验，若豆泥向下淌得很慢，且淌下去的豆泥不是随即与锅中的豆泥相融合，而是逐渐形成一个堆，再逐渐与锅内豆泥融合（俗称“堆丝”），即可起锅。

 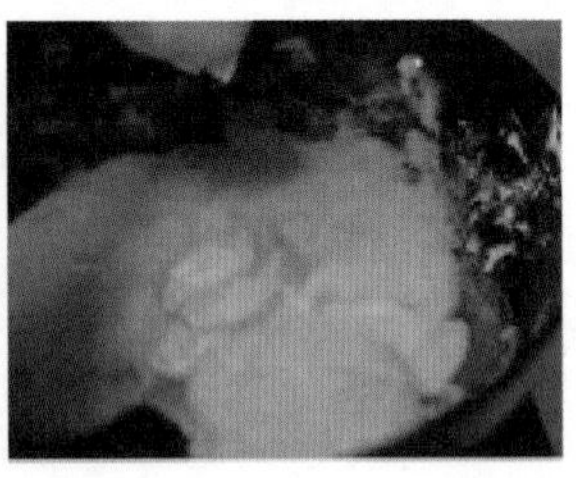

（3）成品定型。将起锅后的豆泥导入模具内，盖上光滑的薄纸，可防止其裂纹，还可保洁，晾凉后即成豌豆黄，切块即可。

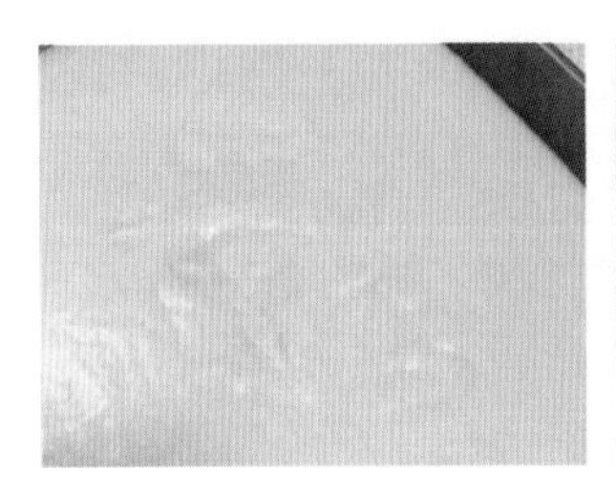 

3. 成品要求

色泽浅黄，质地细腻、纯净，入口即化，味道香甜，清凉爽口。

【大师点拨】

豌豆黄的操作关键：

（1）正确选择原材料。

（2）豌豆一定要煮烂并过滤，才能做出细腻的豌豆黄。

（3）掌握好炒制的时间，将豌豆茸放入锅内炒时，要不停地搅动。

（4）使用模具时一定要先抹油。

【举一反三（创意引导）】

一、馅心变化（如芸豆糕）

1. 制作芸豆糕的原料

原料：白芸豆 500 克，奶粉 50 克，花生油 150 克，糖粉 100 克

2. 芸豆糕的制作过程

（1）将芸豆浸泡 12 小时以上，中火煮熟、煮烂，捞出后控干水分，去皮。

（2）把去皮的豆沙过一遍筛，呈半干湿粉状。

（3）将已过筛的豆沙放入炒锅中，分 3 次放入花生油，小火翻炒，炒匀。

（4）待干湿度合适后放入糖粉及奶粉，翻炒均匀。将炒好的芸豆馅放凉。

（5）取 50 克芸豆馅放入月饼模具（视模具大小）中，压成型即可。

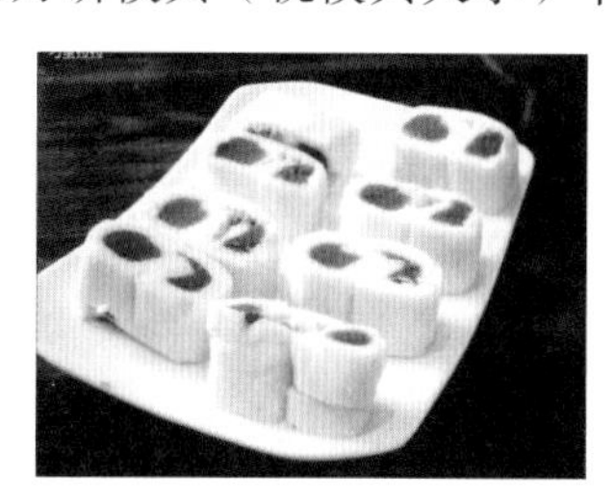

二、绿豆糕

1. 制作绿豆糕的原料

原料：绿豆 80 克，蜂蜜 20 克，淡奶油 30 克，细砂糖 10 克

2. 制作过程

（1）将绿豆洗净，用适量水浸泡过夜。

（2）第二天可以看到绿豆已经有些胀发，部分豆皮已经被胀破。

（3）抓起一把绿豆双手轻搓，在摩擦力的作用下会使得绿豆皮脱落，过水冲洗掉脱落的绿豆皮，可以看到部分绿豆已经脱皮干净。

（4）将绿豆继续揉搓，过水，如此操作几遍后，多数绿豆都脱掉了豆皮，剩余少许未脱落的可以手动摘除。

（5）将脱皮的绿豆放入蒸锅，大火蒸约 15 分钟，蒸熟后晾凉。

（6）取网筛置于小盆上，放入适量蒸熟的绿豆，用勺子碾压过筛。

（7）过筛后的绿豆茸非常细腻，向绿豆茸中加入蜂蜜、淡奶油、细砂糖，搅匀后捏成团。

（8）取 60 克绿豆茸揉成圆球状，装入模具，倒扣在盘子中，按压出形状后提起模具即可。

二、板栗糕

1. 制作板栗糕的原料

原料：板栗 500 克，牛奶 100 毫升，淡奶油 10 克，豆沙馅 100 克，黄油 10 克，白砂糖 10 克

2. 板栗糕的制作过程

（1）将板栗放入锅里，加热水焖煮 3 分钟，然后将板栗捞出放入凉水中浸泡片刻。

（2）将板栗剥壳，放入高压锅，隔水加热 15 分钟。

（3）将熟板栗放入搅拌机，加入 100 毫升牛奶，搅拌成泥后过筛。

（4）锅烧热，放入一小块黄油融化，将板栗泥放进锅中，根据口味加入糖和淡奶油，炒成不黏手的板栗泥团，盛出冷却。

（5）将板栗泥和豆沙都分成均匀的小剂子，将豆沙包入板栗泥中，收口形成小团子，再用模具压成型即可。

任务四　广东点心（广式蛋黄莲蓉月饼）

【任务情境】

苏州某大酒店刘总的妻子到广州出差，回来时带了两盒“莲香楼”月饼，刘总见其制作无比精美，且皮薄松软、色泽金黄、造型美观，就品尝了一块，感觉细腻润滑、香甜可口。于是刘总带样品回酒店，让面点师小吴反复研习，并成功制出该酒店的特色月饼，受到顾客的一致好评。现在让我们跟着小吴一起来学习制作广式月饼吧。

【任务目标】

知识目标： 能说出广式月饼的历史。

技能目标：（1）能够按照标准对广式月饼进行配比。

（2）能够按照操作工艺规范制作广式月饼。

情感目标：（1）培养学生的卫生习惯和行业规范。

（2）树立专业自信心，职业责任心，养成良好的职业意识，为学生今后工作打下良好基础。

【任务实施】

制作广式月饼糖浆皮

1. 广式月饼糖浆皮的原料

原料：低筋面粉 800 克，高筋面粉 200 克，转化糖浆 800 克，枧水 25 克，花生油 350 克

2. 制作过程

（1）将转化糖浆与枧水加入盆中充分混合均匀，再将花生油慢慢倒入并充分混合。

 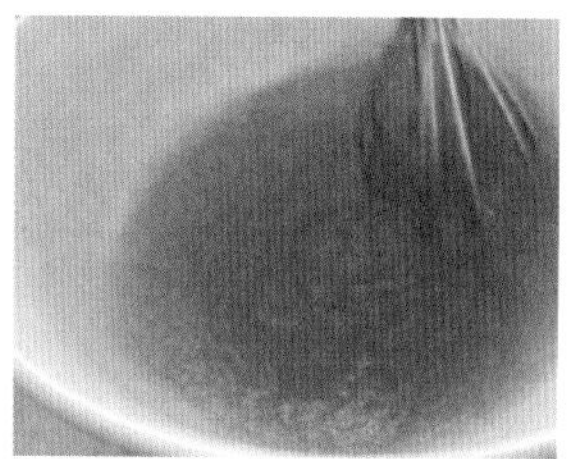

（2）将面粉过筛，倒入盆中混合均匀，静置 2~4 小时。

3. 广式月饼皮制作的关键：

（1）注意加料的顺序，转化糖浆与枧水要先混合，否则成品会出现黑色斑点。

（2）掌握枧水的投放量，要根据转化糖浆的酸度来适量添加。若添加量不足则烘焙时难上色，表皮有皱纹，且皮较硬，影响产品回油；若添加量过多则成品易着色，表面易裂开，并且会影响成品回油。

（3）静置时间要足够，使面粉与糖浆、油等充分融合。

制作广式蛋黄莲蓉月饼的原料

1. 原料与工具

原料：广式月饼糖浆皮 600 克，白莲蓉馅 3000 克，优质红心咸鸭蛋黄 20 个，鸡蛋 1 个

工具：刮板，月饼印模，毛刷，喷壶，烤箱

2. 制作过程

（1）将咸蛋黄喷少许高度酒后放入烤箱，上火 200℃、下火 180℃烤至表面出油后取出。

（2）广式月饼皮出体每个 25~30 克大小，白莲蓉馅出体每个 90 克大小，包入 1 个咸蛋黄。

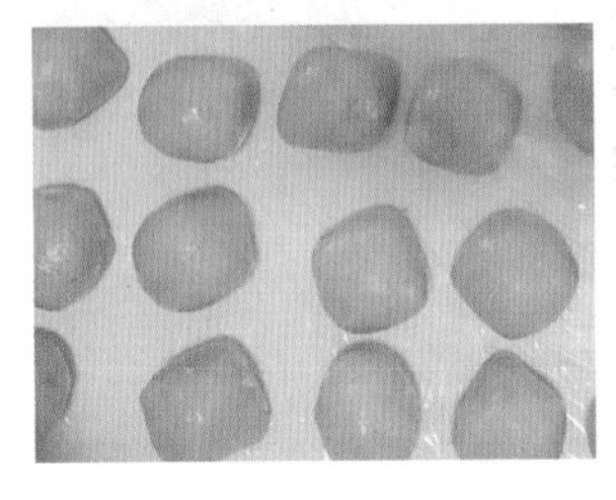 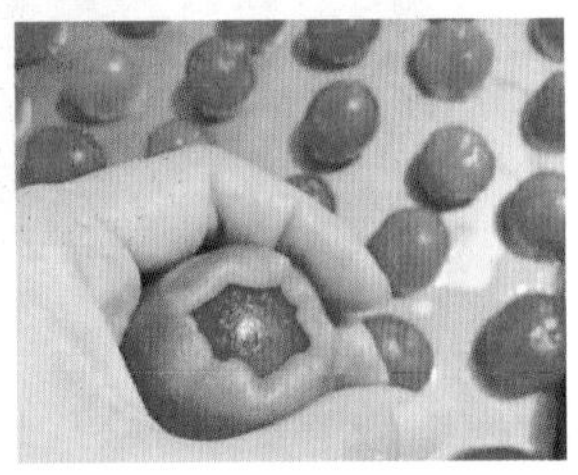

（3）将馅体搓圆，在面案上用手压薄，用刮板铲起，包入馅心。

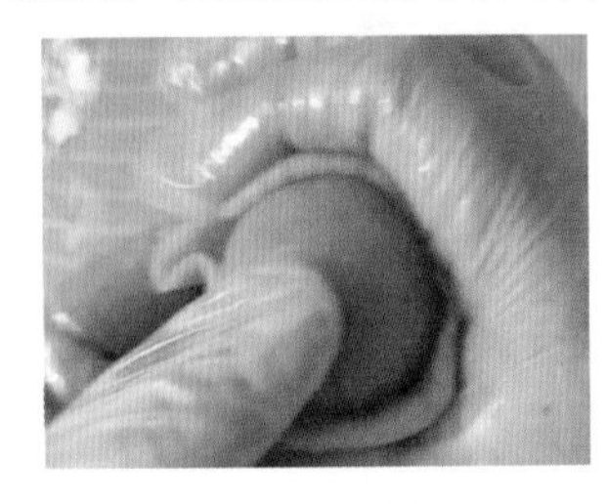 

（4）用高筋面粉做粉心，将包好的坯体蘸上一层薄薄的面粉后压入月饼印模，之后取出则为半成品。

 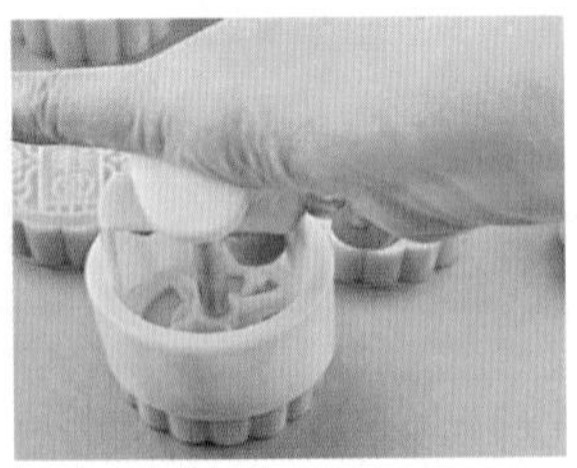

（5）将其均匀地摆放于烤盘中。在月饼表面用喷壶均匀地喷上一层水后放入烤箱，以上火 230℃、下火 180℃进行烘烤。

（6）烤至色泽呈黄色时拿出，稍凉后在月饼表面均匀地扫上一层蛋黄液，再放入烤箱中继续烤至色泽金黄即可取出。

（7）月饼稍凉后即可包装，每个包装内应放入一包脱氧剂，再放置 2 天后月饼表面回油即可。

3. 成品要求

成品色泽金黄或棕色，表面花纹精细清晰，柔润光亮，饼皮薄并均匀地包裹住馅料，且与馅料结合紧密，蛋黄居正中。食之香甜适口，有浓厚的莲茸及咸蛋黄香味。

广式蛋黄莲蓉月饼的操作关键：

（1）造型时粉心使用不能太多，否则会造成皮馅分离。

（2）包馅时饼皮要厚薄均匀，避免露馅。另外，不得转动太多。

（3）包馅及打饼的手法要熟练，否则会造成粘模具，花纹不清晰，影响成品形态。

（4）扫蛋液时要均匀，每次扫少许，并分多次扫。避免扫得不均匀而造成成品色泽不一致，从而影响成品外观质量。

（5）掌握好烘烤的炉温，不能过高或过低。炉温过低会使月饼烤好后出现下陷，炉温过高则中间熟不透，甚至导致饼皮爆裂。

（6）烘烤时间不能太久，太久易出现爆裂，但成品色泽要深一些，因回油后色泽会变得柔和。

【举一反三（创意引导）】

一、月饼皮的变化（如广式酥皮月饼）

1. 制作广式酥皮月饼的原料

低筋面粉 500 克，糖粉 150 克，蛋黄 6 个 +1 个（涂蛋液用），牛油 250 克，红莲蓉馅 2100 克

2. 广式酥皮月饼的制作过程

（1）将面粉过筛、开窝，加入糖粉及牛油充分搓匀，之后逐个将蛋黄加入，每加一个拌匀后再加另一个，一直到加完。

（2）埋粉，用折叠手法折 2~3 次即为月饼皮。

（3）将皮下剂，每个 15 克大小，再将馅料下剂，每个 35 克大小。

（4）用一份皮包入一份馅，呈圆形。

（5）将月饼压入月饼模，取出后均匀地摆放于烤盘上，在表面均匀地涂上一层蛋黄液。

（7）将月饼放入烤箱，以上火 200℃、下火 180℃烤至色泽金黄即可。

3. 成品要求

色泽金黄，馅心正中，花纹清晰，皮质香松酥化，内馅甘香可口。

4. 制作关键

（1）必须使用折叠手法，否则酥皮易生筋，成品易爆裂。

（2）扫蛋液要均匀，否则会造成成品色泽不一。

（3）掌握烘烤的炉温，不能过高或过低。炉温过低易造成成品泻身或花纹不清晰，过高易造成色泽外焦内不透，且皮较硬。

二、成熟方法的变化（如冰皮月饼）

1. 制作冰皮月饼的原料

冰皮月饼粉 500 克，开水（冰）250 克，奶油 100 克，白莲蓉馅 800 克

2. 冰皮月饼的制作过程

（1）将冰皮月饼粉与奶油放入盆中，分次倒入凉开水，搓成质地纯滑的面团。

（2）用保鲜膜封好，放入冰箱冷藏 1 小时。

（3）将皮下剂，每个 20 克大小；将馅料下剂，每个 30 克大小。

（4）用一份皮包入一份馅，压入月饼模，之后取出，放入冰箱冷藏即可。

3. 成品要求

色泽洁白，晶莹剔透，馅心正中，花纹清晰，食之软糯、清香可口。

4. 制作关键

（1）水要分次加入，否则会影响其细腻度及韧度。

（2）制作过程要注意卫生，整个制作过程要戴一次性手套。

三、馅心变化（如凤梨冰皮月饼）

1. 制作凤梨冰皮月饼的原料

冰皮预拌粉 500 克，糖粉 150 克，奶油 150 克，开水（冰）250 克，凤梨馅 300 克

2. 制作过程

（1）将糖粉和冰开水放入搅拌机内，搅拌至糖溶化。

（2）加入冰皮预拌粉，搅拌 3 分钟后再将奶油倒入，一起拌匀至光滑，放入冰箱冷藏 30 分钟。

（3）凤梨馅与皮的比例为 3:7。包好成型后，直接封口包装，冷藏储存。

任务五　四川名点（叶儿粑）

叶儿粑是四川地区传统特色小吃，也是川西农家清明节、川南春节时的传统食品。叶儿粑在不同的地区有不同的叫法和特点，崇州等地称其为艾馍；在川南的自贡、宜宾、泸州以及云南昭通、贵州遵义等地则叫作猪儿粑。此外在四川乐山地区，叶儿粑选用的叶子有所不同，当地人选用本地特有的大叶仙茅叶子作为粑叶，也可用柑叶、粽叶、芭蕉叶、玉米叶包裹，故名叶儿粑，也因此，成品融合了叶子的清香。

制作叶儿粑选料考究，工艺精细，具有色绿形美、细软爽口的特点。做法为：用糯米粉面皮包入麻蓉甜馅心或鲜肉咸馅心，置旺火上蒸。口感清香滋润，醇甜爽口，荷香味浓，咸鲜味美。

【任务情境】

端午节将至，酒店厨师长安排小李针对端午节推出一款时令点心，同时也作为对小李的技能和创意能力的考核。小李思考后决定制作四川特色点心叶儿粑。下面我们就来学习吧。

【任务目标】

知识目标：理解和掌握叶儿粑的原料构成与品质鉴选。

技能目标：（1）掌握叶儿粑的工艺流程和操作要领。

（2）掌握叶儿粑肉馅料的制作工艺。

（3）掌握叶儿粑的包制手法。

（4）通过观看教师演练，能独立完成叶儿粑的制作。

情感目标：（1）培养学生良好的职业道德和行为规范。

（2）提升学生的学习兴趣，培养创新意识，能创作出自己喜欢的品种。

【任务实施】

叶儿粑的制作

1. 原料与工具

坯料：

A 料：水 100 克，糯米粉 50 克

B 料：糯米粉 450 克，水 380 克，猪油 30 克，米粉 50 克

馅料：猪肉 250 克

配料：柑叶若干，芽菜适量，葱末 10 克，植物油 50 克，盐 1 克，酱油 3 克，香油 5 克，料酒 2 克，味精 1 克

工具：擀面杖，不锈钢盆，软刮板，蒸锅，煎锅，手勺，菜刀，馅挑

2. 坯料制作流程：

（1）调制面团。

先将 A 料中的水烧开，倒入糯米粉中搅拌均匀。

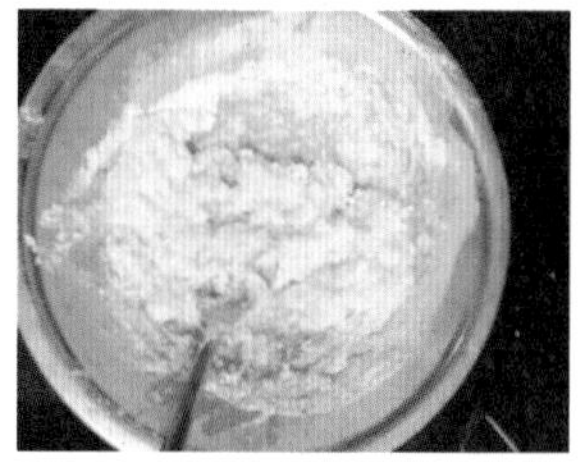

再将 B 料中的糯米粉、米粉拌匀后在面案上开窝，倒入水混合拌匀。

再加入烫好的 A 料揉搓均匀，最后加入猪油揉搓均匀即可。

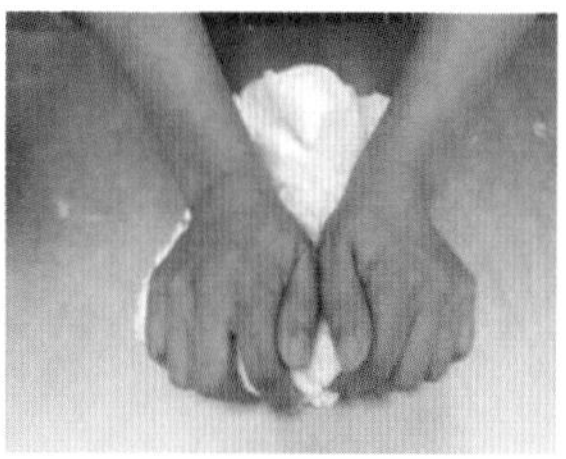
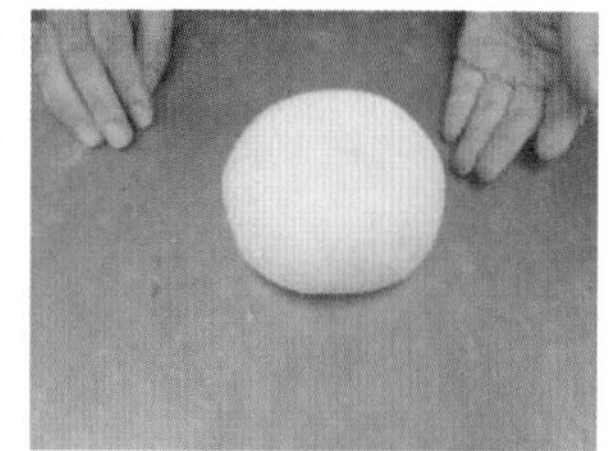

3. 馅料制作流程

（1）制馅

猪肉、芽菜分别剁细。将油入锅，中火烧至油温三四成热，放入猪肉炒散，加入盐、酱油、料酒炒香炒上色（一般为茶色），最后加入葱末、香油、味精拌匀。

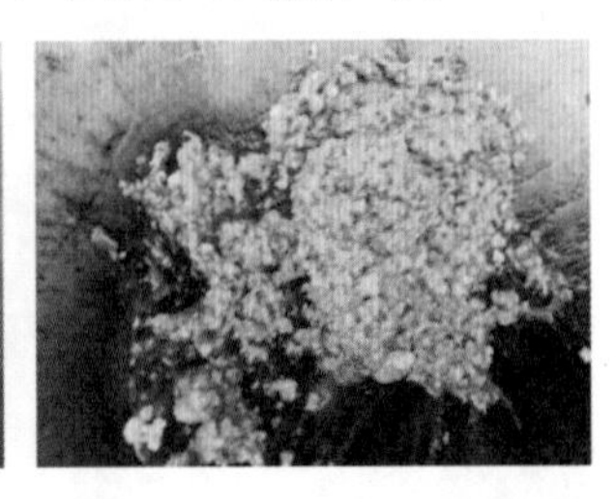

4. 成品制作

（1）将面团搓条，下成数个剂子，每个 20 克，包入炒好的肉馅，搓成椭圆形。

（2）将面坯放在剪好的柑叶上，放入蒸锅，中火蒸 8 分钟即可。

5. 成品要求

味美香甜，色泽洁白，口感细柔糍糯，油而不腻。

【大师点拨】

（1）糯米最好选择水磨的，口感较有弹性。

（2）成品不要太大，大小要均匀。

（3）肉馅选择半肥瘦的，口感较鲜美。

（4）包馅要居中，以免露馅影响美观。

（5）蒸的时候火候不要太大，以免蒸过头。

（6）可按个人要求制作不同造型和口味。

【拓展任务】

1. 口味变化

可将肉馅料换成豆沙馅、花生芝麻馅、竹笋肉馅等。

2. 皮料变化

可将艾叶捣碎加入，变成艾叶糍粑，也可加入菠菜汁或磨碎的石榴皮做成特色叶儿粑。

模块九　面点的装饰

【项目导读】

面点装饰是根据面点品种的形态要求，运用不同的方法或借助不同工具将面团制成各种形态的造型或通过有规律的组合形态摆盘装饰的过程，面点装饰使面点制品成为造型美、色彩装饰美、味道美的实用艺术品。模块九中，我们学习船点的制作、面塑的制作和摆盘艺术。通过本模块的学习，提升面点制品的装饰效果，充分体现其特色，丰富制品的文化内涵和艺术气息，提升宴席的品位，既提高了实用价值，又满足了审美要求，更提高了经济效益和社会效益。

任务一　船点的制作

【任务情境】

李华是一家酒店的点心房主管，酒店即将接待一场重要的会务，客人大部分来自江苏，会务过程中需要配备下午茶歇。作为点心房的主管，李华该为客人准备什么点心呢？他想到了江苏地区的传统名点——船点。

【任务目标】

知识目标：能说出船点的定义及特点。

技能目标：（1）能够利用糯米粉和粳米粉调制软硬适度的面团。

（2）能够掌握熟芡的制作要领。

（3）能够掌握各种船点造型的成型手法。

情感目标：培养学生的卫生习惯和行业规范。

【任务实施】

天鹅船点制作

1. 制作天鹅象形船点的原料

糯米粉 250 克，澄粉 500 克，开水 750 克，豆沙馅 200 克，色拉油适量

2. 制作过程

（1）澄粉和糯米粉混合，用开水烫面，稍微冷却一下，加入1小勺色拉油揉成面团。

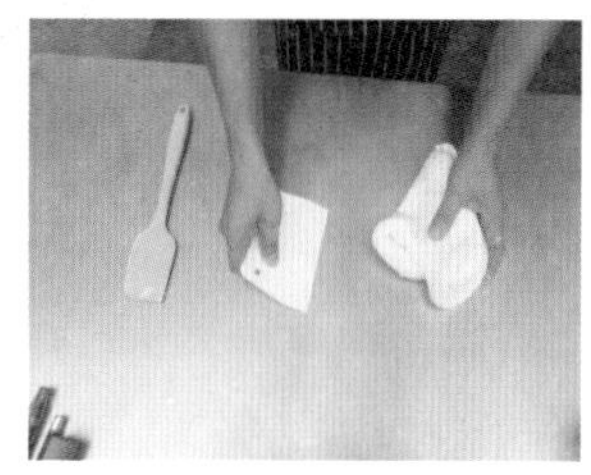

（2）取一小块面团压扁，包入豆沙馅。

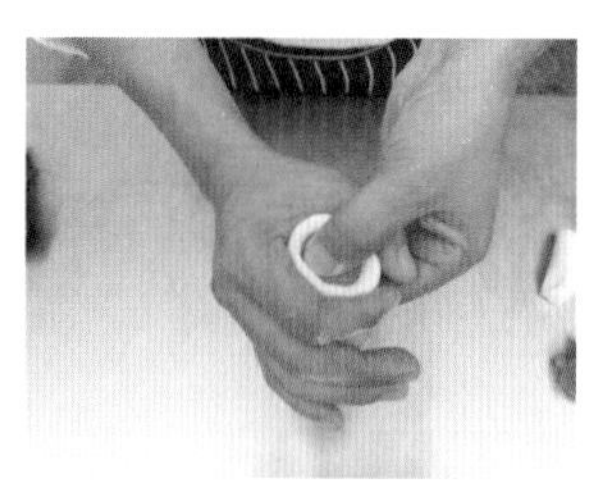

（3）收口，包成椭圆形，一边搓成细条，形成天鹅脖子，另一边捏出尾巴。将天鹅脖子弯曲，捏出天鹅的头和嘴。

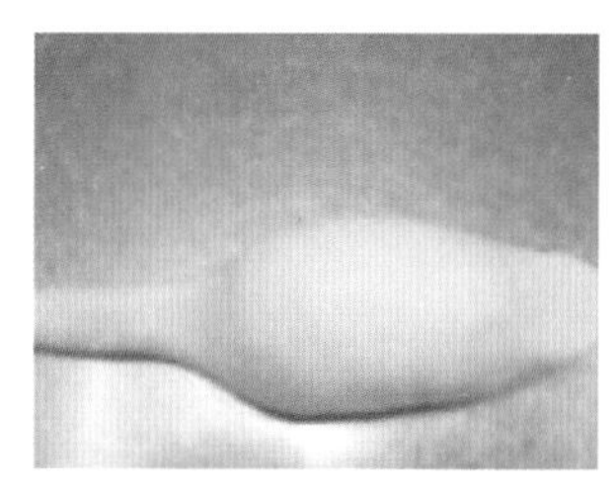

（4）用刮板压出翅膀纹路。

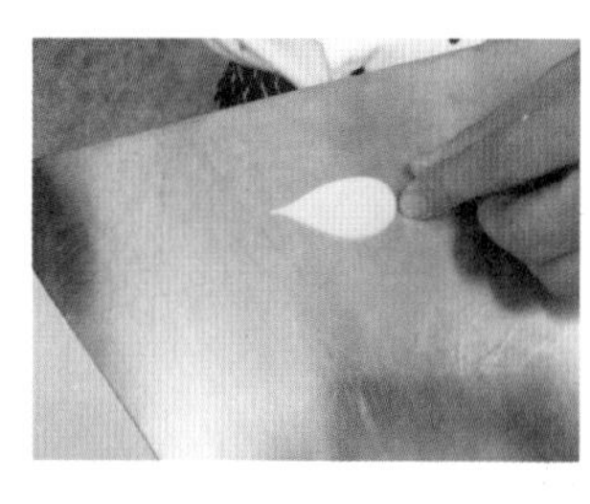
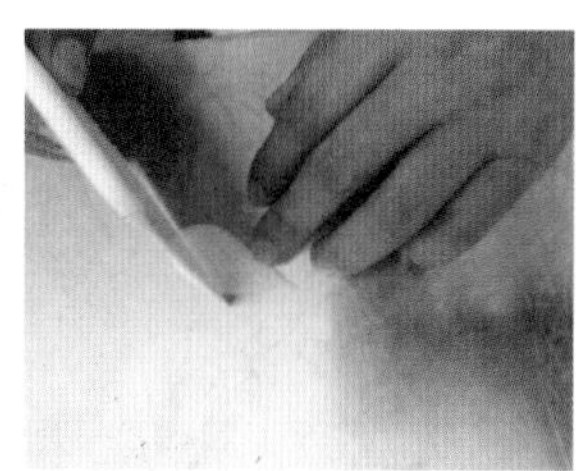

（5）将翅膀用工具压紧黏合。

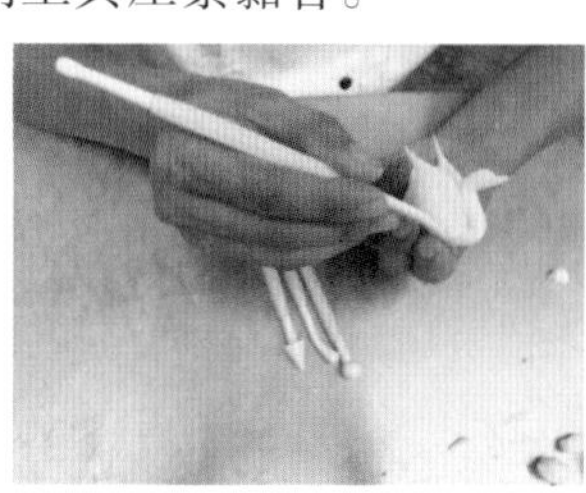
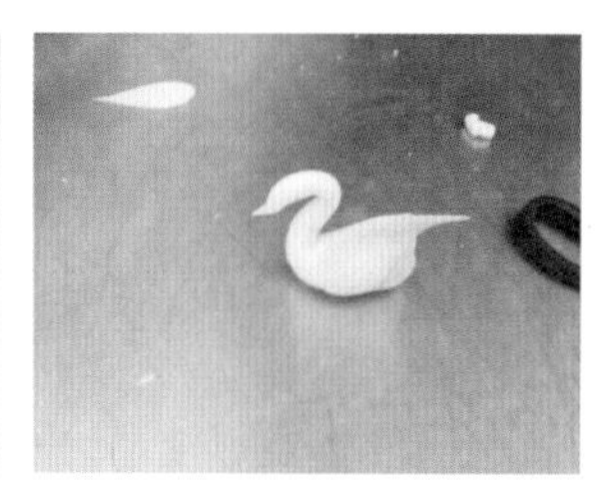

（6）用黑芝麻装饰眼睛，放入蒸笼内。

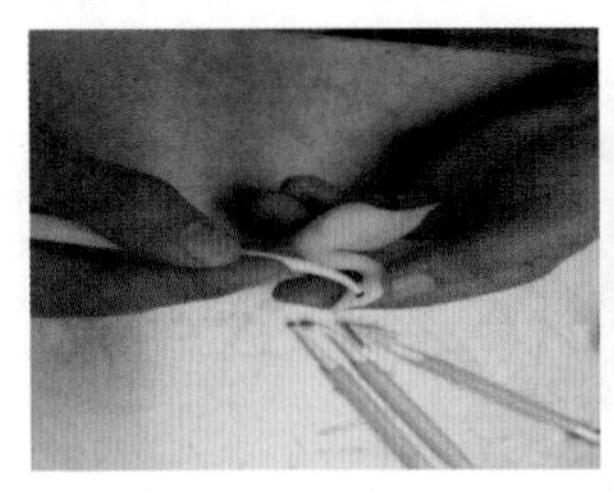

（7）中火蒸 5 分钟，取出后装饰摆盘。

象形船点的操作关键：

（1）和面要软硬适中。

（2）观察生活，将船点造型细致化。

【举一反三（创意引导）】

1. 造型变化：如：象形兔子。

2. 馅心变化：植物造型用甜馅，有玫瑰、豆沙、糖油、枣泥等；动物造型用咸馅，有火腿、葱油、鸡肉等。

3. 颜色变化：可根据面点造型的不同使用天然色素，如用菠菜汁、胡萝卜汁调制不同颜色的面团。

任务二　面塑的制作

【任务情境】

李华是一名面点学徒，他所任职的酒店下周将安排一场百日宴，面点主管正在为设计生日宴装盘而发愁。经了解，生日宴上大多数客人来自北京，李华了解到北京的百日宴习俗是要制作十二生肖面塑及“龙凤呈祥”面塑，以此表达美好的祝愿，因此，李华决定制作面塑来庆贺百日宴。

【任务目标】

知识目标：（1）能说出面塑的定义及特点。

（2）能说出面塑的发展历史及由来。

技能目标：（1）能够利用面粉、米粉调制软硬适度的面塑面团。

（2）能够掌握面塑面团的调制要领。

（3）能够掌握面塑的成型手法。

（4）能够按照面塑制作流程在规定时间内完成面塑的制作。

情感目标：培养学生的卫生习惯和行业规范。

【任务实施】

1. 制作面塑面团的原料与工具

原料：面粉 250 克，糯米粉 50 克，盐 25 克，双乙酸钠 10 克，甘油 25 克，食用色素适量

工具：纸板，铁丝，竹签，剪刀，塑刀，保鲜膜，蒸锅

2. 制作过程

（1）根据制作需要剪切好纸板，按需剪切铁丝长度并做成相应的形状。

（2）将面粉、糯米粉、盐、双乙酸钠、甘油混合并揉搓成团，用保鲜袋包好，上锅蒸煮后放凉备用。

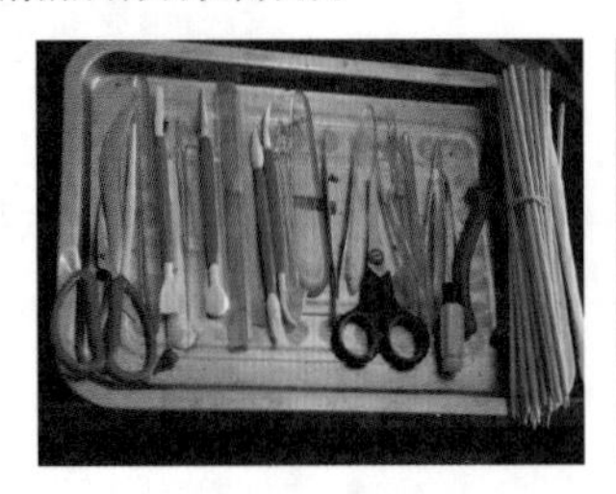

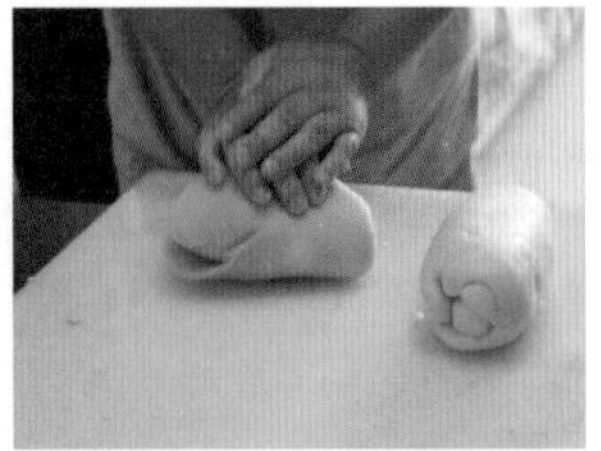

（3）按所需颜色加入食用色素，将面团用搓、捏、揉的方式进行上色并调色。

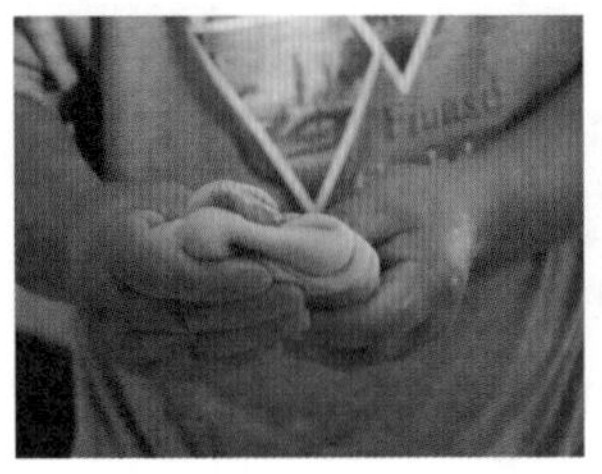
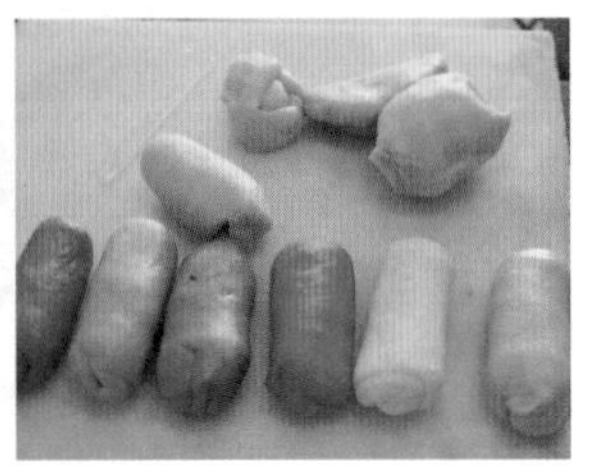

（4）用手搓、捏成各种造型。

【大师点拨】

面塑的操作关键：

（1）面团软硬要适中。太软不易成型，太硬容易出现裂纹，不够光滑。

（2）造型要逼真，需要平时多观察生活。

【举一反三（创意引导）】

1. 造型变化

如：十二生肖等。

2. 颜色变化

可根据不同造型调制相应颜色的面团。

任务三　摆盘艺术

按照艺术表现的基本原则，同时考虑到成品制作完成后的摆放位置，摆盘时应先将成品摆放位置预留好，最好不要随意移动已经制作完成的成品。食材的艺术拼摆主要有两种方法：①写意法。主要通过不规则或规则的线条或几何图形，组成存在抽象特点的象形面点。在作品的制作过程中，应注重意境与神韵的表现，不受具体的形式约束，力求达到神似，注重形意相生，不求形式上的相同。②写实法。写实法就是力求使面点客观、真实地模拟自然界中的形象，做到精工细作，惟妙惟肖。对于象形点心的成型摆盘，就属于写实法。

菜肴的出品做得漂亮，对点、线、面、立体的装饰把握至关重要。

点：点在构成中具有集中、吸引视线的功能。在几何学上，点只有位置没有面积。但在实际构成中，点要见之于形，并具有大小不同的面积。

相对于有错落感的盛器“面”，作为“点”的菜肴则显得尤为突出。连续的点会产生线的感觉，点的集合又会产生面的印象，点的大小不同也会产生深度与层次感，几个点会有虚面的效果。分子料理大师费兰·阿德里亚的作品色彩饱满，胶囊样的点状菜肴最适合简约的几何布局。

线：

几何学上的线是没有粗细的，只有长度和方向，但几何构成中的线在画面上是有宽窄粗细的，线的粗细可产生远近关系。垂直线有庄重、上升之感；水平线有静止、安宁之感；斜线有运动、速度之感。线在造型中的地位十分重要，因为面的形是由线来界定的，即形的轮廓线。曲线则有自由流动、柔美之感。

面：

面是体的表面，它受线的界定，具有一定的形状。面有几何形、有机形、偶然形等。面分为两类：一类是实面，另一类是虚面。实面是指有明确形状的能实在看到的面；虚面是指不真实存在但能被我们感知到的面，由点、线密集机动形成。

【任务情境】

小明是一家酒店后厨面点房负责案板的师傅，因近期酒店更新菜品，总厨希望大家能够设计创新菜品及摆盘。对于自己制作的新品玫瑰五谷包的摆盘，小明会做哪些创新呢？

【任务目标】

知识目标：能说出面点摆盘的定义及特点。

技能目标：（1）掌握果酱画的设计与摆盘。

（2）掌握面点摆盘的方法。

情感目标：培养学生的卫生习惯和行业规范。

【任务实施】

面点摆盘

1. 原料和工具

12 色果酱，毛笔，牙签

2. 制作过程

（1）先点 5 个红色果酱点，再点 5 个黄色果酱点，用手指擦出花瓣，用黑色果酱画出花心、曲线、花茎。

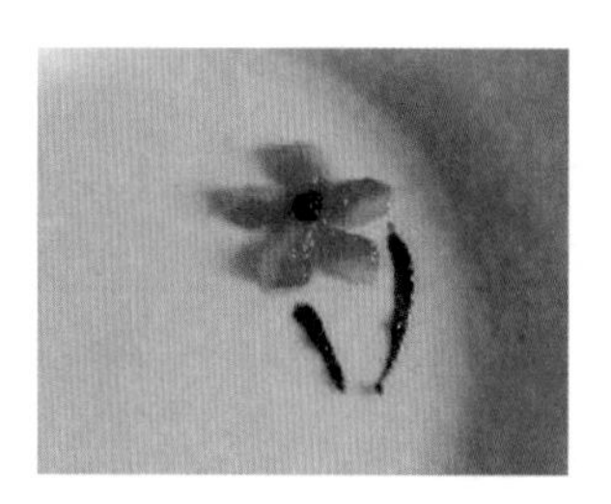

（2）画一条侧开的花。

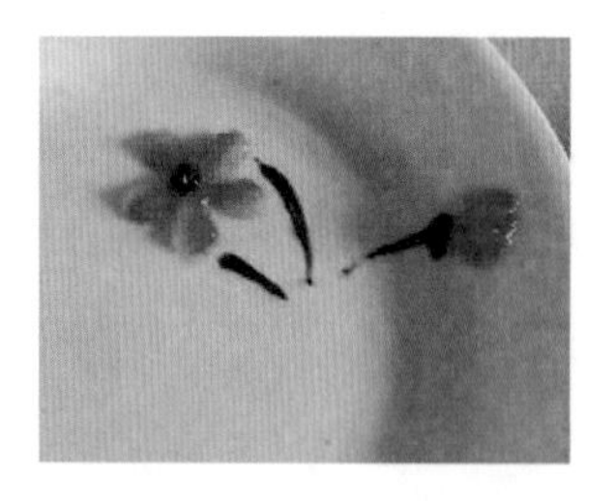

（3）画出绿叶。

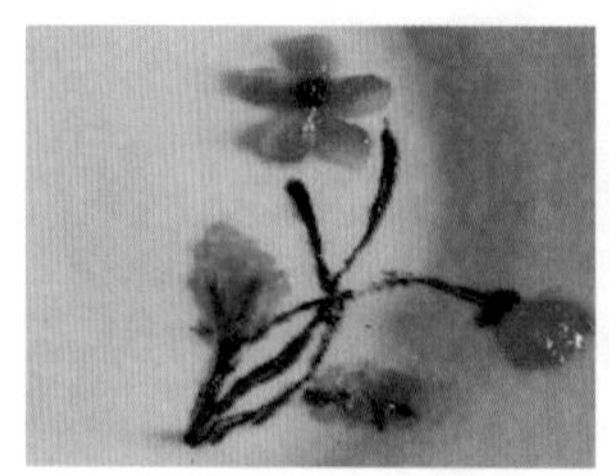

（4）再画出一个小花蕾。

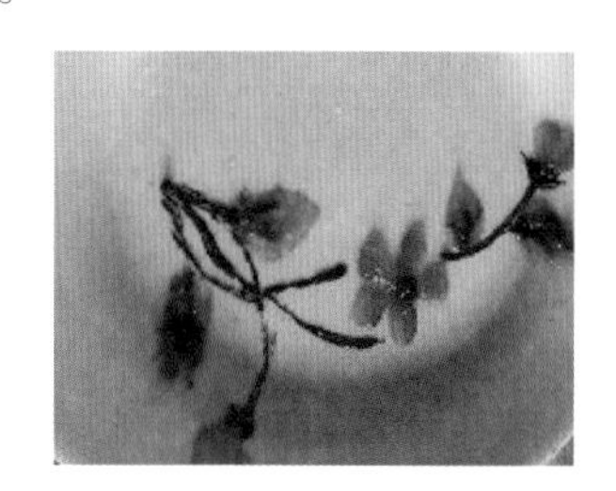

（5）成品。

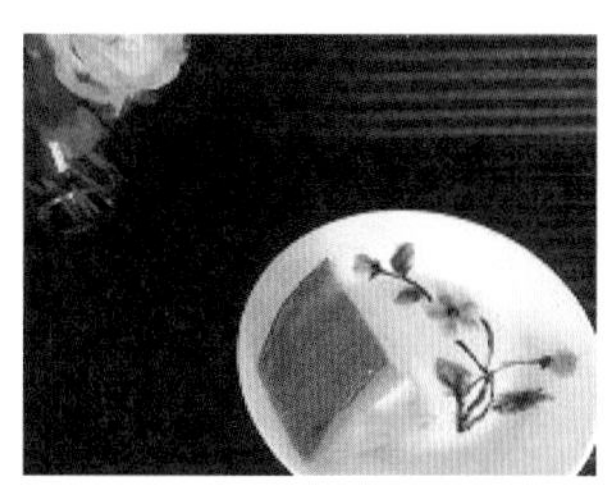

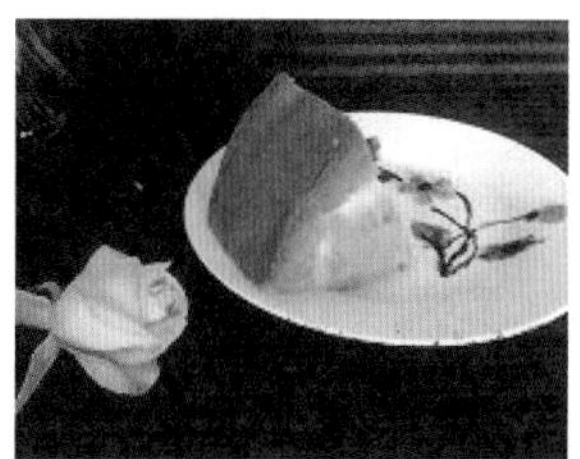

【大师点拨】

摆盘的操作关键：

（1）色彩搭配需合理。

（2）摆盘要与面点所表达的内容一致。

【举一反三（创意引导）】

造型变化：还可利用果酱画、鲜花等进行组合盘饰。

模块十　筵席面点的创新与设计

【项目导读】

筵席面点是在宴席中配备的面食点心，是宴席的重要组成部分。筵席面点早在唐代的《烧尾宴》中就已出现，清代开始大量在筵席中运用。发展到现在，筵席面点已成为宴席中不可或缺的重要组成部分。模块十中，我们将从筵席面点的组配原则、筵席面点配色、造型与围边、面点的创新与开发、面点的开发与利用、面点的创新思路六个任务中学习面点的创新与设计，提升学习者的筵席面点的创新与设计相关知识与技能。

任务一　筵席面点的组配原则

古人席地而坐，筵和席都是宴饮时铺在地上的坐具，之后衍生出“筵席”一词。宴会与筵席不是同一含义，也可写成“宴席”。宴会是指因习俗或社交礼仪需要而举行的宴饮聚会，又称酒会、筵宴，是社交与饮食结合的一种形式。筵席是宴会上供人们宴饮的酒席，宴会是以餐饮为主要活动内容的聚会。人们通过宴会，不仅可获得饮食艺术的享受，还可增进人际间的交往。

【任务目标】

知识目标：能说出筵席面点的基本组配原则。

技能目标：能说出筵席面点的基本组配要点。

情感目标：全面理解面点在中国烹饪体系中的重要作用，从而感受到中国烹饪的博大精深，初步树立传承与创新中式面点的责任意识。

【知识导入】

筵席面点可以与筵席菜肴组合形成具有一定规格、质量的整套菜点，也可以单独形成具有特色的全面点席。无论是筵席面点还是全面点席，应具备选料精细、造型讲究、制作精美、口味多变等特点，在色、香、味、质、器等方面与筵席的总体要求一致。在本任务中，只讨论与菜肴组合的筵席面点。在组配过程中，要注意各类面点的组合协调性，使其能衬托出筵席的最佳效果。

【任务实施】

餐饮界有句俗语：“无点不成席”。面点与菜肴是筵席中不可分割的整体。一桌丰盛的美味佳肴若没有面点的配合，就好比红花缺了绿叶。古往今来的各种筵席，不仅要求菜点配套，还要利用花色丰富、口味多样、美观美味的筵席面点来增强人们的食欲，同时还可补充人体所需的多种营养。筵席面点配备一般需遵循以下基本原则。

表 10.1 筵席面点配备基本原则表

筵席面点配备原则	基本要求	列举
根据宾客的特点配备面点	国内宾客的饮食习惯	“南米北面”； “南甜、北咸、东辣、西酸”
	国际宾客的饮食习惯	美国人喜食烤面包； 意大利人喜食通心粉
根据筵席的主题配备面点	了解设宴主题与宾客要求	婚宴配“鸳鸯包”；寿宴配“寿桃包”
根据筵席的规格配备面点	了解筵席规格，使面点配备与筵席档次达到整体协调一致	低档筵席面点为两道（一甜一咸）；中档筵席面点为四道（二甜二咸）；高档筵席面点为六道（二甜四咸）

<table>
<tr><td rowspan="2">根据时令季节配备面点</td><td>依据季节和气候变化选择季节性的原料制作时令面点</td><td>春季：口味以清淡、咸、甜为主；
夏季：口味以凉甜清香为主，减少用油量；
秋季：增加点心的含油量，以利暖胃，口味以甜咸为主；
冬季：口味以浓甜为主，适当增加含油量，利于暖胃抗寒</td></tr>
<tr><td>制品成熟方法因季节而异</td><td>夏、秋季节多用蒸或冻；
冬、春季节多用煎、炸、烤、烙</td></tr>
<tr><td>根据菜肴的烹饪方法不同配备面点</td><td>根据菜肴的烹饪特点选择合适的面点品种</td><td>烤鸭配鸭饼；
虫草老鸭汤配发面小饼</td></tr>
<tr><td rowspan="5">根据面点特色配备面点</td><td>颜色方面以菜肴色为主，以面点色烘托菜肴色</td><td></td></tr>
<tr><td>香气方面以面点本来香气为主，以衬托菜肴的香气为佳</td><td></td></tr>
<tr><td>口味搭配尽量一致</td><td>咸味菜肴搭配咸味面点；
甜味菜肴搭配甜味面点</td></tr>
<tr><td>坚持食用为主的原则</td><td>盛装器皿与菜肴装饰搭配适当</td></tr>
<tr><td>注重营养搭配</td><td></td></tr>
<tr><td>根据年节食风配备面点</td><td>做到寓情于食，应时应典</td><td>清明节配“青团”；端午节配“粽子”；春节配“饺子”；元宵节配“汤圆”</td></tr>
<tr><td>根据地方特色名点、风味小吃配备面点</td><td>适宜搭配地方特色名点、风味小吃，以丰富筵席内容，体现主人的诚意和对客人的尊重</td><td>上海“煎包”；南宁“老友粉”；天津“狗不理包子”</td></tr>
</table>

【大师点拨】

（1）确定面点品种时，要根据菜肴的数量、口味、技法、形态、色泽等精心组配。

（2）要从整体上着眼，既要考虑组配原则，又要兼顾客人需求。

【任务评价】

组配原则	基本要求	评价内容
根据宾客的特点配备面点		
根据筵席的主题配备面点		
根据筵席的规格配备面点		
根据时令季节配备面点		
根据菜肴的烹调方法配备面点		
根据面点的特色配备面点		
根据年节食风配备面点		
根据地方特色名点、风味小吃配备面点		

任务二 筵席面点配色、造型与围边

筵席面点无论在制作技艺上还是搭配上都比普通面点的要求高，同时，筵席制作的标准往往贯穿于面点制作技艺的始终。它要求筵席面点在色泽、造型、摆盘上都要遵循一定的艺术规律。为了达到这样的要求，我们要根据筵席面点涉及的原料、刀工、火候、造型、摆盘以及命名等多方面因素进行美化工艺的再设计、再创造。

【任务目标】

知识目标：能说出筵席面点的美化工艺知识。

技能目标：掌握一般面点造型、配色和围边技法。

情感目标：理解面点技法和烹饪美学知识的相互联系，提升对中国烹饪内涵的认知。

【知识导入】

筵席面点不仅在口味上要求可口，还要求能以明快的色彩、精美的造型和高雅的图案带给客人美的视觉享受，从而衬托筵席的主题气氛，并与菜肴配合达到最佳效果，这就是我们常说的面点美化工艺。筵席面点的美化工艺可通过面点的配色、面点图案造型设计和围边来达成，以创造面点的色彩美、造型美、情趣美。

【任务实施】

一、筵席面点的配色

筵席面点的配色包括面点自身的色泽，与围边、容器的色彩搭配，以及面点成品整体色调与菜肴色泽的搭配等。

（一）常用的配色方法

1. 利用原料固有的颜色进行配色。许多原料本身就具有各种美丽的色相，且色度、明度变化多样，层次丰富。如白色的米粉和面粉、黄色的玉米粉、红褐色的高粱粉，可使制品的主色调为白色、黄色及红褐色。若采用适宜的工艺手段将这些本身带有颜色的原料进行搭配组合，就能够制作出精美的面点图案和造型，如四喜饺、鸳鸯饺等。

2. 利用熟制工艺为面点制品增色。麻团、油条、麻花生坯经油炸后，色泽由原来的白色变成了金黄色、深黄色；烧饼、煎饼烤制或煎后，其色泽会变为金黄色；而经蒸制后的面点则有了雪白的色泽。不同的熟制方法，使面点的色彩更丰富。

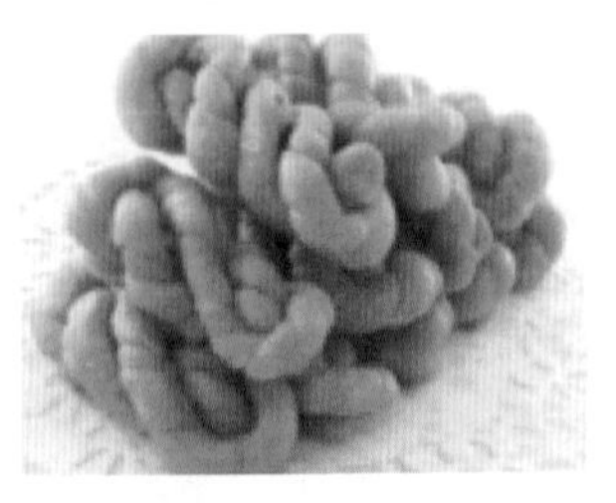

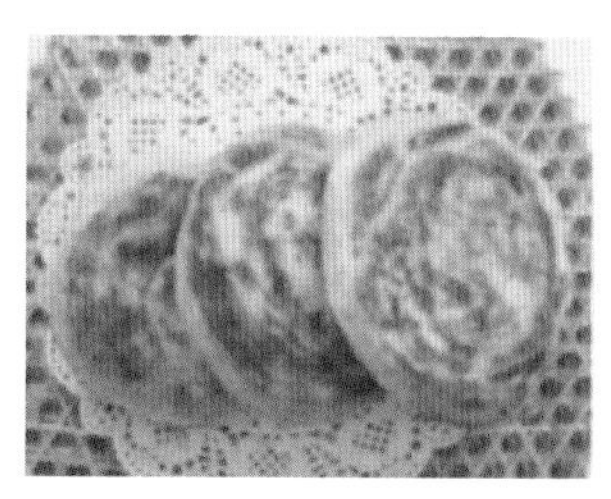

3. 利用食用色素为面点增色，这是面点制作的主要配色方法。中式面点使用的食用色素包括天然食用色素和合成食用色素两大类。对于天然食用色素，如胡萝卜泥中的胡萝卜素、青菜叶中的叶绿素都是很好的天然色素。对于合成食用色素，我国目前允许使用的人工合成食用色素只有苋菜红、胭脂红、柠檬黄、靛蓝四种。在面点制作过程中，将这四种色素分别混入粉料中揉匀，再按照不同的比例将不同颜色的粉料混合，就能得到各种不同颜色的面点。

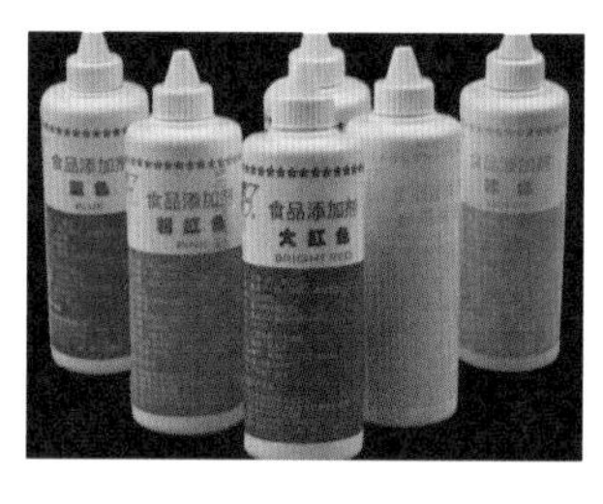

4. 利用盛器色彩进行面点配色。在面点配色美化中，要求结合面点成品的色彩选用盛器，以达到面点与盛器色彩搭配的和谐。

5. 利用围边点缀增色。

（二）面点制作常用的配色方案

1. 立足自然本色，发挥皮面的内在特色

这是面点制作色彩运用中的上策。如馒头、包子的雪白暄软的特色；虾饺、晶饼的雪白中透出馅心的特色；黄桥烧饼、春卷的金黄色等。

2. 掺入有色菜蔬，增添面点的色泽。在面点坯皮上做一些色彩的变化，是为面点增加色泽的一个较好途径。如利用南瓜泥与米粉制成的黄色南瓜团子，用澄粉与芋头泥搭配出的褐色芋头糕等。

3. 点缀带色配料，使面点淡雅味真。如葱煎馒头，在洁白的馒头上点缀上碧绿的葱花，显得和谐悦目。

4. 调配天然色素，把面点装扮得多姿多彩。

（三）配色注意事项

1. 尽量少用或不用人工合成色素。

2. 必须遵循艺术规律，不可乱掺乱配。须在了解色彩基本知识的基础上，遵循艺术规律来调配色彩。

二、筵席面点的造型与围边

（一）造型

面点造型是指运用不同的成型手法塑造面点的形象。筵席面点在造型上一要美观，二要灵巧，三要多变。从造型的外观形态分类，主要有自然形态、几何形态、象形形态三种。

表 10.2 面点造型外观形态

形态分类	形态样式	品种举例
自然形态	圆形、椭圆形、菱形、长方形、长形、方形	方形馒头形、圆形馒头形、提褶包子形、春卷形、烧麦形、水饺形。熟制时面团所形成的自然形态，如蜂巢荔芋角、蚝油叉烧包等
几何形态	通过模具或刀工而制成的面点形态	千层油糕、鲜奶九层糕、芸豆卷、裱花蛋糕
象形形态	通过手工包捏或采用小型工具钳制，把面点成品做成动植物的形状	花色蒸饺、佛手酥、莲花酥、象形雪梨果
特殊形态	通过撒、粘、挤、点彩、切划制成的面点形态	玫瑰花馒头、蝴蝶卷

（二）围边

面点围边是指在传统面点制作工艺的基础上，选用色泽鲜明、便于塑形的可食性原料，根据面点特色，运用现代面塑的手法，制作出花、鸟、虫、鱼、人物、果蔬等造型，与面点组合成一个完美的艺术图形的过程。面点围边，其装饰、点缀都在盘内，要求主题与点缀协调一致，不可喧宾夺主，以期达到增强宾客食欲，使宾客获得美好的就餐体验的目的。

【大师点拨】

筵席面点在美化过程中，一定要根据筵席的总体要求，注意数量和卫生，以食用为主，美化为辅。各种美化工艺手法必须在保证面点质量的基础上进行，切不可本末倒置，弄得华而不实，造成喧宾夺主的局面。

【举一反三】

筵席面点的形状要求

1. 规格一致。同一面点在同一盘中，一定要包捏成同样的大小，无论是饼、饺、糕，还是花式造型面点，都要达到规格一致，装盘后才能产生一致美、协调美。

2. 大小适中。筵席面点通常每份重量在20~30克为宜，以一两口吃完为佳。每道面点的份数应与宾客人数大致相当，即能满足每客一份的基本要求。

3. 美观整齐。筵席面点的制作要求外形美观、捏塑自然，整体效果好。

【任务评价】

序号	项目	配分	基本要求	得分
1	面点配色	30	能说出面点常用的五种配色方法	
2	面点造型	40	能制作三类不同造型的面点品种，每类各两款	
3	面点围边	30	能说出面点围边的三个基本原则	
指导教师：			总分：	

任务三 面点的创新与开发

【任务情境】

随着生活水平的提高，越来越多的人对美食有了更多的追求。某酒店接待了一批外国友人，他们想品尝一些特别的美食，尤其是具有中西结合特色的。于是，厨师长使用发酵面团做成汉堡坯，结合肉馅，做出了一款与众不同的汉堡包。

【任务目标】

知识目标：（1）能说出如何进行面点创新。
（2）掌握面点开发的技巧。

技能目标：（1）能够利用面点的特色创新出不一样的面食。
（2）掌握开发的技巧，尝试开发新品种。

情感目标：（1）培养学生的卫生习惯和行业规范，热爱面点行业。
（2）培养良好的职业道德和正确的思维方式。
（3）具有主动参与、积极进取、崇尚科学、探究科学的学习态度和思想意识。
（4）具有爱岗敬业意识和创新意识。

面点创新与开发是面点师傅们刻苦钻研的目标。他们始终在摸索和探讨，不断调整面点的制作技术，使其能够满足不同顾客的口味。

现在流行的中式面点一般都是皮面与馅料的组合。一是调味后能单独食用，如各种不加馅的糕类，以及中式面点中的皮面、馒头、花卷、米团类等；二是包馅后食用，皮面所起的作用是使馅心隔层受热、汁浓而味长。皮面的改革对中式面点的创新和开发具有重要意义。

1. 原料的充分利用

中国是一个食物种类丰富的大国，人们吃的大部分食物是大米和小麦。另外还有谷物和豆类原料，如黑米、豆类、玉米、马铃薯、高粱等，它们富含人体所需的各种营养素。如果将面食等原料充分利用，则会给面食制作带来全新感觉和与众不同的味道，还可适当加入一些特殊的味道和营养原料，如皮蛋、面粉、果汁、巧克力、新鲜笋汁、核桃、花生粉、啤酒、蜂蜜、松子等。这些原料的熟制品在食用后通常具有唇齿留香、回味悠长的特点，有的还有提神健脑等功效。

2. 水果的利用

近年来，动物性食物在饮食中的比重越来越大，营养学家和医学专家提出以植物为基础的饮食模式的研究要特别注意食物的摄入比例，特别是水果。水果是一种重要的食物供应来源，富含维生素C和维生素A，酸甜适度，汁水丰富，含有丰富的碳水化合物、维生素和矿物质。水果和人类健康关系密切，除了在饮食方面发挥作用，还使饮食结构更加完善，为人们的健康提供合理的营养物质，并具有治愈疾病的效果。面点师傅创造性地使用果汁调制面团，不仅可为面点增色，还添加了营养与风味。制成的糕点颇受人们欢迎，这种利用果汁调制面团来制作中式面点不失为一种创新与开发。

3. 馅料的变化发展

馅料发展是面食的另一重要改变。常用的原料主要包括肉类、鸡蛋、大豆和时令蔬果，而水产品的利用仅限于个别种类，如蟹黄、鱼子、虾等。相对烹饪食材，面食馅料从原料的综合利用，特别是采用高档原料或各种调味料方面，味型的变化远远不饱和。随着菜肴调味料和馅料的发展，除了努力保持原料本身所具有的个性美味外，还需吸收菜肴口味的变化，如酸辣味型、麻味型、鱼味类型、荔枝类型和奇怪味型等，并且要利用特殊香料发展浓香型、五香味型、陈皮味型、奶油味型等。

4. 面食形状和其他方法的发展

创新和开发面食的形状，也是目前面点开发的主导方向，主要由面粉的本身性能所产生的自然属性来决定。自古以来，中国的面点师非常善于在形状上做变化，各种花、鸟、动物、鱼类、昆虫、水果等形状，都增加了面点的吸引力和食用价值。

面点的创新与开发具有广阔的前景。面点制作的途径选择将为面点的发展奠定良好的基础。希望未来面艺的发展能为我国烹饪技术的成熟发挥作用。

任务四　面点的开发与利用

【任务情境】

一天，某酒店来了一群外国友人，他们想品尝能体现中西面点技艺相结合的不一样的美食。不一会儿，厨师长便制作出了以发酵面团为主坯，以猪肉馅为馅心，以蒸制为熟制方式，以汉堡包为造型的与众不同的汉堡。

【任务目标】

知识目标：能说出面点开发与利用的相关知识。

技能目标：掌握面点开发利用的技巧。

情感目标：培养学生具有爱岗敬业意识和一定的开发能力。

【知识导入】

人类对食物的要求，首先是能吃饱，其次是能吃好。当这两个要求都得到满足后，就希望所摄入的食物对自身健康有促进作用，于是便出现了功能性食品。现代科学研究认为，食品具有三项功能：一是营养功能，二是感官功能，三是生理调节功能。而功能性食品是指除营养（一次功能）和感官（二次功能）外，还具有生理调节功能（三次功能）的食品。而功能性面点的创新诉求，主要包括老人长寿、妇女健美、儿童益智、中年调养四大类。

【任务实施】

一、面点开发的思路

（一）以制作简便为主导

现代社会生活节奏加快，食品需求量增大，从生产经营的切身需要来看，营养好、口味佳、速度快、卖相佳产品，将成为现代餐饮市场受欢迎的品种。

（二）突出携带方便的优势

突出携带方便的优势，还可扩大经营范围。面点制品无论是半成品还是成品，在开发时就要突出本身的优势，并且要将开发的品种进行恰到好处的包装。如小包装的烘烤点心、半成品的水饺、元宵，甚至可将饺皮、肉馅、菜馅等都预制调和好，以满足顾客自己包制的需求。

（三）体现地域风味特色

中式面点在色、香、味及食品制作上仍保持着传统的地域性特色。如今，全国各地的名特食品不仅为中式面点家族锦上添花，而且深受各地消费者的欢迎。诸如煎堆、汤包、泡馍、刀削面等已经成为我国著名的风味面点，并已成为各地独特的饮食文化的重要内容。

（四）大力推出应时应节品种

自古以来，中式面点便与中华民族的时令风俗和淳朴感情有密切的关系，在一年四季的日常生活中，不同时令均有独特的面点品种。明代刘若愚曾在《酌中志》中记载，古时的人们正月吃年糕、元宵、双羊肠、枣泥卷，二月吃黍面枣糕、煎饼，三月吃江米面凉饼，五月吃粽子，十月吃奶皮、酥糖，十一月吃羊肉包、扁食、馄饨等。这些面食品种使人们的饮食生活洋溢着健康的情趣。

（五）力求创作易于储藏的品种

许多面点还具有储藏时间短的特点，但在特殊的情况下，许多糕类制品、干制品、果冻制品等，可在冰箱或某种条件下的室温下存放。如经烘烤、干烙的制品，由于水分蒸发，储存时间较长。各式糕类（如松子枣泥拉糕、蜂糖糕、蛋糕等）、面条、酥类、米类制品（如八宝饭、糯米烧麦、粢粑等）、果冻类（如西瓜冻、什锦果冻等）、馒头、花卷类的烘烤食品、半成品速冻食品等，若保管得当，可储存数日，并可保持其风味特色，如此可增加产品的销售量。

（六）雅俗共赏，迎合餐饮市场

面点开发应根据餐饮市场的需求，一方面要开发精巧高档的宴席点心，另一方面又要迎合大众化的消费趋势，满足广大群众一日三餐之需，开发普通的大众面点。既要考虑面点制作的平民化，又要提高面点的文化品位，把传统面点的历史典故和民间流传的文化特色挖掘出来。另外，面点创新要符合时尚，满足不同消费需求，使人们的饮食生活洋溢着健康的情趣。

二、面点开发过程对原料的使用

面点品种的丰富多彩，取决于皮坯料的变化运用和不同面团的加工调制手法。中式面点品种的发展，必须要扩大面点主料的运用，使我国的面点形成一系列各具特色的风味，为中国面点的发展开掘一条宽广之路。

（一）特色杂粮的充分利用

自古以来，我国人民除广泛食用米、面等主食以外，还大量食用多种特色杂粮，如高粱、玉米、小米等，这些原料经合理利用可产生风格独特的面点品种，特别是在现代生活水平不断提高的情况下，人们更加崇尚返璞归真的饮食方式。因此，利用这些特色杂粮制作的面点食品，不仅可扩大面点的品种，还得到了各地人们的喜爱。

（二）菜蔬果实的变化出新

我国富含淀粉类的食品原料非常丰富，这些原料经合理加工后，均可创制出丰富多彩的面点品种。如莲子加工成粉，可制成莲蓉馅；马蹄粉可加糖冲食，还可作为馅心，经加热凝结后变得质地爽滑，可制作马蹄糕、九层糕、芝麻糕等；马铃薯（亦称土豆）可单独制成煎、炸类点心，与面粉、米粉等趁热揉制，亦可做成雪梨果、土豆饼等。

（三）各种豆类的合理运用

绿豆粉是用熟绿豆加工制作而成，粉粒松散，有豆香味，经加温可呈现无黏、无韧的质地，香味较浓。常用于制作豆蓉馅、绿豆饼、绿豆糕、杏仁糕等，与其他粉料掺和可制成各类点心。赤豆，性质软糯，沙性大，煮熟后可制作赤豆泥、赤豆冻、豆沙、小豆羹，与面粉、米粉掺和后，可制作各式糕点。

（四）鱼虾肉制皮体现特色

新鲜虾肉经过加工亦可制成皮坯。将虾肉洗净晾干，剁碎压烂成茸，用精盐将虾茸拌至起胶有黏性，加入生粉即成为虾粉团。将虾粉团分成小粒，用生粉作面醭，把它开薄成圆形，便成虾茸皮，其味鲜嫩，可包制各式饺类、饼类等面点。

新鲜鱼肉经过合理加工可制成鱼茸皮。将鱼肉剁烂，放入精盐搅打至起胶有黏性，加水继续打匀，放入生粉拌和即成鱼茸皮，将其下剂制皮后，包上各式馅心，可制成饺类、饼类、球类等面点。

（五）时令水果运用风格迥异

用新鲜水果与面粉、米粉拌和，可制成独具风味的面团品种，其色泽美观，果香浓郁。通过调制成团后，亦可制成各类水果点心，如草莓、猕猴桃、桃、西瓜等，将其打成果茸、果汁，与粉料拌和，即可形成形态各异的面点品种。

【大师点拨】

面点制作工艺是中式烹饪的重要组成部分。近年来随着烹饪事业的发展，面点制作也出现了十分可喜的势头，但是发展现状与菜肴烹调相比，在品种开发、口味创新、制作技艺等方面还显不足，这就需要我们广大的面点师和烹饪工作者不断地探索，深入研究。

任务五　面点的创新思路

【任务情境】

经济的发展促进社会各行业的发展，餐饮业也不例外。好运来酒店作为本地标杆型四星级酒店，在新式菜品研发、产品质量控制方面一直处于领先地位。总厨何师傅全面负责酒店后厨的管理，他认为，当今社会的竞争最终是人才的竞争，只有定期送员工外出学习培训，博采众长，不断研发适销对路的新品，才能在激烈的竞争中立于不败之地。在他这一管理理念下，面点师傅们进修回来后经常在一起学习交流，不断研发面点新产品，并注重思考中国传统面点技术的传承和创新。

【任务目标】

知识目标：能说出面点创新基本思路。
技能目标：能根据创新思路，结合自身技术基础制作创新品种。
情感目标：培养学生主动钻研面点技艺的学习态度和面点创新意识。

【知识导入】

中式面点有两千多年的发展历史，在发展过程中留下了许多精湛的技艺和面点珍品。因此，继承传统技艺、传统名品，发展新时代中式面点技艺，是每个面点从业人员的责任。中式面点技艺如发酵法的研究，清汤、奶汤的制作，油炸品的酥脆，糕点的松软糯，馅心风味的把握，名品的继承等，每一项都有许多学问值得探讨，更需要创新。

【任务实施】

中式面点在技艺上的创新思路：

一、面皮、面坯用料创新

面点制作一半多以面粉、黏米粉、糯米粉为主，现在已呈多样化趋势发展，各种粉类、豆类、鱼虾类等都可以作为面皮制作，丰富面皮的口感。

二、馅料制作的创新

中式面点的馅心口味通常以咸鲜味、甜味为主，其他味型只占很少的比例。在原料的选择上，主要以猪、羊、牛肉，蛋品、豆制品和时鲜蔬菜、果品为主，对水产品的利用仅限于蟹黄、鱼籽、虾米等个别品种。相对烹调菜肴而言，中式面点的馅料制作，无论从原料的综合利用，尤其是高档原料的使用，还是各种味型的变化，都有很大的发展空间。

1. 广泛利用烹饪原料

中国烹饪之所以闻名于世，其所用原料的广泛性是一重要因素。作为中式面点的馅心原料，只要是可食性的均可使用，上至山珍海味，下至野菜家禽，都能做成美味的中式面点。

2. 借助菜肴调味方式制馅

中式面点馅心制作除了设法保持原料本身具有的个性美味外，还能吸收烹调菜肴的味型变化，如家常味型、酸辣味型、麻辣味型、鱼香味型、水果味型和怪味型等，并且能利用特殊的香料开拓味型，如五香味型、陈皮味型、芥末味型、酱香味型和烟香味型等。

三、中式面点造型及其他方法的创新

1. 造型创新

中式面点造型主要是利用主粉料的自然属性所制作的面皮来表现的。自古以来，面点师们就善于制作形态各异的花卉、鸟兽、鱼虫、瓜果等，从而增添了中式面点的感染力和食用价值。中式面点造型的创新可以在器皿、饰物及表现方式上进行创新，如：仿书本制作点心，给人一种书香门第、文化高雅的气氛；在平碟上直接画一幅象棋盘的果酱画，上面配备车、马、象、仕、炮等可食性棋子（用酥点表现），使品尝者在食用时心情舒畅，边谈棋论道，边享受饮食的乐趣。

2. 中式面点制作中色彩的调配

中式面点色彩运用的典范首推苏式船点，那些用米粉制作的五彩缤纷的花鸟虫鱼、诱人的瓜果鲜蔬，无一不给人以艺术的享受。

3. 讲求营养科学，开发功能性

具有减脂或瘦身功效的面点品种；具有软化血管，降血压、血脂及胆固醇，减少血液凝聚等作用的面点品种；具有使老年人延年益寿、儿童益智的面点品种。

四、面点种类的创新

1. 开发速冻面点

随着经济的发展，一些面点的制作方式已经从手工作坊式的生产转向机械化生产，可成批量制作，以不断满足人们的一日三餐之需。速冻水饺、速冻馄饨、速冻元宵、速冻春卷、速冻包子等已打开食品市场，不断增多的速冻食品已进入寻常百姓家庭。

2. 开发方便面点

全国各地涌现出不少品牌的方便食品，即开即食，许多原先仅在厨房生产的品种，现在都已工厂化生产了，诸如八宝粥、营养粥、酥烧饼、黄桥烧饼、山东煎饼、周村酥饼等。这些方便食品一经推出，就受到市场的欢迎。烘烤类方便面点，储存时间相对较长，这为更多面点品种的运输、走出本土创造了良好的条件。

3. 开发快餐面点

当今快节奏的生活，人们要求在几分钟之内能吃到或拿走配膳科学、营养的面点快餐。因此，传统面点发展前景广阔，市场目标人群包括商旅人士、都市上班族、学生阶层等 。

4. 开发系列保健面点

随着经济的发展和生活水平的提高，人们越来越注重食品的保健功能。根据“药食同源”的原理，利用原料的药膳作用，以食物代替药物，将是面点创新的一大出路。例如开发适合老年人需要的长寿食品，在老年人中极有市场。

【大师点拨】

在进行面点品种创新时，既要敢于海阔天空，又要“万变不离其宗”。这个“宗”就是紧紧抓住中国烹饪的精髓——以“味”为主，以“养”为目的，以及“适口者珍”的瞬息万变的市场之“宗”。只有这样，中式面点的创新才能持久，才能将具有悠久历史的中式面点发扬光大。

【举一反三】

近年来，动物性原料使用比重越来越大，“文明病”现象越来越严重，一些营养学家和医学专家提出了以植物为基础的饮食模式的观点，尤其是以水果为主要原料的饮食方式。水果中的维生素C、维生素A、矿物质含量较高，酸甜比适度，面点师们创造性地使用果汁调制面团制成的糕点颇受大众欢迎，而这种利用果汁调制面团的创意，不失为中式面点制作技艺的创新与开发。